烟草近红外光谱分析技术

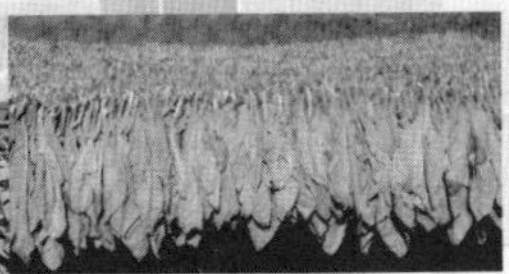

张忠锋　付秋娟　编著

中国农业科学技术出版社

图书在版编目（CIP）数据

烟草近红外光谱分析技术 / 张忠锋，付秋娟编著 .—北京：中国农业科学技术出版社，2016.11

ISBN 978-7-5116-2658-5

Ⅰ.①烟… Ⅱ.①张… ②付… Ⅲ.①红外分光光度法-应用-烟草制品-质量分析 Ⅳ.①TS47

中国版本图书馆 CIP 数据核字（2016）第 154208 号

责任编辑 贺可香
责任校对 马广洋

出 版 者 中国农业科学技术出版社
北京市中关村南大街 12 号 邮编：100081
电　　话 (010)82106638(编辑室) (010)82109702(发行部)
(010)82109709(读者服务部)
传　　真 (010)82106638
网　　址 http：//www. castp. cn
经 销 者 全国各地新华书店
印 刷 者 北京富泰印刷有限责任公司
开　　本 710mm×1 000mm 1/16
印　　张 18. 25
字　　数 380 千字
版　　次 2016 年 11 月第 1 版 2016 年 11 月第 1 次印刷
定　　价 78. 00 元

《烟草近红外光谱分析技术》

编 委 会

主 编 著： 张忠锋 付秋娟

副主编著： 束茹欣 姚鹤鸣 任 杰

参编人员：（按姓氏笔画排序）

王文杰 王志刚 王爱华 王维妙
尹 旭 申国明 付秋娟 朱先志
任 杰 刘 全 刘艳华 刘新民
闫 宁 杜咏梅 宋明玉 杨 凯
杨 斌 李 峰 李安菊 束茹欣
邱 军 张怀宝 张忠锋 张建平
张洪博 张 鹏 周汉平 周淑平
侯小东 姚鹤鸣 徐秀红 高 林
葛 炯 韩 晓 窦玉青 谭家能

前　言

烟草是一种重要的经济作物，是卷烟工业的重要原材料。卷烟的生产过程包括从烟叶原料采购至产品入库为止的全过程。一般需要涉及到原料采购、复烤、醇化、生产及包装等一系列加工过程。烟叶原料的质量差异、复烤加工过程的质量控制及卷烟配方设计的生产工艺等参数的波动，都会导致卷烟产品质量不稳定，批次间差异较大，直接影响卷烟香气和吸味品质。因此，了解卷烟生产过程的特点及影响产品质量的各因素，寻找合理的关键控制点，快速有效的质量控制手段十分重要。近红外光谱分析技术的特点决定了其在这一领域可以发挥重要作用。

国内外近红外光谱分析（NIR）技术在烟草领域的研究，从20世纪70年代开始出现，20世纪80年代研究报道不断增加，特别是进入20世纪90年代后，随着NIR软硬件的发展，研究对象更是不断扩展。不但可以建立烟叶烟碱、总糖等主要化学成分的近红外快速测试方法，还可以预测多酚、有机酸，以及外观物理指标、烟气成分等一些指标，甚至用于卷烟真伪鉴别、烟叶风格特征评价等等。实践证明，利用该技术快速简便的优势，已经在实验室、拟采购烟叶质量预警、烟叶储存养护过程、烟叶打叶复烤配方指导与质量控制、卷烟加工过程、入库及在库烟叶的质量检测等方面进行得到广泛应用。为了及时总结近几年近红外光谱分析技术在烟草产业开展的一些工作，编写了此书。

本书第一章介绍了烟草概况及烟草质量评价标准；第二章对近红外分析技术的基本概念作了简要介绍；第三章介绍了近红外技术在烟草产业的研究进展；第四章至第八章详细介绍了近红外在烟叶化学成分、外观物理指标、烟气成分、判别分析、在线分析等方面开展的一些研究工作，具体分析了烟叶样品的光谱特性、定性定量分析模型的建立、模型验证及模型转移等内容；第九章对近红外技术在烟草产业中的应用前景进行了展望。

本书在编写过程中得到了相关同事及同行专家的支持和帮助，在此借本书的出版向他们表示衷心的感谢。

由于近红外技术与应用发展迅猛，加之编写人员水平有限，书中难免有疏漏和不当之处，敬请各位专家和读者批评指正。

编者

目　录

第一章　烟草概况

第一节　烟草的起源及类型分布

烟草起源于美洲、大洋洲和南太平洋的一些岛屿。美洲印第安人栽培利用烟草最早。1492 年 10 月，哥伦布率领探险队到达美洲，看到当地人在吸烟。1558 年航海水手们将烟草种子带回葡萄牙，随后传遍欧洲。16 世纪中叶烟草传入中国。开始传入的是晒晾烟，距今已有 400 多年的种植历史。1900 年在我国台湾试种烤烟，自 1910 年后相继在山东、河南、安徽、辽宁等地试种烤烟成功，1937—1940 年开始在四川、贵州和云南试种，发展成为我国主产优质烟区。20 世纪 50 年代引进香料烟，20 世纪 60 年代引进白肋烟，分别在浙江新昌、湖北建始试种成功。黄花烟约在 200 年前由俄罗斯传入我国北方地区种植。

烟草在植物学分类学上，属双子叶植物纲（Dicotyledoneae），管花目（Tubiflorae），茄科（Solanaceae），烟草属（Nicotiana）。一般将烟草属分为 3 个亚属，即黄花烟草属（Rustica）、普通烟亚属（Tobacum）和碧冬烟亚属（Petuuioides），共计 66 个种。烟草属大多数是草本，少数是灌木和乔木状，多数为一年生也有多年生，种间植物差异较大，但都能产生植物碱。人类可以直接栽培利用的只有两个种，一个是普通烟草（*N. tabacum*. L.）又称红花烟草，为人类栽培烟草的最主要的一个品种。植株被腺毛，高 1 米左右。叶柄不明显或成翅状柄。用手摸起来，叶发黏。圆锥花序顶生。花萼筒状，花冠漏斗状，形似军号，末端粉红色。蒴果，种子黄褐色。烟叶为卷烟工业的主要原料；另一个是黄花烟草，为人类栽培烟草的两个品种之一，花冠呈淡黄至绿黄，花冠长度约为普通烟草的一半，生育期较短，耐寒冷。

根据烟叶的品质特点、生物学性状和栽培调制方法，我国的烟草类型一般分为烤烟、晒烟、晾烟、香料烟、白肋烟和黄花烟等六个类型。

一、烤烟

烤烟是指将采收后的烟叶在烤房内利用火管传导热量，叶片不直接与火接触而烘烤干燥的烟叶，烤后叶片多呈桔黄色或柠檬黄色。烤烟是世界上栽培面积最大的烟草类型，是烟草工业的主要原料，也可作斗烟的原料。我国烤烟种植面积和总产量都居世界首位，占全国烟草种植面积的90%左右。主要集中在云南、贵州、四川、福建、河南、湖南、山东等地。其中云南烟叶以清香味浓而闻名全国，是高档卷烟生产不可缺少的主要原料。烤烟化学成分的特点是含糖量较高，蛋白质含量较低，烟碱含量适中。

二、晒烟

晒烟的烟叶利用阳光进行调制，根据晒后烟叶的颜色不同，分为晒红烟（red sun – cured tobacco）和晒黄烟（yellow sun – cured tobacco）。在各地自然条件和栽培长期驯化下，加之调制技术的日臻完善，形成了各俱地方特色的产品，以独特的香吃味闻名国内外。它是卷制具有中国风味的混合型卷烟的珍贵原料，世界上任何国家都无法比拟。①晒黄烟。晒黄烟的外观质量和内在化学成分，与烤烟接近。香吃味好，焦油含量低，既可用作烤烟型卷烟的原料，也可用作混合型卷烟的原料，使用价值高。晒黄烟产区分布零散，主要在广东省南雄、连县，广西自治区南平、贺州，湖北省黄州，湖南省宁乡，福建省沙县等地。②晒红烟。晒红烟资源丰富，分布最广泛，产品最多。晒红烟的叶片一般较少，叶肉较厚，分次采收或一次采收，调制后呈深褐色或紫褐色，上部叶片品质最好，其化学成分的特点是含糖量一般较低，蛋白质和烟碱含量较高，香气质好，吃味丰满，用作混合型卷烟可调节香吃味和劲头，具有广阔的发展前景。

三、晾烟

晾烟是指逐叶采摘的烟叶或整株、半整株采收后的烟叶，不直接放在阳光下，而是置于通风的室内或无阳光照射的适当场所晾干的烟叶。晾烟分为浅色晾烟（light air – cured tobacco）和深色烟晾（dark air – cured tobacco）两种，其中白肋烟和马里兰烟属于浅色晾烟，雪茄包叶烟和地方性晾烟属于深色晾烟，在我国将白肋烟单独作为一个烟草类型。

（一）雪茄包叶烟

制造雪茄烟需要有三种烟叶，从里到外依次为芯叶烟、束叶烟和包叶烟，这三种烟叶各具特点：芯叶烟吃味芳香，质地较粗糙；束叶烟质地细致而有弹性；包叶烟则质地细、有弹性、油分足、燃烧性好、颜色较淡而美观。雪茄包叶烟通常采用遮荫栽培。

（二）马里兰烟

马里兰烟因原产于美国马里兰而得名。世界上马里兰烟的生产面积较小，主要集中在美国的马里兰州，我国试种马里兰烟较晚，目前湖北、安徽、云南等省引种试种成功，并有少量生产。其具有抗性强、适应性广、叶片较大较薄、填充力强、燃烧性好，焦油、烟碱含量均比烤烟和白肋烟低，中等芳香。目前，全国多数烟厂对马里兰烟尚认识不足。随着混合型卷烟的发展，马里兰烟将被深度开发和扩大利用。

（三）传统晾烟

我国的传统晾烟种植面积较小，在广西武鸣和云南永胜等地少量生产。调制时将整株烟挂在通风的地方，让其自然干燥，晾干后再进行堆捂发酵。调制后的烟叶呈黑褐色，油分足、弹性强，吸味丰满，燃烧性好，灰色洁白。

四、香料烟

又称东方型或土耳其烟。这一类型烟草的特点是株型和叶片小，芳香、吃味好，是混合型卷烟的调香配料，一般占 10%。香料烟适宜种植在有机质含量低、肥力不高、土层薄的山坡砂土地上。烟叶品质以顶叶最好，自下而上分次采收。调制方法是采叶后先在棚内晾至凋萎变黄时，再进行晒制。调制后的烟叶油分充足，叶色金黄、桔黄或浅棕色，烟碱含量低，氮化物略高于烤烟，糖含量也不高，燃烧性好，气味芳香，是混合型卷烟的重要原料。我国香料烟主要集中在云南省保山、浙江省新昌、湖北省郧西和新疆伊犁等地。

五、白肋烟

白肋烟是马里兰型深色晾烟品种的一个突变种。白肋烟的茎和叶脉呈乳白色，这是与其它烟草类型的一个明显区别。白肋烟的栽培方法近似烤烟，但要求中下部叶片大而薄，适宜种植在土壤肥沃，水分和热量充足的地方，对氮素的要求较烤烟高。白肋烟可进行分次采收或整株采收，采收的烟叶或烟株挂于晾房内晾干。调制后的烟叶呈红褐色，鲜亮，糖分含量较微，烟碱和氮含量高于烤烟。其叶片较薄，弹性强，填充力高，并有良好的吸收能力，容易吸收卷烟时的加料。白肋烟叶含糖分低，烟碱高，香吃味好，结构疏松，吸料性能好，焦油含量低，是混合型卷烟的主要原料，可占配方的20%～30%。目前，我国白肋烟在鄂西、川东和渝东种植，共计60多万亩。

六、黄花烟

黄花烟与上述几种类型烟草的区别在于：黄花烟是烟草属中的另一栽培种（nicotiana. rustica. l），生物学性状差异较大。一般株高50～100cm，着叶10～15片，叶片较小，卵圆形或心脏形，有叶柄，花色绿黄，种子较大，生育期较短，耐寒，多被种植在高纬度、高海拔和无霜期短的地区，主要分布在西北、东北和西南边疆的高海拔地区。一般黄花烟的总烟碱、总氮及蛋白质含量均较高，而糖分含量较低，烟味浓烈。用途：可用来作水烟，莫合烟和哈膜烟；做莫合烟时茎和叶片均可使用，将茎粉碎成颗粒后，加入适量粉粹的叶片，自卷自吸，质量以茎基部和主根的品质力最好，国外也用来作抽提烟碱之用，也有用作嚼烟和鼻烟的。

第二节　我国烟草生产现状及发展方向

烟草是重要的经济作物。吸烟是亿万烟民文化生活中不可缺少的一部分，更是国家和地方财税的重要经济来源，受到有关部门的高度重视。1984年我国成立国家烟草专卖局，统一领导、全面管理烟草行业的生产和销售业务。烟叶生产坚持“计划种植，优质适产，主攻质量，坚持改革，提高效益”方针，大力推行“区域化，良种化，规范化”科学种烟措施，使我国烟草生产有了长足发展。

目前，烟草行业面临着新的形势和挑战。随着人们生活水平的提高，吸烟影响人们的健康越来越受到关注。尽管尚有不同说法，但大多数国家都在宣传戒烟。世界上规定每年5月31日为“世界无烟日”，限制在公共场所吸烟，甚至有些国家通过法律禁烟，向烟草公司索赔吸烟造成的巨大损失。连世界上最大的烟草公司，美国菲莫烟草公司也承认吸烟造成的危害。美国、英国的烟民减少了20%以上，新加坡争取成为不吸烟国家。吸烟有害健康似乎已成定论。吸烟有害健康的主要物质是烟叶在燃烧过程中产生的焦油，对人的气管和肺有致癌作用。为了人们的健康生产低焦油卷烟，提高吸烟的安全性已风靡世界各国，是今后烟草行业发展的主要方向。同时在新型烟草制品开发及烟草综合利用方面拓展烟草新的应用领域。

一、生产低焦油卷烟

烤烟烟叶焦油含量高，晾晒烟叶焦油含量低。在烤烟叶中加入30%～40%的晒晾烟叶开发混合型卷烟，是生产低焦油卷烟的有效措施之一。

国外混合型卷烟开发早，进度快，品牌多，质量好，焦油含量降到10mg/支以下，已占全部卷烟市场的70%以上，超低焦油卷烟（6mg/支以下）也在发展。我国差距较大，混合卷烟开发晚，品牌少，质量差，销路不畅，尚不足市场的15%。烤烟型卷烟仍主宰市场，焦油含量较高。20世纪80年代初，中国卷烟平均焦油量达30mg/支，2000年，国家烟草专卖局首次对卷烟盒标焦油含量的最高限量进行明确规定，2001年起历经5次调整，2013年卷烟盒标焦油最高限量从17mg/支调整至11mg/支，从2013年1月1日以后生产的盒标焦油量高于11mg/支的卷烟产品，将被判定为不合格产品。加入双“W”（世界贸易组织WTO和世界卫生组织WHO）以后，国外低焦油混合型卷烟肯定会大量进入中国，我国卷烟市场会受到严重冲击。大力开发低焦油卷烟，提高吸烟的安全性，增强与外烟的竞争力，保住国内市场，严防财源外流，是我国烟草行业十分紧迫的任务。因此，为适应国际烟草行业新形势，我国烟草专卖局提出了“改造烤烟型，发展混合型”战略方针。一方面卷烟企业要“减害降焦”实现技术性突破，提高中式低焦油烤烟型卷烟的竞争力；另一方面要积极开发低焦油混合型卷烟，抵御国外低焦油卷烟的竞争。

二、开发新型烟草制品

近年来，世界控烟形势日益严峻，对烟草的监管立法愈加严格，国内外市场竞争压力持续增大，导致了烟草公司寻求风险更低的烟草制品，世界各国烟草行业已把新一代烟草制品的研究开发和推向市场作为解决烟草行业未来发展的重要手段。基于“相对于传统卷烟的安全性和消除了二手烟的危害”的特点，新型烟草制品的研发在一些国家和地区取得了较快发展。新型烟草制品是相对于传统的卷烟产品而言的，其类型很多，目前主要有3大类：低温卷烟、无烟气烟草制品、电子烟。其中，无烟气烟草制品居绝对主导地位，约占80%的市场份额，无烟气烟草制品主要通过口含、吸吮、咀嚼烟草的方式向消费者提供满足感，包括口含烟、鼻烟、嚼烟等；低温卷烟外观和传统卷烟类似，在500℃以下只加热不燃烧烟草，但可将满足感和部分烟草香味传递给消费者，基本没有侧流烟气；电子烟是将含有烟碱的溶液雾化，通过肺部吸收，使消费者获得类似吸食传统卷烟的满足感。概括而言，新型烟草制品具有以下一些主要特征：一是不需要燃烧，极大减少因燃烧产生的焦油和有害成分，相比传统卷烟危害性较小；二是不会产生二手烟气，不会对公共环境产生影响，在一定程度上缓解了吸烟和公共场所禁烟的矛盾；三是能在一定程度上适应和满足消费者的生理需要。

国家烟草专卖局日前成立了新型烟草制品研究院，负责承担新型烟草制品的基础性、关键性、前瞻性技术研究，着力突破专利制约和技术瓶颈，发挥技术成果应用转化的“孵化器”作用，为行业新型烟草制品高起点、超常规、跨越式发展提供有力支撑。作为国家级烟草农业研究机构，中国农业科学院烟草研究所一直致力于烟草种植资源收集、鉴定与利用，以及烟草化学、烟叶品质鉴定与安全性评价研究工作。中国农业科学院烟草研究所与上海新型烟草制品研究院、山东中烟工程中心，在前期晾晒烟普查和调研工作基础上，选择主要化学成分指标适宜的产区，通过口含烟的配方设计和实际应用，初步确定了适宜的晾晒烟种类及产地；开展了地方晾晒烟品种筛选、新型烟草烟叶原料种植和调制技术研究；通过“气相分离、液相提取”等技术研发，制作具有传统卷烟吸食品质的电子烟原料；进一步挖掘中国地方晾晒烟资源，寻找有“特殊地方风味”的地方晾晒烟烟叶，为新型烟草制品研发配套烟叶原料。

三、烟草综合利用

烟草综合利用前景广阔，在开发食品和药物资源方面的诸多潜在用途将会不断地被发现、利用。烟叶富含蛋白质，烤烟烟叶在10%左右，晒烟和白肋烟可高达20%。烟草再生能力强，一年可多次收获，烟叶产量高，利用鲜烟叶提取蛋白，其亩（1 亩≈667 平方米。全书同）产量可超过大豆，其他作物无法相比。烟叶提取的蛋白可制作多种食品，有广泛用途。从烟叶中提取烟碱制成医药可防治人们的病患，制成农药可防治农作物害虫，其前景也是可观的。烟叶中还可以提取茄尼醇、绿原酸等多种功能成分；烟草打顶弃去的花蕾含有丰富的香精香料，经提取可作为极好的烟用香精香料；烟草种子油不饱和脂肪酸含量达80%，亚油酸含量达72%，并含有丰富的甾醇、角鲨烯、维生素 E 等，是非常有价值的油料资源；烟草茎秆可以制作肥料、饲料、生物质能源、合成板材等，节约大量能源；进入 21 世纪，随着合成生物学的兴起，给烟草研究带来新的发展机遇，烟草具有诸多优势，如可以利用烟草适应性广、易种植、生物量高的特点作为生物反应器，将其他作物的抗癌、抗艾滋病以及有益于人们健康的基因导入烟草，使其充分表达，然后利用生物技术予以提取，实现青蒿素、紫杉醇等重要药物的高效清洁无污染生产。如美国科学家已成功地培养出抗体烟草，从中提取抗癌和抗病毒干扰素，对肺癌有良好的治疗作用。瑞典科学家将人体基因注入烟草植株，从收获的烟叶中提出血液蛋白质活化剂，可医治心脏病等。由此看出，烟草有益于健康的潜在用途并不比用作卷烟所起的经济作用逊色。中国农业科学院烟草研究所近几年加强了烟草有益成分及其综合利用研究，取得的主要研究结果如下：（1）烟草有益活性成分高效资源筛选。目前已完成了600多份烟草资源主要有益活性成分调研，发现烟草是含有多种天然有益活性成分的宝库。筛选了茄尼醇、绿原酸、芸香苷、西松烷二萜等活性成分的高效资源。（2）烟草种子化学成分解析及功能学、毒理学评价。研究发现烟草种子蛋白质氨基酸模式与国际FAO/WHO推荐值接近，烟草种子油亚油酸含量达76%，总不饱和脂肪酸含量达89%，可与核桃、葡萄籽、亚麻籽油媲美，植物甾醇含量高于玉米油，烟草种子油还含有丰富的角鲨烯、叶黄素等活性成分。大鼠毒理学及功能学试验研究表明，烟草种子油不仅没有毒性，还具有降血脂、降血糖、保护肝脏等作用，其效果与优质鱼油相当。（3）烟草活性成分提取、分离、鉴定。研究建立了烟草绿原酸、芸香苷、茄尼醇、烟碱的综合提取和分离技术及烟草绿原酸的纯化技术；建立了烟草西松烷二萜的提取纯化方法，从烟草花表面分泌物中分离出17个西松烷二萜化合物，首次发现2个新二萜——10，11-环氧-2，7-西柏二烯-4，7，12-三醇，新二萜均具有较好的抗肿瘤活性。该方向研究结果已申请国家发明专利8项，授权4项。（4）烟草西松烷二萜抗肿瘤、抑制植物病原真菌活性。体外试验研究表明，烟草西松烷二萜对人体肿瘤细胞生长具有抑制作用，其中，（1S，2E，4R，6E，8R，11S）-8，11-epoxy-2，6，12（20）-cembratriene-4-ol对人体对肝癌细胞系HepG2抑制效果良好（IC50 = 13.50μmol/L），具有较好的研究开发前景。研究发现烟草西松烷二萜对植物病原真菌具有广谱抑制作用。在80μg/ml浓度下，西松烷二萜可完全抑制苹果腐烂病菌菌丝生长，是目前发现的对苹果腐烂病菌室内抑制效果最好的植物提取物。（5）烟草茄尼醇分子遗传研究。研究发现烟草茄尼醇含量受2对等显性主基因+加性-显性多基因（E6）控制，主基因的遗传率为33.61%，多基因遗传率为30.01%。通过QTL定位，选出3个具有遗传效应的QTL位点，其表型共解释率20.8%，其中标记PT50971与21-6位点共分离。从红花大金元中获得茄尼醇生物合成关键酶基因NtSPS1和NtSPS2。基因全长分别是1209bp、1206bp。两基因在烟草叶中表达量高，茎中其次，根中最低，与茄尼醇在相关器官中的含量分布相一致。

第三节　烟草质量评价指标及常用的检测方法

烟叶是卷烟工业的基础，烟叶质量的优劣直接影响卷烟产品的质量。烟叶质量包括外观质量、化学成分、物理特性和烟气成分等诸多方面，它们分别又由相互关联的不同评价指标组成，这些指标都不同程度地直接或间接影响烤烟的质量，各项质量指标的平衡协调程度决定了烟叶的工业使用价值。

一、外观质量

烟叶外观是烟叶质量的重要表达属性，主要包括烟叶颜色、成熟度、身份、油分、色度、叶片结构等。烟叶的外观质量是内在质量的外部反映，是烟叶收购过程中分级的主要依据。一般认为优质烟叶的外观特征是：成熟度好，组织疏松，厚薄适中，颜色金黄、橘黄，油分足，光泽强，长度 50 ~ 60cm，弹性好。在与化学成分的相关性研究上，邓小华等（2008）研究表明烟碱与叶片结构、身份、成熟度、油分、色度呈极显著正相关，还原糖与成熟度、身份分别呈显著和极显著负相关。蔡宪杰等（2005）研究表明各部位烟叶还原糖与成熟度呈极显著或显著正相关，而下部烟叶烟碱和总氮分别与成熟度呈极显著和显著负相关。唐宇等（2011）研究表明，油分和颜色与烤烟的主要化学成分相关性较强，成熟度和身份与烟叶主要化学成分的相关性次之。在烟叶外观与感官质量的相关性研究方面，王欣等（2007）研究表明，烟叶感官质量与外观质量关系密切，其典型相关主要由感官质量中的香气质、香气量和杂气及外观质量中的颜色、成熟度、结构、身份、油分和色度相关决定。通常认为，叶片结构疏密适当的烟叶，香气质好，香气量足，杂气少；结构紧密的烟叶香气质差，香气量显著减少，杂气加重。魏春阳等（2010）利用灰色关联分析研究表明烤烟上、中、下三个部叶的色度、油分与评吸质量关联度最大。胡建斌等（2009）研究表明，随油分档次提高，同部位烟叶的化学成分更趋于协调，物理特性趋于优良，吸食质量提高。

目前烤烟外观质量主要通过《GB 2635—92》分级标准来衡量，通过眼看手摸能够直接感触和识别的外部特点来判断。近年来，逐步将烟叶外观描述性评价转换为量化打分的方式，对烟叶外观质量进行客观的量化表述和特征分析。

二、化学成分

烟草是一个复杂的有机体，烟草中化学成分决定了烟草的品质，从而决定烟草吃味，烟草中香味成分影响着烟叶质量特色。国内外烟草学者对烟草进行了大量研究，烟叶已被鉴定的化学成分有2 549种，烟气中有约5 000种，其中，有大约4 000种为烟叶燃烧产生。可见，烟草中的化合物相当丰富。烟草中的化学成分多种多样和极为复杂，可分为有机成分和无机成分。无机成分包括水和矿物质；有机成分包括烟草生物碱类，碳水化合物，含氮化合物，酚类化学合物，色素，萜类化合物，挥发油、树脂、油、脂、蜡等，醇类、酯类、醛类、酮类等。

（一）水分

在烟叶的初烤、复烤过程中，水分是最重要的工艺参数，它直接影响烟叶的初加工质量；在储存过程中，水分的大小将影响烟叶的可存放时间和储存养护质量。实验证明，当烟叶含水量超过14%时，在储存保管中容易发生走油结块或霉变现象；若烟叶含水量低于10%时，则会造成储存时的生化反应慢；醇化过程延缓，也会使烟叶失去韧性，易产生较多碎片，造成损失。在制丝过程中，各阶段烟叶的水分能否合理控制将影响烟丝的质量，在卷接包过程中的水分更会直接影响烟支的物理结构及成品质量。水分不均匀，则会出现“硬段”或“软段”，造成烟支燃烧不均匀；水分太低，会产生过多的细末，使烟草的填充能力下降。产品的水分不但影响产品的储存时间，而且对卷烟产品的吸味也有重大影响，干燥的卷烟燃烧速度加快，每口的烟气量增多，使卷烟的吃味改变。因此，对烟叶初加工、卷烟生产、产品质量控制及产品储存全过程来说，水分是非常重要的参数，需要频繁检测和严密控制。

纯水的近红外谱段在1 900nm和1 400nm，但烟叶中水分包含游离水和自由水，最明显水的特征吸收峰为O—H及伸缩振动的一级倍频1 440nm，合频吸收在1 900nm左右处均有明显的吸收峰，同时在O—H及伸缩振动的二级倍频在960nm，合频吸收在1 220nm，由于光程短，短波区信号比较弱，可看到一个微小的吸收峰。烟叶中水分在近红外光谱中吸收强烈，同时这对分析其他有机成分可能起到干扰作用。

水分检测的经典方法是烘箱法：即将测试样品在设定的温度下烘烤规定的时间，根据样品的失重计算其水分。更精确的方法则需要使用Karl Fisher法，但这两种方法由于需要较长的时间，一般只能适用于实验室。

（二）无机元素

一些无机元素对烟草的生长发育十分重要，众所周知，氮、磷、钾是重要的植物营养成分，但以下元素也被认为是烟草必要的营养元素：硼、钙、铜、铁、锰、镁、钼、硫、锌等。铁和镁是叶绿素的重要组成元素，铜、铁、锰、镁是烟株代谢过程中一些重要酶的组成成分，钾和锌是一些重要酶的激活剂。烟叶金属元素的含量存在部位间的差异。一般情况下，烟叶铜、锌含量随烟叶部位的升高而升高，中上部叶含量较高，下部叶含量较低。铁、锰则相反，随烟叶部位的升高而含量降低，中上部叶含量较低，一般下部叶铁含量显著增高。烟叶钾含量一般也随部位的升高而含量降低。下部叶钙、镁的含量较高，中上部叶较低。钙是烟草中主要矿质元素之一，其总吸收量仅次于钾，钙作为细胞代谢的总调节者，具有防止其他过量离子毒害的作用。烟株缺钙会造成生理紊乱，游离氨基酸含量明显增加，缺钙会使烟叶质量变得非常差；增加钙则可以提高烟叶中糖含量。镁是叶绿素分子中唯一的金属成分，缺镁可减缓烟株生长发育，叶片颜色变浅。缺镁也会造成游离氨基酸含量显著增加，并且可增加叶片中莨菪灵的含量。缺镁严重时，鲜叶储备的淀粉少，灰分含量增加。因此，烟草中金属元素的分析测定对于指导烟草生产有着重要的指导意义。

通常认为无机元素对近红外光谱没有明显的吸收，应该无法使用 NIR 检测。但研究发现碳酸离子在近红外波段的 1 900 nm、2 000 nm、2 160 nm 及 2 350nm 有吸收，有人据此建立了相关模型，检测地质样品中的碳酸质量，进而发现无机盐与近红外光谱间具有衍生的复杂关系，显示这方面的研究具有使用价值。早期无机元素的近红外检测研究成果有限，这主要是受当时的软硬件水平限制而造成。依据目前的研究进展和认识，由于无机元素会形成盐类物质或与有机物形成螯合物，所以有些无机元素是可以进行间接测量的，例如 NaCl 因为影响水分对近红外的吸收，因而可以使用近红外检测。

目前烟草中金属元素的测定主要采用原子吸收法。

（三）生物碱类

烟草生物碱是烟草有别于其他植物的关键物质，其中的烟碱是数量最多且最为重要的一种生物碱，约占总生物碱的 95%，其次是降烟碱、假木贼碱、新烟草碱等。烟草烟碱含量与烟草的种类、品种、产地、栽植方法、气候条件、成熟度等密切相关，另外烟草不同组织（根、茎、叶）、烟叶不同生长部位（上、中、下）、烟叶不同组织（叶片、烟梗），甚至一片烟叶的不同区域，烟碱含量各不相同，且有一定的规律。烟草类型的影响：马里兰烟和香料烟的烟碱含量较低，烤烟中等，白肋烟较高；成熟度的影响：烟碱含量随成熟度提高而提高。烟草组织的影响：烟叶烟碱含量最高，根次之，茎最低。烟叶生长部位的影响：上部烟叶烟碱含量最高，中部次之，下部烟叶烟碱最低。烟叶组织的影响：叶片烟碱高，烟梗的烟碱低；烟叶区域的影响 ：叶尖和叶的外缘烟碱较高，内部区域较低。

我国卷烟用烟叶一般烟碱含量在 2% 以下，超过 3% 的很少见。烟草生物碱及其盐类具有强烈的水化作用，能在呈酸性反应条件下随水蒸气挥发出来。这样挥发出的是游离态烟碱，量虽不多，但对烟叶吸食品质影响很大，易使成品烟吸味辛辣、呛喉。当吸食烟草时，部分烟碱进入烟气，被人体器官吸收，吸入适量会使人感到兴奋。但烟碱毒性较大，吸入过量会引起头痛、呕吐等中毒症状。虽然烟草含有数千种化学成分，并由它们的综合作用才形成烟草最终的质量特征，如香气、杂气等，但烟草生物碱特别是烟碱，为烟草中最重要的的化学成分，因为它是烟叶质量判别、烟叶选择、产品设计及产品质量控制的主要因素。因此烟草生物碱的检测对烟草工业来说必不可少。烟碱在近红外谱段 1 500 ~1 700nm 间有非常明显表达。

烟草生物碱最经典的方法是采用酸性溶液蒸馏萃取、滴定，并用分光光度法定量，如我国烟草生物碱测量的标准方法 YC/T34 －1996 即为此法，该方法测得的是生物碱总量。随着技术的发展，目前已逐渐采用流动注射分析法。另外也可采用气相或液相方法检测烟草生物碱中的某此成分，如烟碱。

（四）碳水化合物

烟草中的碳水化合物约占 50%，是合成生物体本身物质的基本原料，对烟叶的内外在质量有重要影响，尤其是糖类和淀粉。在一定的条件下，糖和淀粉可以互相转化。糖不仅对烟叶的外观质量有重要的影响，也是形成香气物质的前提。一般来说，总糖含量高，可提高香味，改善烟草品质。而且糖含量的高低与烟叶香气、吃味密切相关，还原糖、单糖含量的高低是烟叶质量好坏的标志之一。含糖量过低，刺激性强；含糖量过高，烟气呈酸性，受焦油危害的可能性较大，安全性差。烟叶中含有葡萄糖、果糖、蔗糖等天然糖分，不同品种烟叶的糖含量差异较大，烤烟烟叶的糖含量最高，白肋烟的糖含量较低。一般还原糖的含量为 0. 2% ~25%，总糖的含量为 0. 2% ~35%。

淀粉属于多糖类，是烟草组织的一种储备物质，随着烟叶的生长和成熟而逐渐增多，它主要影响燃烧性和灰色，淀粉含量高，燃烧性和灰色分值低。目前，淀粉含量已成为烟草品质评价的重要指标，准确测定烟草中的淀粉含量具有重要意义。

烟草中的葡萄糖和果糖属于单糖，蔗糖和麦芽糖属于双糖。因为葡萄糖分子结构中含有醛基（—CHO）又称醛糖，果糖分子中含有酮基（—C＝O）也称为酮糖，这些化合物中均有含氢基团，在近红外谱段 1 900～2 450nm 有很好的表现。

烟草糖类的检测方法有多种方法，我国烟草行业的标准方法为芒森·沃克法（YC/T32—1996）。

目前淀粉的常用检测方法是高氯酸萃取—连续流动法，

（五）含氮化合物

据 Schmeltz 等人（1977）对烟草和烟气化学成分的综述称，在当时烟草及烟草中检测的 2 200种化学成分中，有 30% 的为含氮化合物，其中含有许多重要的烟草化学物质类，如蛋白质、胺类物质、氨基化合物、亚硝酸盐、氨基酸、硝基苯胺、嘧啶、吡嗪、吡咯，由于时间和资金方面的限制，不可能对这些重要含氮化合物进行全数测量，因此通过测量总氮量，以便进行粗略估计。研究结果表明，不同烟草的总氮量随种类有较大的变化，一般烤烟的总氮最低，白肋烟的总氮最高。总氮含量高的烟叶，可增加烟气的香气量和浓度，但杂气、刺激性也增加，余味、燃烧性和灰色变差，降低评吸总分。

总氮的经典测试方法是 Kjeldah1 法。通过 Kjeldah1 法进行适当修改，也可用流动注射分析法进行总氮的测量。需要特别注意的是，测定总氮消化样品时，烟草中大量的难溶性化合物。使用 Kjeldah1 法可以消化许多含氮化合物，但有机物中的氮较难转换，其中，最大的问题是烟碱及其他生物碱。当消化溶液澄清时并不说明含氮化合物分解向氨的转换已完全完成。根据成功的经验，在消化溶液的澄清后，样品最好再继续消化 2h，以保证氨的完全转换。

（六）多酚

多酚是烟草中的一类重要物质，对烟草色、香、味等方面都有重要影响。烟草中发现的多酚化合物包括单宁类（绿原酸及其异构体、咖啡酸和奎尼酸等）、香豆素类（莨菪灵、莨菪亭）、黄酮类（芸香糖苷、葡萄糖苷、鼠李糖苷、异槲皮苷、山萘酚苷、黄酮醇等）、花色素类（花色素－3－芸香糖苷、花葵素－3－芸香糖苷、莰非醇等）和简单酚衍生物等。其中，绿原酸、芸香苷和莨菪亭是烟草中最主要的酚类化合物。绿原酸占总多酚的 75%～90%。烤烟中含有 3% 或更多的绿原酸、1% 左右的芸香苷和少量的莨菪亭。绿原酸是咖啡酸与奎尼酸的二缩酯，本身具有弱的清香，在多酚氧化酶的作用下形成多醌，与氨基酸发生非酶棕化反应，生成吡嗪、吡啶、吡咯类物质等。这些物质具有坚果香、烘烤香或面包香，是烟草的特征香味物质，对烟气的香气质和香气量有很好的作用，因此，一般优质的烟叶含有较多的绿原酸和芸香苷。苷类物质性质较活泼，在燃烧过程中能产生芬芳气味的成分，是烟草香味的一个重要来源。多酚对烟草的颜色有一定影响，在氧化酶作用下氧化形成聚合多醌，烟叶颜色逐渐加深，黄酮类化合物中的芸香苷和鼠李糖已被证明是色素。影响多酚的因素包括烟草品种、烟叶生产的部位、光照条件、温度、成熟度及烘烤技术，烤烟中含有大量的多酚，而白肋烟、马里兰烟及其他晾制烟一般多酚含量较小（0 ~0.5%）。

另外，多酚类化合物还是一种重要的活性功能成分，已经证明这类化合物具有抗氧化性和降低自由基活性的功能，可以对心血管病、癌症及人体衰老起到预防作用。故而广受人们的关注。因此，对烟草中多酚类物质的研究及相对含量的测定，有助烟草制品的质量控制及有益活性功能成分的提取利用。

目前为止，虽然有一系列检测多酚类物质的方法，但液相色谱是检验多酚的较佳选择。

（七）有机酸

有机酸是烟草的重要组成部分。烟草中的有机酸主要是指除氨基酸以外的有机酸（含有羧基 R—COOH），种类繁多，含量差异大，总含量一般为干物质总含量的 12% ~16%，且大部分以与碱金属或有机碱化合成盐或以酯类的形式存在。有机酸不仅在烟草生长过程中起着重要的作用，而且对烟叶和卷烟的质量有着重要的影响，非挥发性有机酸对抽吸品质有重要影响，它能与生物碱结合成盐，调节烟草中碱性成分的挥发性，在燃烧过程中，有机酸分解产生的酸性片段可调节烟气中质子化和游离态烟碱的比例，从而极大地影响烟叶的劲头和吃味。

烟叶中含有不少酸性物质，其中苹果酸的含量最高，草酸和柠檬酸次之。而部位不同，其有机酸含量也各不相同，研究发现，底部叶片内柠檬酸含量低，而在接近烟株顶部升到最高；苹果酸则相反，在底部叶中含量最高，顶部叶片中最低；草酸的含量则是一条复合曲线。不同类型烟草中的有机酸含量也各不相同，挥发性有机酸以香料烟中含量最高，烤烟次之，晒晾烟较少。而非挥发性有机酸（如硬脂酸、油酸、亚油酸）则以烤烟中含量最多，非挥发性脂肪酸会增加烟气脂肪或蜡味，使烟气醇和，但亚麻酸和亚油酸则会增加刺激性。因此有机酸直接影响烟气的酸碱性质，醇化烟气，并产生芳香气味的燃烧产物，对烟草制品有直接影响。

目前，有机酸的检测主要是气相色谱法。

三、物理特性

烤烟烟叶的物理特性表征指标一般包括烟叶长、烟叶宽、单叶重、含梗率、填充值、平衡含水率、厚度、拉力等。烟叶的物理特性与其工业可用性及烟气组分密切相关，是烟叶质量的重要构成因素。烟叶含梗率、填充值、抗张强度、平衡含水率等还是体现烟叶加工性能的重要指标。

烤烟主要物理特性与烟叶化学成分关系密切。时向东等（2005）的研究表明，烤烟烟叶的平衡含水率与烟碱、钾氯比呈显著或极显著负相关；平衡含水率与淀粉、总糖、还原糖、氯、糖碱比、氮碱比呈显著或极显著正相关。单叶重、叶片厚度、叶质重与总糖、还原糖、糖碱比、氮碱比、钾氯比、有效钾指数呈负相关，与烟碱、总氮呈正相关。左天觉（1993）认为，烟叶的总糖含量与其吸湿性呈极显著的正相关关系；总糖含量高，吸湿性就强，反之则弱。王建民等（2011）的研究表明烟草中许多化学成分都会不同程度地影响其吸湿性。叶片厚度与总糖含量和还原糖含量均呈负相关，与蛋白质和总氮含量呈正相关，与烟碱含量呈极显著正相关。因此，叶片厚度是判断烟叶原料质量好坏的重要预警信号。尹启生等（2009）分析得出不同产区烤烟各物理特性指标存在显著差异。刘国顺等（2003）报道了国产烟叶下、中和上部叶含梗率分别为32%～35%、30%～33%和27%～30%为宜。闫克玉等（1993）在研究中发现平衡含水率随相对湿度的增加而增加，烟叶等级越高，含梗率越高。烟叶含梗率随部位和厚度而变化的规律十分明显。刘新民等（2012）认为平衡水分、叶质重、总糖、还原糖、淀粉、总氮、挥发碱、醚提物、钙、莨菪亭含量对烟丝填充值均有直接或间接影响，而烟丝填充值对烟气风格特征及香吃味品质也有显著影响。孙丽等（2007）研究认为，在一定范围内，拉力与烟碱含量呈极显著负相关，与氮碱比呈极显著正相关，与还原糖、水溶性糖含量呈显著正相关，而与总氮含量相关性不显著。薛超群等（2008）研究了国产和进口烤烟烟叶的平衡含水率、单叶质量、叶质重、拉力、填充值、出丝率与烟叶评吸质量关系，结果显示拉力和出丝率是影响烟叶评吸质量的主要因素，拉力与评吸质量呈负相关，出丝率与评吸质量呈正相关，单叶质量、平衡含水率、叶质重和填充值对烟叶评吸质量的影响较小。时向东等（2005）的研究表明，烤烟烟叶物理特性与感官评吸质量有密切关系，单叶重、厚度、叶质重与香气量、烟气浓度极显著正相关，与杂气、刺激性得分极显著负相关。

烟叶原料烟气释放量也与烟叶理化特性密切相关。邸慧慧等（2011）对河南产NC89的中上部烟叶单叶重与香气成分的关系进行了研究，结果表明：

对中部叶来说类胡萝卜素、棕色化反应产物等致香物质在单叶重 10～12g 时达到最大，邓小华等（2009）对湖南烤烟主产县 66 个样品的物理指标研究发现，叶片重、叶质重、叶片厚度与焦油量呈极显著的正相关，含梗率与焦油量呈极显著的负相关，平衡含水率与焦油量的关系不显著。汤朝起等（2009）统计烟叶主要物理指标测定值和烟气组分测定值的相关数据得知，单料烟的抽吸口数与烟叶的平衡含水率呈极显著正相关，而与烟丝的填充力，燃烧速率呈极显著负相关。于建军等（2003）对河南烟叶、津巴布韦和巴西烟叶的研究显示：上部烟叶填充力对焦油量的影响达极显著负相关关系；随着烟支填充力的下降，烟支重量增加，焦油产出量也随之增加。另外，物理特性中静燃速率对焦油量影响最大，所测相关系数均达到极显著负相关，静燃速率还影响抽吸口数，进而影响焦油量及一氧化碳产出量。因此，烟叶物理指标也是一项很重要的检测指标。

目前物理指标的检测只有填充值有标准方法，其他指标均采用行业内普遍认可的测定方法。

四、烟气成分

对消费者来说，比较关注的卷烟燃烧后烟气的吸食感觉，如烟气的香气、劲头、余味、杂气等，这些只有通过评吸靠人的感官才能判别的特征统称为卷烟的感官质量，它们是卷烟消费者真正关心的质量因素，并将影响消费者吸烟的欲望及对品牌的选择。但卷烟的感官质量判别，到目前为止，除了评吸专家的经验外，尚无真正有效与公认的检测仪器。

除了烟气的香味特征方面无法用统一的仪器测量外，目前国际上有通用的烟气测量方法，即在统一的环境条件（温度、湿度）和抽吸方式下，检测卷烟燃烧后烟气中的焦油、烟碱及 CO 的含量，这是因为除了烟气的香型特征外，这些指标能比较有效地反映烟气的浓度、劲头及对人体有害成分 CO 含量。近年来，随着吸烟有害健康呼声的提高，认为烟气焦油中含有一定致癌或诱癌的化学成分，因此各国政府已逐渐规定在烟盒上标注焦油、烟碱和 CO 中部分或全部指标。

每支香烟燃烧后所产生烟气中的焦油、烟碱和 CO，除了受烟支本身的物理、化学性质影响外，也受抽吸的环境条件和抽吸方式的影响。譬如，即使是同一支卷烟，假如抽吸时的温度、湿度不同，抽吸时的力量大小不同，所产生的焦油及 CO 也会有很大的变化；另外即使同一配方的卷烟，由于卷制和填充密度不同，也会因燃烧条件及烟草含量的变化，引起单支香烟燃烧后产生的焦油、烟碱和 CO 的变化。同时，这些条件的变化也会导致吸烟者吸烟感觉的变化。

因此，烟气分析的标准方法明确规定：烟支必须在温度为 22℃ ±1℃、湿度为 60% ±2% 环境下静态平衡 96h 或动态平衡 48h；抽烟必须使用专用的吸烟机，其吸烟环境为 22℃ ±1℃，湿度 60% ±5%；并规定标准的抽吸方式，包括吸烟的时间、抽吸间隔、抽吸压力的曲线等；再根据标准的方法对烟气中的焦油、烟碱和 CO 进行计算或分析。

烟气分析是一项既费时费力、又代价昂贵的检测工作。但由于烟气的质量数据对烟草制品的质量判别与控制极其重要，因此对任何卷烟生产商来说，烟气分析是必须重复进行的一项繁复工作。

第二章　近红外光谱分析技术简介

第一节　近红外光谱分析技术的产生及发展历史

近红外光谱（Near Infrared，NIR）是1 800年前由天文学家William Herschel所观察到的第一个非可见光谱区域，其应用比中红外还早。到19世纪前期，近红外谱区的分析已得到相当发展，但当时的理论与技术水平还无法将近红外谱区的（强度弱、谱带复杂、相互重叠的）信息充分提取出来。近红外光谱的研究受到限制，没有得到实际的应用。直到20世纪50年代，仪器硬件、计算机和现代数学的发展，才推动了近红外光谱分析技术的快速发展。20世纪60年代以后，由于中红外光谱技术的发展及其在化合物结构表征中所起的作用，加之由于当时仪器的原因，近红外光谱本身的灵敏度低，抗干扰性差等缺点，使人们逐渐忽略了近红外光谱的应用，近红外光谱分析进入了一个沉默的时期，除在农副产品分析中开展一些工作外，新的应用领域几乎没有拓展，1983年Wetzel称近红外光谱技术为光谱技术中的沉睡者。80年代以后，随着现代计算机技术、化学计量学及仪器分析技术的迅猛发展和应用，通过化学计量学方法在解决光谱信息提取和背景干扰方面取得的良好效果，加之近红外光谱在检测技术上所独有的特点，使人们重新认识了近红外光谱的价值，近红外光谱在各领域中的应用研究陆续展开。进入90年代，近红外光谱在工业领域中的应用全面展开，由于近红外光在常规光纤中良好的传输特性，使近红外光谱在线分析领域得到很好的应用，并取得极好的社会和经济效益，成为发展最快、最引人注目的一门独立的分析技术。有关近红外光谱的研究及应用文献几乎呈指数增长，90年代初，还出现了关于近红外光谱研究和应用的专业期刊《Journal of Near – Infrared Spectroscopy》和《Near Infrared News》。国际分析界逐渐形成了近红外光谱分析的热潮。随着商品化仪器的出现及Norris等人所做的大量工作，使得近红外光谱技术在农副产品分析中得到广泛应用。美国农业部的Karl Norris等人结合当时出现的简易型近红外光谱仪器，在近红外光谱漫反射技术上做了大量工作，推动了近红外光谱分析技术在农副产品分析中的大量研究和应用工作的开展。因此，几乎目前应用的近红外技术都是来自于Karl Norris工作的拓展。1996年近红外光谱期刊（Journal of Near - Infrared Spectroscopy）再版了Norris的经典文献，1997年国际近红外委员会尊称Karl Norris为现代近红外光谱技术奠基人，并肯定了其在该领域所做出的贡献。

NIR光谱分析在几十年的发展过程中，不断扩大其涉足领域以及应用的实效性。除农业和食品分析外，还涉及生物、高分子、制药、石油化工、纺织学、纤维等学科，一方面为科研工作者提供重要的研究分析手段，另一方面在农业、工业上起着质量检测与评价、过程分析与控制等实际的重要作用。1975年，加拿大谷物委员会确定NIR为该国官方的蛋白质快速分析方法；1982年，美国谷物化学家协会也认可了该方法。制药工业中，欧洲药典委员会已将其列入药物鉴定的通则。在我国，近红外光谱分析研究开始于20世纪80年代初期，已逐步涉及谷物等农产品分析、饲料分析、石油化工、烟草分析、药物分析等，并有NIR相关技术的专著出版和仪器制造。

现代近红外光谱仪从分光系统可分为固定波长滤光片、光栅色散、快速傅立叶变换、声光可调滤光器（AOTF）和阵列检测五种类型。

20世纪50年代中期，Kaye首先研制出第一台近红外光谱仪的分光系统—滤光片分光系统，测量样品必须预先干燥，使其水分含量小于15%，然后样品经磨碎，使其粒径小于1mm，并装样品池。此类仪器只能在单一或少数几个波长下测定（非连续波长），灵活性差，而且波长稳定性、重现性差，如样品的基体发生变化，往往会引起较大的测量误差。滤光片型主要作专用分析仪器，如烟草水分测定仪、油品专用分析仪。为了提高测定结果的准确性，现在的滤光片型仪器往往装多个滤光片供用户选择。

20世纪70年代中期至80年代，光栅扫描分光系统开始应用，采用全息光栅分光、Pbs或其他光敏元件作检测器，具有较高的信噪比。光栅色散型仪器根据使用检测器的差异又分为扫描式和固定光路两种。由于仪器中的可动部件（如光栅或反光镜的机械轴）在连续高强度的运行中可能存在磨损问题，从而影响波长的精度和重现性，不太适合作为过程分析仪器使用。在此期间有机结构分析和研究的重点逐渐转向了中红外谱区，并被广泛应用，并积累了丰富的知识。

20世纪90年代，傅里叶变换近红外光谱仪（FT - NIR）是目前近红外光谱仪器中的主导产品，具有较高的分辨率和扫描速度，这类仪器的弱点同样是干涉仪中存在移动部位，且需要较严格的工作环境。最近推出的FT - NIR仪器对干涉仪部分作了改进，采用两个双折射棱镜使两束光出现相差，实现光的干涉，近似地消除了对移动部位的需要。与普通的 FT - NIR 仪器相比，减少了对振动、温度和湿度的敏感性。德国的 Brucker、美国的 Nicolet 等公司不断推出自己的傅里叶变换 NIR 光谱仪产品。

20 世纪 90 年代后期，推出了声光可调滤光器近红外光谱仪（Acousto - optic tunable filter，简称 AOTF），AOTF 是基于各向异性的双折射晶体的声光衍射原理，利用超声波与特定的晶体作用而产生分光的光电器件，与传统的基于机械调谐分光元件的光谱仪器相比，采用声光调制即通过超声射频的变化实现光谱扫描，光学系统无移动性部件，波长切换快、重现性好，程序化的波长控制使得这种仪器的应用具有更大的灵活性，尤其是外部防尘和内置的温、湿度集成控制装置，大大提高了仪器的环境适应性，加之全固态集成设计产生优异的避震性能，使其近年来在工业在线和现场（室外）分析中得到越来越广泛的应用。AOTF 的出现和应用，结束了检测分析只能在实验室进行的历史，将过去必须在室内，且对温度、湿度、防震均有严格要求的近红外光谱仪，转移到了生产在线和现场。但目前这类仪器的分辨率相对较低，AOTF 的价格也较高。

随着阵列检测器件生产技术的日趋成熟，采用固定光路、光栅分光、阵列检测器构成的 NIR 仪器，以其性能稳定、扫描速度快、分辨率高、信噪比高以及性能价格比好等特点正越来越引起人们的重视。在与固定光路相匹配的阵列检测器中，常用的有电荷耦合器件（CCD）和二极管阵列（PDA）两种类型，其中，CCD 多用于近红外短波区域的光谱仪，PDA 检测器则用于长波近红外区域。

尽管我国 NIR 仪器硬件研制相对较晚，但以上提到的几种类型 NIR 仪器在我国都有相关单位进行研发。中科院长春光机所张军（2004）开发出基于固定滤光片的粮食专用型 NIR 分析仪。郑建荣等（2004）研制了滤光片反射式 NIR 测试装置，对流化床喷雾制粒生产过程中颗粒含水量进行了实时监测试验。谢晓明（2005）提出了一种用于中途油气层探测的基于滤光片的 NIR 实时测量系统。上海棱光技术有限公司研制出了光栅扫描式 NIR 农产品品质分析仪。国土资源部（王智宏，2005）现代地球物理开放实验室研制出了光栅扫描式便携 NIR 矿物分析系统。江绍基（2004）研制了光栅扫描式光学膜厚 NIR 监控仪。天津大学（常敏，2004）基于 AOTF 技术开发出了 NIR 乳品成分快速分析仪。毕卫红（2005）提出了一种新型的基于 AOTF 的便携式 NIR 光谱测量仪。中国农业大学（闻明，2004；张晔晖，2001）研制出以 LED 为光源的便携式 NIR 整粒小麦成分测量仪和 NIR 玉米品质分析仪。北京第二光学仪器厂研制出 WQF400N 型傅立叶变换型 NIR 光谱仪和辛烷值测定仪（高学军，1999）。石油化工科学研究院（袁洪福，2004）开发出了用于实验室和工业在线分析基于固定光路和 CCD 阵列检测器的近红外光谱仪。浙江大学（韩言正，2005）基于同一技术路线，也研制出了汽油辛烷值 NIR 在线分析仪。在各类测样器件中，光纤测样器件十分引人注目。通过光纤测样器件，一方面可以方便测样过程，另一方面可以利用光纤的远距离传输的特性，将近红外技术用于远程在线分析和质量控制。

第二节　近红外光谱分析技术的特征和应用特点

一、近红外光谱分析技术概述

近红外光（NIR）是介于可见光（VIS）和中红外光（MIR）之间的电磁波，美国材料实验协会（American Society for Testing and Materials，ASTM）定义的近红外光谱区的波长范围为 780～2 526nm（12 820～3 959cm^{-1}）。其光谱信息来源于分子内部振动的倍频吸收与合频吸收。通过把近红外光谱分为两段，即短波近红外波段（SW－NIR，700～1 100 nm）和长波近红外波段（LW－NIR，1 100～2 500nm）。图 2－1 为近红外光谱波长范围及其特点。

近红外光谱是反映有机分子中 C－H、O－H、N－H、S－H 及 C＝O 等含氢基团的倍频与合频的吸收，这些含氢基团吸收频率特征性强，受分子内外环境的影响小，而且在近红外谱区比中红外谱区的样品光谱特性更稳定。其光谱特征有：①信号频率比中红外区高，介于中红外区和可见光区之间，且类似于可见光，信号易获取与处理；②近红外光谱信息类似于振动光谱的中红外区，信息量丰富，包含大量含氢基团的结构信息，同一基团常在近红外谱区的多个位置具有吸收；③近红外信息强度比中红外区低，谱峰宽，吸收弱，光谱容易变动，背景复杂，吸收峰重叠。因此近红外能够得到分子的结构、组成、状态的信息，而且从近红外反射光谱还能得到样品的密度、粒度、高分子物的聚合度及纤维的直径等物质的物理状态信息（严衍禄，2005）。

烟草中糖、氮、烟碱、淀粉和蛋白质及其他一些质量特征，与以上基团密切相关，故而可以通过直接或间接测定烟草样品近红外漫反射光谱，得到它们在近红外谱区吸收状况。由于不同烟草样品所含的化学成分不同，对近红外的吸收就有所差异，得到的光谱也不一样。因此，可以通过建立烟草样品某一化学成分含量与其近红外吸收光谱之间的关系，即建立起两者的数学模型。然后就可以根据建立的模型，用近红外光谱吸收数据来预测同类烟样相关的化学成分含量。

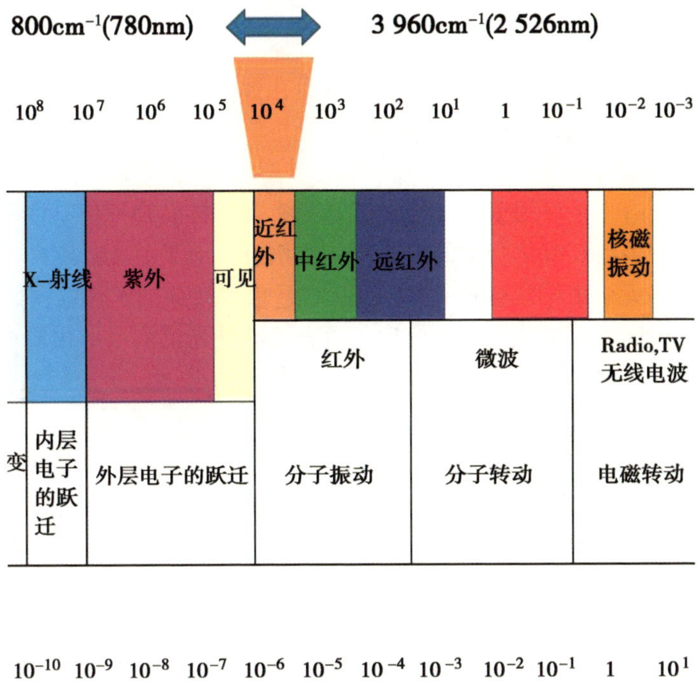

图 2－1　近红外光谱波长范围及其特点

目前，烟草业大都使用傅立叶变换近红外光谱仪（FT－NIR）。傅里叶变换近红外光谱仪是获取近红外光谱数据的优良设备，其主要的光学部件是 Michelson 干涉仪，它的作用是使光源发出的光分成两束后，并造成一定的光程差，再使其复合产生干涉，这样，便可获得包含光源的全部频率和强度的干涉信息。计算机将样品与光源的干涉信息经傅里叶变换处理后，就可得到样品的傅里叶变换近红外光谱图。利用傅立叶变换可从光谱数据中提取更多的有用信息，即以傅立叶级数拟合原光谱曲线，用较少项的级数就可获得与原光谱良好的近似数据，从而使所得谱线平滑，消除了部分噪音。因此，傅里叶变换技术使近红外光谱仪有效地应用于大量样品的高精度快速分析，并能较好地在烟草业得到推广和应用。

二、近红外光谱分析技术的特点

(一) 近红外光谱分析技术的优越性

近红外光谱分析技术是一种“三位一体”的技术，即近红外光谱仪、化学计量学软件和应用模型三部分的有机结合体。近红外光谱技术之所以能在短短的十几年内，在众多领域得到应用，进而在数据处理及仪器制造方面有如此迅速的发展，主要因为它在有机化合物的分析测定中有以下独特的优越性。

1. 分析对象广泛

近红外光谱几乎可用于所有与含氢基团有关的样品物理化学性质分析，不仅能反映绝大多数有机化合物的组成和结构信息，对某些无近红外光谱吸收的物质（如某些无机离子化合物），也可以通过它对共存的本体物质影响引起的光谱变化，间接地反映它存在的信息。适合近红外光谱测量的物质种类范围和场合非常广泛。

2. 分析过程简单

作为分子振动能级跃迁产生的吸收光谱，近红外区域的倍频或合频吸收系数很小，一般较红外吸收低 1 ~3 个数量级，故样品无需用溶剂稀释即可直接测定，便于生产过程的实时测定。所用样品池的光程不像中红外区常在 1mm 以下，近红外区域根据所使用的谱带和测试物含量的高低，光程可以是 1 ~100mm，长样品池使清洗过程变得非常方便。虽然吸收系数小会妨碍样品中微量杂质的测定，但也保证了微量杂质或在近红外吸收弱的组分不至于干扰测定。

3. 分析效率高

在大多数情况下，通常在 1 ~2min 就可通过建立的数学模型给出结果，成本较低，同时仪器的高度自动化降低了对操作者的技能要求。而且通过建立的多个数学模型，仅通过对被测样品完成一次近红外光谱的采集测量，即可完成其他多种成分和指标的测定（最多可达十余项指标）。

4. 绿色分析技术

近红外光线具有很强的穿透通能力，在检测样品时，不需要进行任何前处理，可以穿透玻璃和塑料包装进行直接检测，也不需要任何化学试剂。和常规分析方法相比，既不会对环境造成污染，又可以节约大量的试剂费用。近红外仪器的测定时间短，几分钟甚至几秒钟就可以完成测试，并打印出结果。

5. 分析结果准确可靠

由于无需样品预处理步骤，减少了人为因素带来的实验误差，近红外光谱分析结果的准确性与其他分析技术相比更为可靠。

6. 可用于测定样品的非化学性质

近红外光谱不仅可以反映样品的化学组成和结构信息，还可以反映样品的物理性质。基于各种物理参数对近红外光谱的影响，它还可以测定固体样品的紧密度、颗粒尺寸，液体样品的密度和稠状样品的黏度等性质。

7. 适合过程分析

由于近红外技术能够及时快捷的对样品进行检测，在生产中，可以在生产流水线上配置近红外装置，对原料和成品及半成品进行连续在线检测，有利于及时地发现原料及产品品质的变化，便于及时调控，维持产品质量的稳定。光纤导管和光纤探头的开发应用使远距离检测成为现实。且远距离检测技术特别适用于污染严重、高压、高温等对人体和仪器有损害的环境应用，为近红外网络技术的发展奠定了基础。

8. 通过模型转移，可实现分析模型的异地共享

所以，近红外光谱分析技术被称为“多快好省”的绿色分析技术。

（二）近红外光谱分析技术的局限性

和任何一种其他分析技术一样，近红外光谱分析技术也有其自身的局限性。

1. 不适宜零星样品的分析

近红外光谱分析需要大量代表性样品进行化学分析建模，样品涵盖范围要足够宽且分布均匀，如烟草这种天然产物、产地、等级、品种及其他一些因素的变化会使这些材料在物化组成上发生改变。这通常会对近红外光谱产生直接的影响，因此需要投入大量的人力、物力、财力，过程复杂、耗时，不适宜做零星样品的分析。

2. 不适宜实验室高精度分析

近红外光谱分析技术属于应用数学模型的间接分析，是二次分析技术，一般不适宜做实验室高精度、高稳定性分析。

3. 不适宜痕量样品的分析

因为近红外谱区谱峰重叠严重，因此，不适宜做含量过低的样品、微量样品的分析，就组分而言一般应大于0.1%才适合采用近红外光谱分析技术。

4. 模型需要不断维护与修正

近红外光谱分析中数学模型的建立大多是经验性的，模型的好坏直接关系到分析结果的准确性，而且模型需要不断的维护与改进，否则无法得到满意的结果。

5. 不同仪器间需要复杂的模型传递技术

仪器之间缺少一致性也是近红外光谱技术的一个重要问题。由于仪器之间不一致，不能将一台仪器上建立的模型直接应用到另一台仪器上，所以模型传递往往需要不小的投入并且可能会用到复杂的算法。

三、近红外光谱分析的理论基础

近红外光谱分析技术按光谱采集方式可分为近红外透射（Near Infrared Transmittance）光谱分析和近红外漫反射（Near Infrared Reflectance）光谱分析两类。一般来说，透射光谱分析法主要用于液体等透明样品，反射光谱分析法主要用于不透明或存在光散射样品如粉末、悬浊液、糊状物或固体等不规则样品，它具有对样品不需做任何化学处理的优点。

（一）透射光谱分析

透射光谱法是把待测样品置于作用光与检测器之间，检测器所检测到的分析是作用光通过样品体与样品分子相互作用后的光，若样品是透明的真溶液，则分析光与样品中经过的路一定，透射光的强度与样品组分浓度由朗伯—比耳定律决定（The Beer - Lambert Law）。朗伯—比尔定律是近红外透射光谱分析中的一个重要定律，它反映了透射光强度和待测组分浓度的关系，即：

$$A = \lg \frac{I}{Io} = \lg \frac{1}{T} = \varepsilon l C$$

式中，A 为吸光度，I 为入射光强度，Io 为透射光强度，T 为透过率，ε 为吸收系数或摩尔吸光系数（与样品本性及入射光波长有关），l 为光程（吸收层的厚度），C 为吸光物质的浓度。

可以看出，对于确定的 ε（对一定波长的光与物质），当光程 l 一定时，吸光度 A 与浓度 C 成线性关系。朗伯—比尔定律奠定了近红外吸收光谱定量分析的基础。

（二）反射光谱分析

反射光谱分析时，检测器与光源置于待测样品的同一侧，检测器检测到的分析光是光源发出的作用光投射到物体后，以各种方式反射回来的光。物体对光的反射分为规则反射光（镜面反射）与漫反射。规则反射光指在物体表面按入射角等于反射角的反射定律发生的反射。漫反射是光投向漫反射体（颗粒或粉末）后，在物体表面或内部经过多次反射、折射、衍射、吸收后返回样品表面的光，因此漫反射光是分析光与样品内部分子发生作用的光，负载了样品的结构和组成等内部信息，可以得到包含物质各种信息的特征光谱。烟草中常用的近红外检测方法是漫反射光谱法。

可以认为，当样品的厚度足够大时，基本可以忽略透射光的影响。由此可以得到样品无穷厚时（即样品厚度继续增加后不再影响分析结果时的厚度）的绝对漫反射率公式：

$$R'_{\infty}=1+\frac{K}{S}-\sqrt{\left(\frac{K}{S}\right)^{2}+2\left(\frac{K}{S}\right)}$$

上式中，K 为漫反射体的吸收系数，取决于漫反射体的化学组成，是一种量子性质的量，相对受环境影响较小，其与样品浓度 C 成正比，S 为散射系数，主要取决于漫反射的物理特性，它是一种统计性质的量，与样品的松紧度、粒度等物理状态及测定条件有关。R'_{∞} 是 $\frac{K}{S}$ 的函数，它的值不易测定，通常是以硫酸钡（其 $K\approx0$，$R'_{\infty}\approx1$）等材料作为参比物，因此实际测定的是相对漫反射率 R_{∞}。

$$R_{\infty}=\frac{R'_{\infty}（样品）}{R'_{\infty}（参比）}\approx1+\frac{K}{S}-\sqrt{\left(\frac{K}{S}\right)^{2}+2\left(\frac{K}{S}\right)}$$

结合各种特定的测样器件配合光纤传输技术，还可以很方便地实现远距离过程分析或非接触性分析，这对提高分析效率、保护分析人员免受测试样品及取样环境的污染是非常有益的。

四、近红外光谱分析技术的方法

近红外光谱分析技术包括定性分析和定量分析两种。

近红外光谱定性分析的目的是确定物质的组成与结构。鉴别时，通常利用模型识别与聚类的一些算法，在模式识别运算时需要有一组用于计算机“学习”的样品集，通过计算机运算，得出学习样品的数学空间的范围，对未知样品运算后，若也在此范围内，则该样品属于学习样品集类型，反之则否定。聚类运算时不需要学习样品集，它通过待分析样品的光谱特征，根据光谱近似程度进行分类。

定量分析是为了确定物质中某些组成的含量或是物质的品质属性的值。与常用的化学分析方法不同，近红外光谱分析法是一种间接分析技术，是用统计的方法在样品待测属性值与近红外光谱数据之间建立一个关联模型（或称校正模型，Calibration Model）。因此在对未知样品进行分析之前需要搜集一批用于建立关联模型的训练样品（或称校正样品，Calibration Samples），获得用近红外光谱仪器测得的样品光谱数据和用化学分析方法（或称参考方法，Reference method）测得的真实数据。但对复杂样品作近红外光谱定量分析时，为了解决近红外谱区重叠与谱图测定不稳定的问题，必须充分应用全光谱的信息。

第三节　近红外光谱分析技术的工作过程

近红外光谱分析技术是依据某一化学成分对近红外区光谱的吸收特性而进行的定量测定，所以应用近红外光谱进行检测的技术关键就是在两者之间建立一种定量的函数关系，依靠这种关系，就能从未知样品的光谱中求出样品的成分和含量。在建立这种函数关系时需要两个要素，一是硬件系统（光谱仪），需要准确、稳定地测定样品的吸收或漫反射光谱图，并保持长时间的稳定性；另一个是化学计量学软件，消除因样品状态、测量条件、成分的组成等造成的光谱背景复杂、谱峰重叠等问题。为此，近红外光谱分析基本流程包括：

一、校正集样品的选择

收集具有代表性的样品，然后采集样品的光谱。值得注意的是，校正集样品的物理和化学性质范围应能涵盖待测样品的所有可能的范围，并尽可能分布均匀，避免共线性现象。理想的校正集样品应包括尽量多的有代表性的样品，一般不少于100个样品，尽量消除样品光谱因水分含量和颗粒度的不同而造成的影响。

二、指标的标准方法测定

近红外光谱分析属于间接分析方法，因此，预测结果的准确性主要取决于标准方法测定的准确性。对于一些组分相对简单的物质体系（如人工合成的化学材料等），其组成测定一般没有什么问题，但对于相对复杂的物质体系（如天然产物烟草等），则必须选用标准或大家认可的方法测定其组分或性质数据。

三、光谱数据的扫描

在对校正集样品或待测样品光谱扫描时，实验条件尽量保持一致，消除温湿度变化、仪器变化等对光谱数据测量的影响。另外，建立高质量的校正模型，样品状态、扫描点的不同及颗粒大小也会影响光谱数据采集的代表性，因此，可采用多次扫描的平均光谱来减少误差的存在。而且光谱采集时间要尽量与化学分析时间间隔短些，以免时间过长引起样品内部成分发生变化。

四、模型的建立与优化

建立定标模型之前，首先要对校正集的光谱数据进行预处理，从而可以减少噪声和系统误差等因素对光谱的影响。然后通过化学计量方法将这些光谱数据和用标准方法检测的数据进行关联，建立定标模型。模型建立后，还要根据反馈的信息判断是否需要进一步优化模型，可以根据一些指标和不同的样品进行检验，反复循环优化各种建模参数，直到得到满意的定标模型为止。每一种模型只能适应一定的样品范围，最后还要使用验证集样本对模型的适应性进行验证，得到与待测样品相适配的定标模型。

五、未知样品的分析

用建立的数学模型，扫描未知样品的近红外光谱，即可计算有关的特征值。未知样品需要在与建模样品相同的条件下扫描。

六、模型修正与维护

模型使用一段时间后，当样品的测定时间或空间条件发生变化时，必须用新样品检验模型，如果模型预测效果降低时，则需要校正样品，集中增加新的校正样品，并重新按照上述步骤建立和优化模型。这是一个没有止境、不断进行的动态过程。

近红外光谱分析的流程（图2－2）如下。

由近红外光谱分析技术的工作过程可见，近红外光谱是一种二次分析技术，必须通过建立校正模型（定标模型）来实现对未知样品的定性或定量分析，因此建立分析性能稳定、结果可靠的的数学模型非常关键。而建立理想的数学模型，不仅需要有优秀的算法及有经验的近红外专业技术人员，特别重要的是选择有代表性的样品集（如品种、产地、等级等），建立规范、严格的检测方法，因为校正集样品的标准值和近红外光谱数据直接关系到校正模型的准确性和推广性。

第四节　近红外光谱分析中的化学计量学

光谱化学计量学软件是现代近红外技术的一个重要组成部分，将稳定、可靠的近红外光谱分析仪器与功能全面的化学计量软件相结合也是现代近红外光谱技术的一个明显标志。近红外光谱化学计量学方法研究通常涉及三个方面的内容。

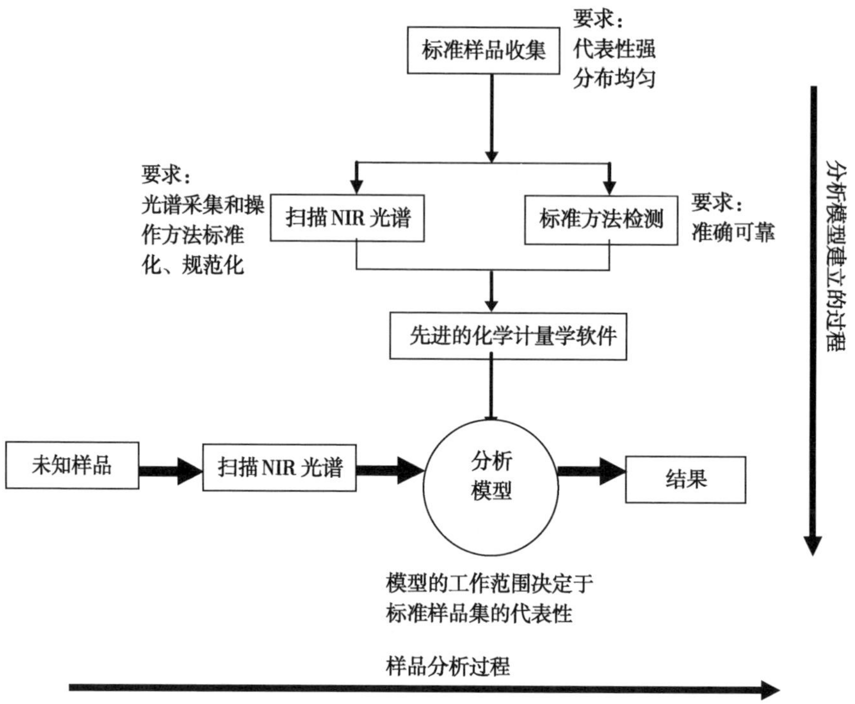

图2－2　近红外光谱分析的流程

一、光谱预处理方法

光谱预处理方法研究，目的是针对特定的样品体系，通过对光谱的适当处理，减弱以至于消除各种噪声对光谱信息的影响，为校正模型的建立和未知样品组成或性质的预测奠定基础。因为近红外光谱采集到的原始光谱信号中除了包含与样品组分相关的信息外，同时受到一些与待测样品性质无关的因素带来的干扰，如样品状态、仪器的随机噪声（机械和电子）、测试环境、采样不均匀等不确定因素。这些不确定因素导致了近红外光谱出现高频噪声、基线漂移的现象，影响了光谱质量。在烟草近红外分析中常用的光谱预处理方法主要有平滑处理、导数法、标准归一化（SNV）、多元散射校正（MSC）、分段散射校正等。

（一）平滑处理

平滑是常用的有效去除高频噪声的数据处理方法，其实质是对光谱数据进行低通滤波，除去高频成分，保留有用的低频信息，通过平滑掉随机噪音改善光谱外形。平滑算法一般用下式表示：

$$y_k^* = \frac{\sum_{i=k-r}^{i=k+r} a_i y_i}{\sum_{i=k-r}^{i=k+r} a_i}$$

其中，a_i 为平滑系数，y_k, y_k^* 分别为第 k 点（中心点）的平滑前、后的值，而 a_i 为平滑系数（或权重），“窗口”宽度为 $2r+1$ 个点，在窗口内进行加权平均，平均区段是逐点后移的。这种平滑处理方法可有效平滑高频噪声，提高信噪比。但由于它是 $2r+1$ 点的平均平滑，对有用的信号也进行了平滑，造成信号失真，降低了光谱分辨率，而且数据最前 r 点和最后 r 点不能做平滑，因此存在一定的局限。

常用的平滑操作有：厢车平均法、移动窗口平均法、最小二乘拟合法。目前应用比较广泛的是 Savitzkyt – Golay 最小二乘拟合法，是一种多项式滤波方法。实际处理过程中，通常采用 Savitzky – Golay 或 Karl Norris 滤波器结合一阶或二阶求导，过滤噪声，消除基线飘移的干扰。另外窗口宽度的选择也具有一定的经验性，窗口大时可以提高信噪比，但同时也会导致信号的失真。因此进行平滑处理时，必须考虑仪器的具体情况，选择适当的平滑窗口大小，窗口的尺寸应根据光谱数据采集密度的具体情况确定，窗口数据点过少，达不到理想的滤噪效果，窗口过大，则可能丢失有用的光谱信息。因此，合理的平滑方式必须根据仪器和光谱数据采集的具体情况确定。

（二）导数处理

一阶导数和二阶导数处理是光谱分析中最常用的处理方法。导数预处理方法既可以消除基线漂移、平缓背景干扰的影响，也可以提供比原来光谱更高的分辨率和更清晰的光谱轮廓变化，其中一阶导数能明显消除基线的平移造成的随机误差，二阶导数可以消除光谱基线的旋转误差。

现代光谱分析一般都是用数学方法计算来得到一阶、二阶……导数光谱。假设原光谱数据的 X 轴（波长）是等间隔的，则一阶导数为：

$$\frac{dy}{d\lambda} = \frac{y_{i+1} - y_i}{\Delta\lambda} \text{ 或 } \frac{dy}{d\lambda} = \frac{y_{i+1} - y_{i-1}}{2\Delta\lambda}$$

二阶导数为：

$$\frac{d^2y}{d\lambda^2}=\frac{y_{i+1}-2y_i+y_{i-1}}{\Delta\lambda^2}$$

其中，y 为吸光度。

为消除光谱变换带来的噪声，在求导前对原始光谱进行适度的平滑运算是有必要，这最早是 Norris 等人提出，常称为 Norris 求导。

Savitzky Golay 卷积平滑也可用于求导数光谱，通过最小二乘法可求得与平滑系数相似的导数光谱。

(三) 多元散射校正

多元信号修正（Multiplicative signal correction，MSC）可以消除近红外漫反射光谱测量中，由样品的不均匀性和形状不同而导致的样品光谱的差异。通常在光谱与浓度线性关系较好，化学性质相似的情况下，MSC 校正效果较好。而如果校正集样品的光谱间由于化学组成的变化而引起的光谱出现显著性的变化，采用此方法效果较差。

MSC 原理是假定与波长有关的散射对光谱和化学成分的贡献是不同的，通过数学分析可以将散射信号与化学吸收信息分开。MSC 认为每一条光谱都应与理想光谱成线性关系，而理想光谱可用校正集的平均光谱来代替，因此每个样品光谱的吸光度值与其平均光谱的吸光度值是近似成线性关系的，通过线性回归可求出斜率和截距，从而用于样品光谱的校正。具体计算如下。

①计算校正样品集的平均光谱 $\bar{x}$。

②将 x 与 $\bar{x}$ 进行线性回归，求取斜率 m 和截距 b。

③$x_{msc}=(x-b)/m$。

MSC 假定散射吸收在所有波长处都是一样的，即散射与波长及样品浓度的变化无关，因此，对组分性质变化较宽的样品处理效果较差。另外，由于导数处理有相似的效果，而且导数处理除此之外还有其他的好处，因此在实际应用中 MSC 不如导数处理用得多。

(四) 变量标准化

变量标准化（Standard Normalized Variate，SNV）与 MSC 类似，也可用来校正样品间因散射而引起的光谱的误差。但两者的算法又有所不同。

SNV 法是针对一条光谱，按下式进行变换：

$$x_{snv}=\frac{x-\bar{x}}{\sqrt{\frac{\sum_{k=1}^{m}(x_k-\bar{x})^2}{(m-1)}}}$$

式中，$\bar{x}=\frac{\sum_{k=1}^{m} x_k}{m}$，$m$ 为波长点数，$k=1$，$2\cdots m$。

SNV 法只适用于扣除样品光谱中的线性平移的影响，而且 SNV 是对每条光谱单独进行校正，因此一般认为它的校正能力比 MSC 要强，尤其是样品组分变化较大的时候。

二、近红外定性定量校正方法

近红外光谱定性和定量校正方法研究，目的在于建立稳定、可靠的定性或定量分析模型。因此，定性和定量校正方法的研究一直是近红外光谱计量学研究中的一个核心问题。

与（中）红外定性分析不同，近红外定性分析很少用于化合物的鉴别，而主要用于聚类分析和判别分析。其基本思路是用已知类别的样品建立近红外定性模型，然后用该模型考察未知样品是否是该类物质。定性分析中常用的方法有主成分分析（PCA）和 Mahalanobis 距离法，除此以外，模式识别方法和人工神经网络在光谱中的定性判别正得到越来越多的应用。

定量分析测量时一般不需对样品进行预处理，但测定的光谱可能受到各方面因素影响。利用单一波长下获得的光谱数据很难获得准确的定量分析结果。因此，现代近红外光谱数据的测量都是在多波长下进行。各种多元校正技术的采用是现代近红外光谱分析与经典近红外光谱分析的本质区别。多元校正技术包括主成分回归（Principal Component Analysis，PCA）、偏最小二乘回归（Partial Least Squares，PLS）、人工神经网络（Artificial Neural Network，ANN）、逐步多元线性回归（SMLR）和拓扑等方法。这些方法陆续在近红外光谱定量分析中得到应用，并取得良好的应用效果。

（一）主成分回归（PCR）

主成分回归（PCR）是使用最为广泛的线形降维方法之一，主要采用多元统计分析中的主成分分析方法（PCA）。主成分分析法的目的是对数据进行降维，它将原来众多具有一定相关性的自变量，通过转换重新组合成一组线性无关的综合指标来代替原变量，新变量能反映原变量绝大部分信息，且各主成分之间相互独立。主成分分析消除了变量间的多重共线性，利用光谱有用信息的同时抑制了噪声信号模型的影响，这可使在研究复杂问题时避免信息重叠带来的虚假性。

主成分分析将光谱阵 $X(n\times m)$ 分解成下列形式：

$$X = TP'$$

式中，$T = [t_1, t_2 ... t_n]$ 称为得分矩阵，$P = [p_1, p_2 ... p_n]$ 称为载荷矩阵。

各个得分向量之间是正交的，实际应用中一般选取前几个累积贡献大于85%～95%的主成分就可代表X阵绝大部分有用信息，后面的主成分则往往与噪声和干扰因素有关。选取K个得分向量组成的矩阵 $T = [t_1, t_2 ... t_n]$ 代替光谱阵X进行线性回归即可得到主成分回归模型：

$$Y = TB + E$$

式中 B 为回归系数，其解为 $B = (T^T T)^{-1} T^T Y$

对于待测样品的光谱x，则有：

$$y = T_x B = xPB$$

虽然PCR看似解决了多重共线性问题，能够对光谱中有用信息最大限度的提取，去掉噪声等次要主成分对模型的影响，提高模型的预测能力。但它并不能保证参与回归的主成分一定与待测组成分相关，因而其预测精度也难以达到很高。

（二）偏最小二乘法（PLS）

由于主成分分析（PCR）只对自变量矩阵 X 进行分解而未对因变量矩阵 Y 进行分解，因此只能消除 X 中包含的无用信息而无法消除 Y 中包含的无用信息，同时在分解矩阵时也应考虑因变量矩阵 Y 的影响。偏最小二乘回归（PLS）就是基于此提出的多元回归方法，它同时对自变量和因变量矩阵同时进行正交分解，当从自变量矩阵 X 中提取第一主成分 F_1 时，期望 F_1 一方面能最好概括 X 中的信息，同时也对因变量Y的解释能量最大。

PLS首先对光谱阵 X 和浓度矩阵 Y 进行如下分解：

$$Y = UQ^T + E_Y$$

$$X = TP^T + E_X$$

式中，T 和 U 分别为 X 和 Y 的得分矩阵，P 和 Q 分别为 X 和 Y 的载荷矩阵，E_X 和 E_Y 分别为 X 和 Y 的残差矩阵。

然后建立 T 和 U 的回归模型：

$$U = TB$$

式中 B 的解为 $B = (T^T T)^{-1} T^T Y$。

对于待测样品的光谱 X，先根据 P 求出其得分阵 T_X，然后其浓度由正式求得：

$$y = T_X BQ$$

PLS 综合了多元线性回归、典型相关分析和主成分分析三种方法，与 PCR 方法相比，在考虑所计算的主成分方差尽可能大的同时还使主成分与浓度最大的程度相关，克服了 PCR 只对 X 进行分解的缺点。并且它求得的模型的预测残差平方和较小，具有较高的预测稳定性，是目前应用最广泛的光谱多元校正方法。

（三）人工神经网络（ANN）

PCR 和 PLS 都是基于线性的多元校正方法，它们都是假设所研究的光谱具有线性加和性。但实际中，光谱变量与待测组分之间往往具有一定的非线性，特别是样品含量范围较大时，其非线性会更显著。另外各组分的相互作用、仪器噪声及基线漂移等也都会引起非线性问题。这种情况下，采用 PLS 等线性校正方法就不能得到满意的结果，必须针对非线性特征建立非线性校正模型，此时就可以采用人工神经网络等非线性校正方法。

ANN 始于 20 世纪 40 年代初，是目前广泛采用的前馈神经网络模型中最具代表性的一种。人工神经网络是根据人的大脑结构进行模拟而提出来的，它是由大量处理单元高度互联组成的非线性系统，具有自学习、自组织、自适应的能力、较强的容错能力、分布储存与并行处理信息的能力以及高度非线性表达的能力，这些都是传统的多元校正方法所不具备的。

神经网络的种类有很多种，目前用的最多的是 Rumelhart 等人提出的误差反向传输（Back Propagation，BP）模型，即 BP 神经网络，它是最具代表性和广泛用途的一种网络模型。BP 网络是由非线性变换神经元组成的一种前馈型多层网络，其中间的神经元之间通常采用 Sigmoid 型函数作为传递函数，能够实现输入和输出层之间的非线性映射，已被应用于近红外光谱分析中非线性校正模型的建立。

从结构上 BP 神经网络可分为输入层、隐含层和输出层，图 2－3 为典型的 BP 神经网络的拓扑结构。

输入层每个节点负责接收外界的输入信息，并传给中间的隐含层节点，隐含层是内部处理层，它的层数和节点数决定了神经网络的复杂性，隐含层将接收的数据经过权值、域值和激励函数等运算后，最后将信息传递给输出层，和输出层节点对应的是目标变量，如果和输出层得到的预测值和目标变量不一致，则从输出层开始反向运算再次进行权值、域值的调整，使网络输出和目标变量尽量接近或一致。神经网络各层间任意节点之间存在连接路径，但各层内部节点之间没有连接，每个连接对应一个权重，调节节点间连接的权重就是训练神经网络要做的工作，即网络的学习过程，利用训练好的网络就可以实现对未知样本的预测。

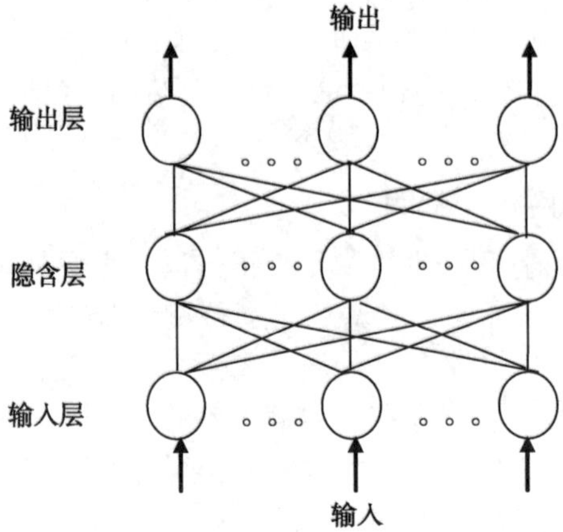

图 2-3　BP 神经网络拓扑结构

理论研究表明，使用具有足够多的隐含层节点的 BP 神经网络具有逼近任何复杂函数的能力。但 BP 网络的学习速度较慢，是一种局部搜索的优化算法，其网络收敛慢，有时可能陷入局部极值，使训练失败。

以上几种近红外光谱的数据处理方法可根据建模模型以及实际情况灵活选择。主成分回归方法可有效解决譬如共线问题、变量数据使用限制问题，并在一定程度上解决了噪声滤除问题，缺点是不能保证参与回归的主成分一定与被测组分的性质有关。偏最小二乘法把数据分解和回归融合在一起，得到的特征值向量直接与被测组分或性质有关，适于非线性数据的建模，缺点是建模过程复杂。对谱峰重叠严重、有用信号较弱、噪声较大的谱图，可用人工神经网络法建模。总之，对于每一种化学计量学方法而言，它们都有各自的优缺点。因此，将各种方法联合，相互取长补短，将是今后发展的方向。

三、校正模型传递技术

校正模型传递技术的研究，也称近红外光谱仪器的标准化，目的是将在一台仪器上建立的定性或定量校正模型可靠地转移到其他相同或类似的仪器上使用，从而减少建模所需的时间和费用。近红外光谱作为一种通过建立校正模型对未知样品进行分析的技术，多用于大批量的样品分析及各种工业过程的控制分析或在线分析。一个较完整的、适用性强的校正模型的建立往往要花费大量的人力、物力和财力。因此为了节省建模费用，在行业分析中，实现模型共享，进而实现校正模型的转移就非常有意义。

近红外光谱分析中的模型传递技术可分为有标传递和无标传递两种方式。在有标传递中，使用较多的是 Wang 等提出的 PDS 算法（Piecewise Direct Standardization）。Wang 等（1991，1992，1993）对经典校正模型传递、逆校正模型传递、直接传递、光谱投影、分段直接传递（PDS）等五种方法做了较系统的研究比较，讨论了标准子集和分段窗口对传递性能的影响，认为 PDS 的传递效果最好，并在以后的工作中对 PDS 方法进行了改进和完善。Bouveresse（1994，1995，1996）等也研究了各种模型传递方法的效果，并详细讨论了有标传递中标准样品子集选择对传递效果的影响，指出标准样品子集与校正模型和预测样本有类似的光谱特征时传递效果最好。Chen 等（1997）则采用 PDS 方法实现了样品池和光纤测样器件间的模型传递。Blank 等（1996）采用有限脉冲响应（FIR）对校正模型进行无标传递，同时也指出了方法中可能存在的一些问题。

从目前提出的各种模型传递方法的效果看，还达不到原始模型的精度，因此，如何实现更有效的模型传递，仍将是近红外光谱计量学方法研究的课题之一（徐光通，2000）。

第五节　近红外光谱分析模型的优化与验证

建立模型是一个协同过程，对光谱进行预处理的同时，为了获得稳健的模型，一是要剔除异常值（Outlier）和强影响点，消除对模型的影响和扰动；二是要避免“欠拟合或过拟合”未充分利用信息或引入太多的噪声，采用交互效验法（Cross－Validation）确定最佳主因子来建模是一个理想的手段。模型在优化过程中因样品的剔除，可能会影响模型的代表性，有必要应用独立校验集（至少 30 个具有代表性的样品），通过数理统计检验（如 t－检验）进一步验证模型。

评价近红外数学模型的相关性除通常采用相关系数（R）外，还经常采用决定系数（R^2）；评价近红外数学模型的测量偏差，除通常采用的平均绝对误差和相对误差，还经常采用标准差、相对标准差、预测残差平方和等（严衍录，2005）。

（1）偏差（e）

$$e = C_i - \hat{C}_i$$

式中：C_i 为第 i 个样品标准方法测定的真实值，$\hat{C}_i$ 为第 i 个样品的近红外预测值，这是最简单的评价指标，一般要求偏差小于参考方法规定的再现性。

（2）相关系数 R（Correlation Coefficient）：

$$R = \sqrt{1 - \frac{\sum_{i=1}^{n}(\hat{C}_i - C_i)^2}{\sum_{i=1}^{n}(C_i - \bar{C})^2}}$$

式中：C_i 为第 i 个样品标准方法测定的真实值，$\hat{C}_i$ 为第 i 个样品的近红外预测值，$\bar{C}$ 为样品集中所有样品的标准方法测定值的平均值，n 是校正集（或验证集）的样品数。

相关系数（R）表征的是预测值和标准值之间的相关度，R 的绝对值越接近 1，说明预测值与真实值之间的相关程度越好。

（3）校正均方差（Root Mean Square Error of Calibration，RMSEC）、内部交叉验证均方差（Root Mean Square Error of Cross Validation，RMSECV）和预测均方差（Root Mean Square Error of Prediction，RMSEP）：

$$\text{RMSEC} = \sqrt{\frac{\sum_{i=1}^{n}(\hat{C}_i - C_i)^2}{n - m - 1}}$$

$$\text{RMSECV} = \sqrt{\frac{\sum_{i=1}^{n}(\hat{C}_i - C_i)^2}{n - 1}}$$

$$\text{RMSEC} = \sqrt{\frac{\sum_{i=1}^{n}(\hat{C}_i - C_i)^2}{m}}$$

式中：C_i 为第 i 个样品标准方法测定的真实值，$\hat{C}_i$ 为第 i 个样品的近红外预测值，n 是校正集（或验证集）的样品数。m 为预测集样品数。

均方差是衡量模型好坏的重要指标。把样本集分为校正集和预测集，用校正集建立模型，然后用预测集检验试建模型。试建的待检模型首先通过内部交叉检验，然后再用预测集对待检模型作进一步的外部检验来评价模型对样品的预测性能。根据预测值和标准值的吻合程度，用相关系数 R（或决定系数 R^2）、校正均方差（RMSEC）和预测均方差（RMSEP）来评价待检模型。交叉验证均方差（RMSECV）是一种更为客观地评价模型好坏的指标，以留一交叉验证为例，从模型中取出一条光谱，用其余光谱作为校正集建模，然后用该模型预测这一条光谱，以此类推，重复这个过程，直到全部光谱都被用来检验一次。交叉检验的优点在于使用较少的样品量。特别是可用的样品量有限时，这个方法比外部检验更优越。由于交叉检验所得的每一个样品的预测结果都没有包含在模型自身中，因此结果较客观，一般而言，RMSECV 的值大于 RMSEC，其值越小越好。RMSEC 和 RMSEP 的值越接近，说明模型稳定性越好，反之亦然。

第六节　影响近红外光谱分析结果准确性的因素

自 20 世纪 80 年代后期开始，近红外光谱分析技术在化学成分分析和检测中发挥出越来越大的作用，被广泛应用于石油、化工、药品、食品及医疗等行业。2000 年以后，近红外光谱分析技术以其快速、无需前处理、非破坏性及多组分同时定量分析等诸多优点使它在烟草行业迅速发展并应用起来。然而，由于近红外光谱分析技术是从复杂的光谱背景中提取有用的光谱信息，故其分析结果极易受样品状态、样品水分等多种因素的影响，造成分析结果的误差。特别是烟草天然产物，不像谷物、面粉是相对单一的成分，变异不大，烟草是由几千种成分组成，从原料到成品烟往往还需经过加工复烤、醇化等处理，其光谱的复杂性提高，因此，对烟草各种成分进行近红外分析时，尽量避免和控制相关影响因素的发生尤为重要。

影响近红外测试结果稳定性的因素可分为三类：一是来源于仪器的影响因素；二是来源于样品的影响因素，三是近红外操作者自身有关的因素。这些因素主要来自建模样品的选择、样品的特征、样品的前处理及装样的差别、建模样品的标准方法的测定、测试的环境条件、模型传递过程中波长的变化等。

一、校正集样品的选择和数量

校正集样品的选择非常关键，不同校正集样品的近红外预测模型对同一样品的预测结果可能会有很大差异。校正集样品的选择中，要求所选样品对待检指标有很好的代表性，校正集样品应尽量均匀地涵盖整个待测组分含量的变化范围；同时在所测范围内应该是分布均匀的，避免共线性现象。

烟草是天然产物，因此，在选择校正集样样本时，不仅要考虑样品成分的含量和梯度，同时还要考虑其品种、产地、生长气候、等级，调制方法等，以提高建模效果。

在建模过程中，标准样本数量的多少，直接影响分析结果的准确性。数量太少，不足以反映被测样本群体常态分布规律，数据太多，工作量太大。Shenk 等（1976）认为，在实际应用中，建模样品最低数量为 50 个，对大群体则选择总群体样品的 10% ~20%。如果建模样品组能够代表预测样品群体，并选用合适的数学处理方法，则预测值比较准确；如果定标方程用于分析较大且有多种多样的变异群体，就需选择高的样品百分率，才可得到准确的预测结果。一般情况下，烟草常规化学成分的近红外预测模型校正集样品数不低于 100 个。另外，标样的设计也影响定标的准确性，如经过正常烘烤的烟叶和经过杀青烤干的烟叶，可分别建立相应的模型，以提高定标效果及检验准确性。

总之，校正集样品的选择一定要有代表性，所谓代表性也就是说建模样品的组分含量或样品来源等都要代表待测样品这个大群体。

二、样品粒径

样品的粒径大小及其分布是影响近红外预测效果的重要因素之一。样品粒径差异直接影响近红外光的吸收和散射，从而导致光谱的变异。对此近红外光谱专家们做了大量工作，研究表明（赵丽丽，2004；段焰青，2005）样品的散射系数 S 和样品的粒度有很大关系，S 随粒度的增加而减少。若粒度发生变化，散射系数也会随之改变，从而引起吸光度的变化，最终导致整个图谱发生变化，影响近红外数学模型的预测精度。其次，粒径的变化也影响近红外光对粒子的衍射，这种影响的强度在高波数区和低波数区不同，也会导致与上述相同的结果。另外，样品粒径大时，其光学表面粗糙，影响传感系统呈现投射层的物理深度，影响检测系统对样品表面的反应，从而影响检测的灵敏度及准确度。因此，粒径不均匀和粒径较大样品的预测准确性和精密性往往很差，甚至会出现较大偏差。

烟草样品粒径的大小及均匀度对近红外光漫反射强度有很大的影响。不同颗粒大小样品的近红外光谱有明显的差异，随样品颗粒度的增大，吸光度增加，且波长越长，光谱变异越大，测量光谱重现性变差。表 2 - 1 为烟末粒径对近红外模型预测结果的影响。结果表明烟末样品粒径的大小，对 NIR 预测总糖、总氮、烟碱、钾和氯的结果影响较大。而且与 40 目、20 目及片烟相比，60 目烟叶样品所建模型的预测结果更接近化学方法测定的结果，也就是说 60 目的烟末样品的近红外吸收光谱受粒径的影响较小，模型的预测准确性也较高。因此，在应用近红外光谱分析技术分析烟草样品时，为获得较好的预测模型和较准确的预测结果，烟草样品研磨的尽量细一些，最好小于 40 目，以 60 目较佳。

表 2－1　不同粒径烟末对分析结果的影响

处理	成分	片烟	8 目	20 目	40 目	60 目	化学方法结果
样品 1	糖	32.65	27.98	31.69	31.25	30.77	30.17
	氯	0.84	0.90	0.78	0.78	0.96	0.98
	钾	1.30	2.00	1.49	1.53	1.75	1.74
	烟碱	0.47	0.45	0.59	0.73	0.70	0.69
	总氮	0.92	1.40	1.29	1.30	1.52	1.67
样品 2	糖	32.19	28.57	30.17	29.57	31.23	30.86
	氯	0.85	0.89	0.83	0.89	0.70	0.63
	钾	1.23	1.54	1.19	1.30	1.72	1.65
	烟碱	0.37	0.60	0.83	0.95	0.60	0.65
	总氮	1.05	1.51	1.47	1.45	1.53	1.57

三、样品水分

由于含 H－O 键的水分子在近红外谱带上产生较强的光谱吸收，会使样品的近红外光谱发生改变，因此，样品中不均匀的水分会对近红外光谱产生明显的影响。水分对近红外分析结果产生的影响，主要有以下几个原因：一是样品的水分含量显著地影响粉碎后颗粒度的大小、形状及其分布，导致样品光谱散射系数 S 发生变化，从而影响其预测结果；二是通过与其他成分的水合作用，导致某成分最佳波长点发生漂移。

为减少水分对近红外预测结果的影响，一个方法是建立模型时样品的水分含量与待测样品的水分含量保持一致。这可以通过制作建模样品和待测样品时严格控制水分，注意样品研磨干燥过程中温度和时间的设置，既不能破坏样品的物理性质和化学组成，又使样品得到充分的干燥。通常情况下，烟草样品的干燥温度一般不超过 55℃，干燥后的烟草样品含水率必须符合研磨和近红外检测的要求（一般在 10% 以下）并尽量保持一致。另一个方法是选用含水量不同的样品作为校正集，使水分参与烟草模型的回归，建立水分全局定标模型，以减少由于水分的差异所带来的测量误差。为获得准确的预测数据，通常采用第一种方法。第二种方法虽然在模型中引入并考虑了水分的差异，但由于水分会造成样品颗粒和均匀性的变化，对预测结果产生非定向性影响，常常使预测重现性降低。而且从烟叶处理成烟末的过程，水分控制也是较易实现的目标。

四、装样条件

在样品近红外光谱采集过程中，装样条件包括样品的厚度（即样品量的多少）、样品的松紧度、装样平整度和均匀性等，这些因素均会对分析结果产生不同程度的影响。

由于近红外光具有一定的穿透性，能在粉末固体中穿透3～5mm，甚至更深的厚度，因此，装样厚度必然对近红外光谱产生影响。刘荔荔（2000）曾以天麻的测定为例，对装样厚度的影响情况进行了实验研究，表明装样量太少时，样品不能完全覆盖样品池表面，造成部分光谱透射出去，使得光谱升高；但当装样量达到一定厚度时，图谱基本没有变化了。通常烟草粉末的装样量要求为50～75ml。

样品的松紧度不同，样品的散射系数也会随之发生变化，从而使光谱的基线发生平移。另外，样品的松紧度会影响入射光在样品中的穿透程度和反射特性，引起近红外光在样品中光程的差异。这样所采集到的近红外光谱所包含的信息就不同。为了保证每次样品光谱采集时松紧度的一致性，我们特制了一个铜块“压样器”（形状如图章，重量约500g），放在样品杯中压平杯中的样品。要求装填样品时要做到厚薄均匀。

装样的平整度，特别是近红外光入射样品表面的平整度对光谱形状也会有一定影响。样品表面的不平整会改变近红外入射光的角度，从而影响漫反射的强度和反射特性，使谱图发生变化，从而改变预测结果。因此，烟草粉末装入样品杯后，在采集光谱之间，首先要确认样品杯底部样品是否平整。若发现有缝隙或烟末结块，须倒出重新装样。

另外，改善装样均匀性是提高近红外分析准确性的一个重要因素。对样品漫反射光谱进行采集时，主要得到的是样品浅层的信息。若装样不均匀，浅层和深层样品的理化性质有差异，近红外漫反射预测得到的某种成分数据就不能代表整个样品中该成分的真实值。为减小样品的不均匀性给分析结果带来的影响，装样时要将样品充分摇匀，结块样品要敲成粉末。另外，还要充分利用样品杯的旋转功能。研究表明，样品杯旋转对减小装样不均匀性十分有效。

五、光谱采集参数

样品光谱采集时的光谱范围、光谱分辨率和扫描次数等参数的设置情况也会不同程度地影响近红外光谱分析结果。其中光谱扫描范围的设置直接影响光谱中所包含的信息量的多少。虽然扫描范围设置越广，扫描一个样品所花费的时间就越长，但为了能最大程度地获得样品所包含的信息，一般都将光谱采集范围设置为仪器所能采集的最大范围，以便在建模优化过程中有较大的删减和取舍余地。同时，选择合适的分辨率也是获得高质量光谱（好的信噪比和丰富的信息）的重要条件。通常情况下，较高光谱分辨率往往会得到较丰富的光谱信息，但高光谱分辨率会导致采集光谱的时间延长，还会增加光谱噪声。

另外，增加样品扫描次数也是提高光谱信噪比的一种有效方法，特别是对于均匀性较差的样品。通过旋转样品杯进行多次扫描取平均光谱来提高光谱的真实代表性，是目前分析烟草粉末样品较常用的一种方法。但扫描次数并不是越多越好。一方面，随着扫描次数的增加，扫描一个样品所花的时间会延长，尤其是对光栅型近红外光谱仪；另一方面，通过扫描次数的增加来消除噪声，只是在次数较低时作用明显，次数越多噪声衰减的程度越不明显。因此，分析过程中扫描次数的设定应以提高信噪比和满足扫描速度为准则。据文献报道(段焰青，2005)，在应用4.8cm旋转样品杯采集烟草粉末样品光谱时，推荐每分钟72次的扫描次数。而实际应用过程中我们常采用的是64次。

总之，影响烟草近红外光谱分析的因素较多，除以上介绍的因素外，建模过程中光谱预处理方式、样品待测组分含量范围、样品温度变化、近红外光源的衰减情况、透射光谱分析时的光程变化等因素均会在不同程度上影响近红外光谱分析的结果。

因此，通过几年探索与研究，烟草近红外专家们，在开发和应用近红外光谱分析技术的同时，也了解了影响和制约近红外分析技术的各种因素。并制订了《烟草近红外光谱仪操作规程与要求》(附录)。对其中的细节问题进行了详细规定，以期更好地为烟草生产和科研服务。

第三章　近红外光谱分析技术在烟草产业的研究进展

近红外检测方法从20世纪90年代后，已经完全被烟草界认可。我国烟草产业已普遍采用近红外分析技术，且已装备了上百台高档近红外分析仪，用于现场、实验室与在线测量分析和原料监测。

1961年近红外光谱分析技术被首次应用于烟草工业的水分检测，1968年McClure应用近红外技术定性研究了烟叶的透射比，用近红外技术进行化学成分分析也是他在1977年对烟草中还原糖的测定。1978年Hamid使用扫描式单色仪，采用近红外光谱分析技术测定了烟草中烟碱含量。随后对近红外技术的成功应用报道日渐增多，McClure（1978）、Bense（1983）等利用近红外技术检测了烟草中的多酚和挥发碱。Shinohara（1985）、Delac（1990）等建立了部分烟草成分模型，并取得了较好的效果。经过几十年的发展，烟草产业目前对近红外技术的应用已十分广泛。相对而言，国外的应用水平较为领先，根据不同烟草类型建立了相应近红外光谱分析模型。

国内近红外光谱分析技术应用于烟草始于1995年，王文真等采用近红外光谱分析技术测定了烟草总氮含量。该技术随即在国内进入了高速发展时期，并由实验室研究阶段快速进入了工业应用。

第一节　烟草化学成分近红外分析

国内真正较为实用的常规化学成分模型是由上海烟草集团建立的，其检测网络独具规模，张建平等（1999）建立了测定烟草中烟碱、总糖、还原糖、总氮、氯五项指标的近红外分析模型，其中，总糖和总植物碱的测定结果与流动分析仪的测试结果相吻合，结果间相对偏差为3.5%，已具有一定实用价值。王东丹（2001）等也对此进行了研究，应用傅立叶变换近红外光谱仪，对具有代表性的300个烟草样品建立了近红外光谱与总糖、还原糖、烟碱、总氮4种主要成分含量间的关系模型，结果表明，各成分近红外预测值与化学值之间的平均相对偏差均小于5%。王家俊等（2003）也应用FT－NIR光谱法建立了烤烟中总糖和烟碱的数学模型，结果令人满意。乐俊明（2005）建立了烟叶中钾、氯、烟碱和总氮的近红外模型，结果较好。陶晓秋（2004）建立了烟草中硫素的近红外模型，测定结果的相对偏差为10.8%。邱军等（2006）利用偏最小二乘法对烟草中钙、镁、淀粉、石油醚提取物进行了建模研究，结果较理想。段焰青等（2006）建立了烟叶纤维素的近红外预测模型。何智慧等（2006）建立了声光可调—近红外光谱方法检测烟草主要化学成分的方法。王玉等（2007）建立了近红外光谱技术检测茄酮的方法。尹晓东等（2007）建立了预测云南烟叶总糖、烟碱、氯、钾和水分含量的校正模型。蒋锦锋等（2006）应用近红外光谱技术建立了烟草中17项主要化学成分的分析模型，包括总挥发酸、总挥发碱、石油醚提物总量、石油醚提物中性成分、多酚、淀粉、纤维素、硫酸根、pH值、灰分、水溶性灰分碱度、总糖、还原糖、总氮、生物碱、氯、钾，结果表明，近红外光谱技术在分析这17项化学指标时均可以替代经典化学方法。

近红外光谱在烟草上的应用不局限于烟叶，在烟草的其他部位也有应用。王东丹（2002）对杀青烟叶品质参数进行了建模研究，杀青烟叶中总糖、还原糖、总植物碱、总氮、氯的决定系数R^2分别为97.93%、97.01%，97.43%、98.96%、95.06%，近红外预测值与化学值之间的平均相对偏差分别为4.78%、5.64%、4.15%、3.86%、18.6%。王家俊（2004）应用傅立叶变换近红外光谱法测定了烤烟各个生长期根、茎、叶样品的近红外光谱数据，并采用偏最小二乘法（PLS）分别对实验数据进行处理，建立了预测烟根、烟茎和烟叶氮、磷、氯和钾等主要营养元素含量的校正模型。

第二节　烟草外观物理指标近红外分析

近红外光谱不仅可以反映样品的化学组成和结构信息，还可以反映样品的物理性质。Figure（2004）等在近红外光谱技术应用于烟叶物理指标测定方面，证实近红外光谱与适当的化学计量学程序结合，对商业混合型烟草的定性更有把握。另外，已经开发的NIR仪器在线不接触测量卷烟烟盒外包装的薄膜厚度，在线检测包装材料纸张、纸板的厚度、水分与颜色，在线检测条氏纸复层内施加的胶、漆和涂层的厚度，在线检测丝束和三醋酸甘油酯的一致性（袁行思，1996）。王家俊等（2006）人应用SIMCA分类法与PLS算法结合FT－NIR，建立了卷烟纸的分类模型，同时建立了测定卷烟纸定量、厚度、透气度、水分和灰分等性质的校正模型。汪帆等（2005）应用 FT－NIR，研究建立了卷烟纸定量、厚度、透气度、水分、灰分的数学模型，并经配对 t－检测，显著水平小于0.05，结果令人满意；而抗张强度（伸长率、拉力）则没有相关性，故没有建立相应的数学模型。胡立中等（2010）依据梗丝、薄片丝和烟丝不同的特性，用烟末通过人工配方设计，建立了梗丝、薄片丝在烟支中比例的近红外测试模型。结果表明：梗丝、薄片丝与叶丝配方模型具有较好的预测准确性，梗丝均方差为0.500，平均相对偏差在1.1%以下；薄片丝均方差为0.487，其平均相对偏差在2.2%左右。周汉平等（2009）利用六点取样法建立了烟叶叶面密度的近红外测定方法，结果表明近红外光谱法与现有技术比较，烟叶模型的平均相对偏差为5.60%，复烤片烟模型的相对偏差为6.20%。奚家勤等（2006）用六点取样法建立了烟叶拉力的近红外预测模型，其相关系数为0.9733，均方根误差为0.055%。

第三节　烟气成分近红外分析

国际上有通用的烟气测量办法，国内也已采用成为行业标准。即在统一规定的环境条件（温度、湿度）和抽吸方式下，捕集并检测卷烟燃烧后产生的焦油、烟碱及 CO 的含量，这是因为除了烟气的香型特征外，这些指标能比较有效地反映烟气的浓度、劲头及对人体有害的 CO 含量。不同香烟燃烧后所产生烟气中的焦油、烟碱和 CO，除了受烟支本身的物理、化学性质影响外，也受抽吸的环境条件和抽吸方式的影响。譬如，即使是同一支卷烟，假如抽吸时的温度、湿度不同，抽吸时的力量大小不同，所产生的焦油及 CO 会有很大的变化；另外即使同一配方的卷烟，由于卷制的充填密度不同，会因燃烧条件及烟草含量的变化，导致单支香烟燃烧后产生的焦油、烟碱和 CO 也发生变化。同时，这些条件的变化也会导致吸烟者吸烟感觉的变化。

Williamson 等（1986）通过扫描剑桥滤片的方式，建立了测定总粒相物的数学模型。Di Luzio（1995）应用扫描剑桥滤片的方式建立了烟碱、焦油和水分的近红外预测模型，王家俊（2005）采用多元校正技术—偏最小二乘法，结合具有代表性的烟气总粒相物萃取液的近红外透射光谱分别建立了焦油、烟碱和一氧化碳的校正模型，其相关系数分别为0.922、0.9828、0.9734，并对光谱数据预处理方法和异常值诊断进行了讨论。Ayres 等（1986）通过扫描剑桥滤片的方式，建立了测定烟气烟碱的数学模型。邱军等（2006）则通过直接扫描烟末，建立了测定烟气烟碱的数学模型，极大地提高了检测效率。何智慧（2008，2009）等用烟草粉末，通过近红外漫反射光谱建立了烟气中烟碱和焦油的校正模型。王家俊等（2006）通过采用 SIMCA 分类法与偏最小二乘法结合卷烟的傅里叶变换近红外漫反射光谱，建立了 3 个不同级别卷烟的分类模型，用于甄别卷烟品质真伪；同时，又建立了检测卷烟中主要化学成分含量和其主流烟气中焦油、烟碱、一氧化碳释放量等品质指标的校正模型。

第四节　烟草近红外判别分析

模式识别。McClure 等（1977）对产自 16 个国家的 1 600 多个样品进行了基于近红外光谱的分类研究，采用适当的数学方法建模后，对烟叶所属的品种（白肋烟、烤烟）或不同产地（美国本地、非美国产）均得到了 100% 的正确判别结果。HaNa 等（1997）用适当数学方法建模后，对于烟叶类型（烤烟、白肋烟）或不同产地（美国产、非美国产）得出了完全正确的判别结果。Figures 等（2004）证实近红外光谱与适当的化学计量学程序结合，对商业混合型烟草的定性更有把握。王国东等（2006）对国内不同产地烤烟的近红外光谱进行了特征分析，认为近红外光谱可以较全面地反映产地信息。束茹欣等（2006）以近红外光谱的主成分描述烟叶特征，采用马氏距离判别准则对不同产地的国产烤烟烟叶进行了产地、部位、等级的模式识别，正确率高达 97%。曹均阔等（2005）进行了 Kohonen 聚类网络及其相应改进算法的研究，并实现了一种具有自组织拓扑保持能力的新模糊 Kohonen 网络。将该方法应用在烟叶分类实际应用中取得较满意得结果。

卷烟真伪。束茹欣（2002）运用近红外光谱仪，通过聚类分析，鉴定测试等计算方法进行卷烟真伪的鉴别，成功的区分中华、双喜、牡丹三种牌号的卷烟产品，并能正确识别真假中华烟。王东丹（2003）通过近红外对不同牌号、不同类型的样品进行了定性分析，结果表明用近红外技术区分不同烟草制品及鉴别真伪方面简便、直观、准确。葛炯（2006）采用因子分析法建立了某个品牌卷烟的鉴别模型，通过分离、提取卷烟烟丝 NIR 光谱中的有效信息，成功鉴别其他品牌或假冒的卷烟。

卷烟配方。近红外光谱技术对卷烟配方设计等的应用也很有前景。刘扬等（2000）利用近红外谱图特征峰及化学成分进行了计算机辅助烟叶配方设计的研究，并取得了阶段性进展。LO SC（1995）采用 NIR 法和人工神经网络对烟草混合物进行了快速分类和配方分析。YAMAZAKI H（1997）和 KIM Y O 等（2000）用已知烟丝、膨胀梗丝和膨胀烟丝混合比例的配方建立的模型进行配方分析。刘晓萍等（2006）建立了4个不同配方的识别模型。王家俊等（2006）采用主成分分析—马氏距离法，偏最小二乘法结合近红外光谱表征卷烟配方的过程质量。

卷烟材料。1990年，Reynolds烟草公司申请了采用近红外技术检测烟草薄荷醇的专利技术。汪帆等（2005）利用偏最小二乘法结合傅里叶变换近红外透射光谱，分别建立了卷烟纸定量、厚度、透气度、水分和灰分的数学模型。曹建国（2001）建立了二醋酸纤维丝束的外油的分析模型，并建立了滤棒中三醋酸甘油酯含量测定的数学模型（2005）。王家俊等（2006）应用SIMCA分类法与PLS算法结合傅里叶变换近红外光谱，建立了卷烟纸的分类模型，用于卷烟纸的判别分类，同时建立了测定卷烟纸定量、厚度、透气度、水分和灰分等性质的校正模型。Diffee等（1992）利用近红外光谱分析技术进行了保润剂的检测。

第五节　烟草在线近红外分析

目前，近红外技术广泛应用于水分生产线的实时检测和自动控制，新型的近红外仪器对烟丝、种类及流量敏感性也逐渐减小，检测精度也不断提高。

1990年，Reynolds烟草公司申请了采用近红外技术在线烟草薄荷醇的专利技术。该方法能够实现在线检测，可以在烟草保持一定进料速度的情况下进行测定。随后，该公司还申请了采用近红外分析技术监测烟草中异物（如塑料等）的专利技术。

同时一些新型近红外仪器可以进行烟碱和糖的在线检测，该技术应用在打叶复烤线上，可以将主要化学信息直接附在包装好的烟包上；也可以用来监视烟叶的混配过程，为混配或回掺提供预警。随着这方面仪器的成熟，制丝生产线的化学成分已经像水分一样进行在线检测，产品的重要化学成分也像水分一样进行适当的在线控制。程林峰等（2004）介绍了水分仪在济南卷烟厂制丝过程的应用情况，对几种水分仪的性能和使用情况进行了比较，并对水分仪的发展趋势提出了见解。马翔等（2006）用MATRIX-E在线傅立叶变换近红外光谱仪采集制丝线上的烟丝的光谱，建立了在线烟丝含水率、总植物碱、总糖和总氮的数学模型，利用这些模型可以快速、准确地预测生产线上烟丝的这些常规化学成分含量。含水率、总植物碱、总糖和总氮的预测值与标准化学值的平均相对偏差分别为1.1%、1.9%、2.1%和1.7%，这表明应用在线傅立叶变换近红外光谱仪能够对制丝线上烟丝的化学成分进行快速检测和在线监控。

目前上海烟草集团、红河卷烟厂等国内先进烟草工业企业已将近红外光谱技术运用到生产现场，进一步保证加工过程质量的稳定性。

另外，已经开发的近红外仪器可以进行以下方面的检测：在线不接触检测卷烟烟盒外包装的薄膜厚度；在线检测包装材料纸张、纸板的厚度、水分与颜色；在线检测烟条包复合层内施加的胶、漆和涂层的厚度；在线检测丝束和三醋酸甘油酯的一致性（袁行思，1996）。另外，可以检测香精浓度的专用仪器也在开发当中。

总之，近红外光谱分析技术在烟草产业的应用已得到广泛研究，并在许多领域得到了成功应用，如烟叶原料、卷烟成品的生产现场或实验室的定量分析或定性鉴别；烟叶储存养护过程中的质量变化及监控；真假烟鉴别等。但是，由于近红外光谱技术是一门结合分析化学和化学计量学的分析技术，是一种二次分析方法，其定量定性分析均依赖一套标准样品和标准分析方法，并且需要复杂的化学统计学的数学处理，才能保证在实际应用中获得满意的分析结果。随着各项指标通用模型的建立和完善，数学软件的开发，相应辅助测试设备的设计，近红外光谱技术在烟草产业展现了广泛的应用前景。

第四章　烟草化学成分近红外光谱分析

第一节　烟草常规化学成分近红外分析模型研究

烟草常规化学成分一般包括烟碱（以总生物碱代替）、还原糖、总糖、总氮、钾、氯。烟碱为烟草的特征化学成分，其与总氮含量呈正相关关系，烟碱和总氮含量过低，烟气劲头低，吃味平淡，过高则增加刺激性。糖含量是决定烟气醇和度的主要因素，一般认为，糖含量低能引起刺呛的吃味，含量高则产生酸的吃味。钾主要影响烟叶的燃烧性，并影响烟叶的颜色、身份和香吃味品质。少量的氯含量对烟叶质量是必需的，氯含量过高会降低烟叶的持火性，甚至会使烟叶出现截火现象。烟草常规化学成分的派生值——糖碱比、氮碱比、钾氯比、两糖比，分别从不同的角度反映了烟草香吃味品质的协调性，也是目前评价烟叶品质的重要因素。

一、烤烟常规化学成分近红分析模型研究

（一）烟草常规化学成分近红外通用模型研究

1. 材料与方法

（1）材料与仪器　2004—2005 年，在我国主要植烟省份（山东、云南、贵州、广西、广东、福建、湖南、湖北、重庆、四川、河南、安徽、江西、陕西、内蒙古自治区（简称内蒙古）、吉林、辽宁、黑龙江），分别选取上、中、下 3 个部位代表等级（B2F/B2L，C3F/C3L，X2F/X2L）烟叶样品作为研究材料，共选取烟叶样品 1156 份（表 4 – 1）。

MATRIX – I 傅立叶变换近红外光谱仪（德国 Bruker），工作站软件为 OPUS 5.5，QUANT 2 定量分析软件；UV – 2201 双光束紫外/可见分光光度计（日本岛津），SOOLAR M6 原子吸收分光光度计（美国热电），ZD – 2 自动电位滴定仪（上海雷磁）。

（2）方法

①样品的制备及化学值的测定：按行业标准《YC/T31—1996 烟草及烟草制品 试样制备和水分测定 烘箱法》对烟叶样品进行干燥处理，研磨成粉末，粒度为60目。

烟碱、总糖、还原糖、总氮、钾、氯化学值的测定分别按 YC/T 34—1996、YC/T 32—1996、YC/T 33—1996、YC/T 173—2003、YC/T 153—2001的方法测定。

从样品6项常规成分含量范围（表4－1）可以看出，各成分的含量最小值和最大值相差4～15倍，含量范围宽泛，具有很好的代表性。

表4－1　样品常规成分含量范围

建模成分	样品总数	建模样品数	最小值（%）	最大值（%）	最大值/最小值	平均值（%）
还原糖	1 156	1 024	8.36	33.3	4.0	22.3
总糖	1 098	977	11.2	44.4	4.0	28.5
烟碱	1 113	1 057	0.28	4.37	15.6	1.94
总氮	1 079	1 000	0.94	4.53	4.8	1.84
钾（K_2O）	1 020	909	0.66	4.81	7.3	2.04
氯	831	756	0.11	1.66	15.1	0.37

②近红外光谱扫描及模型建立：在条件一致（20～24℃，环境湿度≤40 RH%）的实验室环境中，用傅立叶变换红外光谱仪扫描样品的近红外光谱图（图4－1）。从图4－1中可以看出，光谱图在4 000～8 000cm^{-1}范围内差异较大，结合分子振动频率特点，选定此波长范围作为建模信息频段。

光谱扫描完成后，采用随仪器配备的OPUS 5.5化学计量学软件，对光谱进行适当的预处理，目的是减弱或消除各种噪声对光谱信息的影响，用偏最小二乘回归法（PLS）建立6项常规化学成分的近红外预测模型。建模过程中对建模算法进行反复优化，直至得到满意的决定系数（R^2）和交叉验证均方差（RMSECV）。

为了建成优秀的数学模型，近红外光谱分析中“建模数据”与“建模算法”这两个建模要素需要反复进行优化。优化数据目的是为了降低光谱中的无效信息、充分获取有效信息。在建模过程中建模数据和建模算法都需要反复优化才能建成预测性能优秀的数学模型。通过反复优化，得到本实验的最佳优化建模条件（表4－2）。

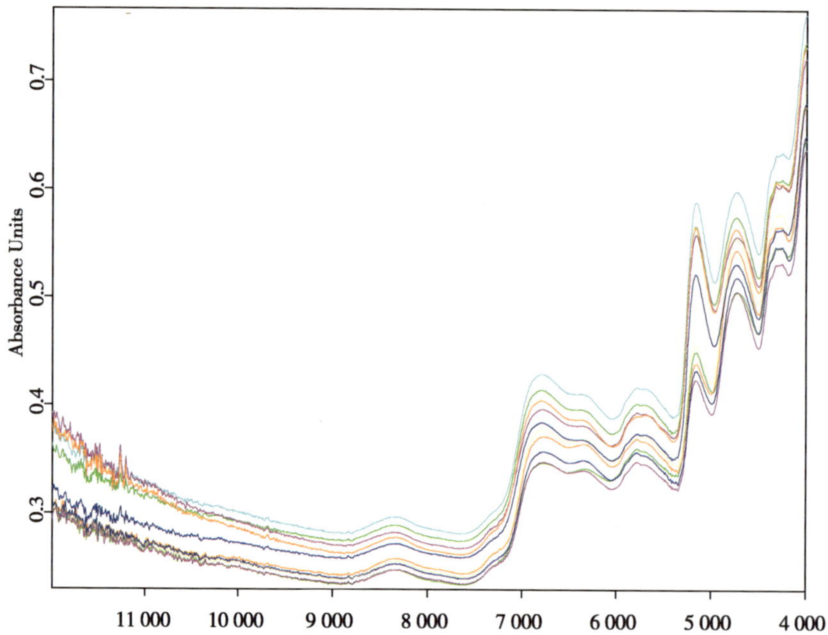

图 4－1　烟草近红外光谱图

表 4－2　6 项常规化学成分建模优化条件

成分	波长范围（cm^{-1}）	数据预处理	检验维数	平滑点数
氯	7 984.3～4 246.7	一阶导数＋矢量归一化	17	17
钾	7 983.9～4 246.7	矢量归一化	19	21
还原糖	7 502.1～4 246.7	消除常数偏移量	18	21
烟碱	7 502.1～4 246.7	一阶导数＋矢量归一化	15	9
总糖	7 502.1～4 246.7	一阶导数	14	21
总氮	7 502.1～4 246.7	一阶导数	14	21

③模型验证：为了检验所建立的数学模型的预测能力，需要使用一批未参与建模的样品对模型进行外部验证。外部验证样品选取某卷烟厂 2004 年调进的烟叶原料样品 80 份（表 4－3），可见化学成分含量范围较宽泛，具有一定

的代表性。

表 4－3　外部验证样品成分含量范围　　（%）

	还原糖	总糖	烟碱	总氮	钾	氯
最大值	30.80	40.00	4.56	2.88	4.46	0.78
最小值	13.50	15.10	1.13	1.12	1.09	0.04
平均值	22.07	22.63	2.52	1.86	2.02	0.28

2. 结果与讨论

（1）各成分预测模型内部交叉检验（内部验证）结果　测得烟草的化学成分含量和近红外光谱后，使用 OPUS 软件中的偏最小二乘法及内部交叉验证法，建立近红外光谱与化学成分含量间的关系模型。

所谓内部交叉检验是每次从建模的样品集中依次剔除 1 个样品，用剩下的样品建立模型并预测被剔除的 1 个样品，使所有样品都被剔除和预测过。

将用行业标准方法测定的建模化学成分值作为化学值，由近红外模型计算出的化学成分值称为预测值。使用内部交叉检验法，得到所有标样的还原糖、总糖、烟碱、总氮、钾和氯的预测值，图 4－2 至图 4－7 为 6 项化学成分交叉检验结果（预测值与化学值的关系图）。从这些关系图可以直观地判断预测值与化学值的吻合程度，当样品比较集中地分布在中心线附近，表明预测值与化学值比较吻合；当样品较分散地分布在中心线两侧，表明预测值与化学值的吻合程度较差，可以推断化学值的测量精度有待提高，或者该成分与近红外光谱的线性关系较差，不适合近红外光谱定量分析。

如果样品整体分布情况良好，个别样品远离中心线，说明这些样品的化学值存在较大误差，需要对模型进行逐步优化，剔除异常样品（Outlier）和强影响点，确定最优主因子数，直到获得最佳预测模型。

①还原糖：由图 4－2 可以看出，模型的决定系数（R^2）达到了 0.9836，交叉验证均方差（RMSECV）为 0.602，说明还原糖的预测值与化学值吻合较好，有较好的相关性。

②总糖：烤烟总糖的含量一般为 15%～35%，个别高海拔地区（如云南）由于昼夜温差较大，烟叶中总糖含量会特别高，可以高达 40% 以上。由图 4－3 可以看出，模型的决定系数（R^2）达到了 0.9847，交叉验证均方差（RMSECV）为 0.688，说明总糖的预测值与化学值吻合较好，有较好的相关性。

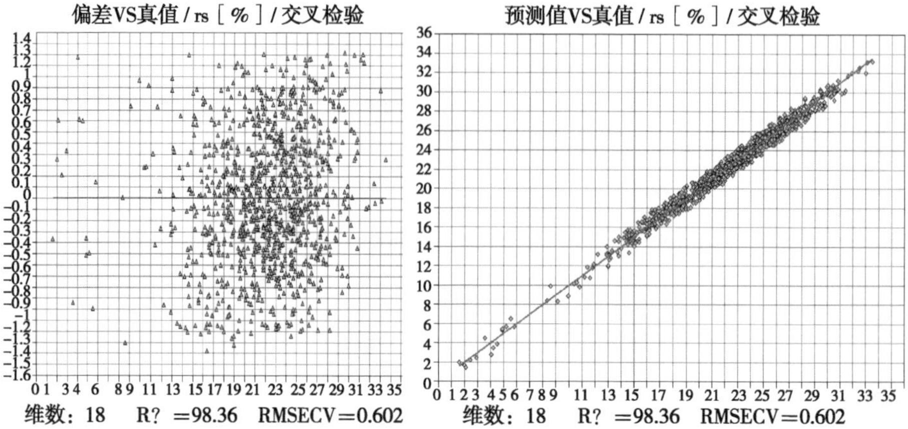

a.偏差/真值　　b.预测值/真值

图 4－2　还原糖交叉检验

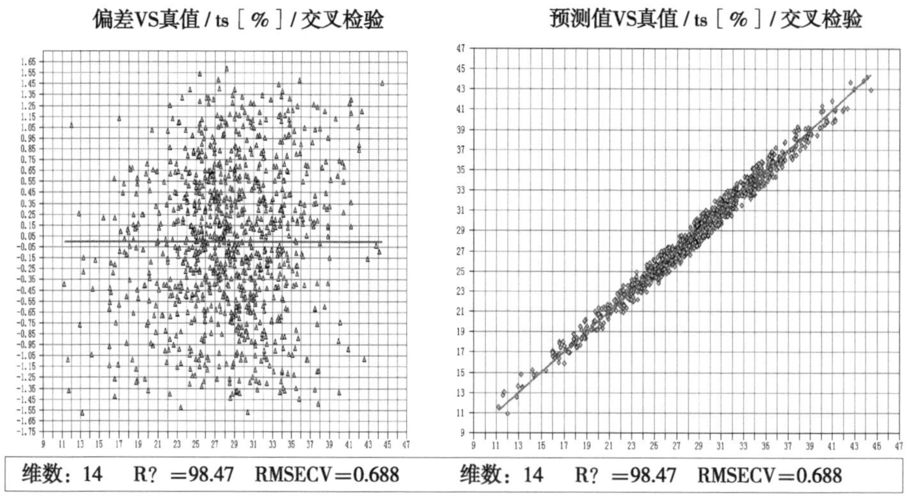

a. 偏差/真值　　b.预测值/真值

图 4－3　总糖交叉检验

③烟碱：即人们通常所说的尼古丁（Nicotine），是烟草中特有的植物生物碱，也是人们喜欢吸食烟草并且上瘾的主要因素。烤烟中烟碱的含量通常为1%～3%，是评价烟草品质的最重要的指标。选用特别品种，结合特殊栽培措

施可以生产出含量高达8%的烟叶。由图4－4可以看出，烟碱预测模型的决定系数（R^2）达到了0.9872，交叉验证均方差（RMSECV）为0.0791，预测值与化学值较接近，有很好的相关性。

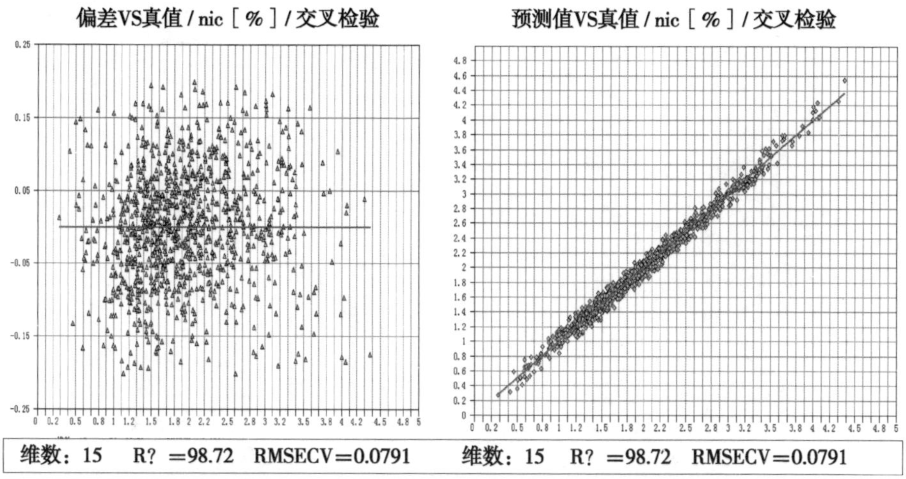

a. 偏差/真值　　b.预测值/真值

图4－4 烟碱交叉检验

④总氮：总氮含量也是烟叶品质评价的重要指标，因为烟碱含量与总氮含量成显著的正相关关系。总氮的含量一般为1%～2.5%（图4－5），个别样品含量超过了4%。从检验图中可以看出，预测模型的R^2仍然达到了0.9802，RMSECV为0.0665，模型预测值与化学值吻合较好。

⑤钾：钾含量也是烟叶燃烧性品质评价的重要指标，钾含量越高，燃烧性越好。烟草中钾的含量一般为1%～3.5%（图4－6）。由于钾是一种碱金属因素，烟草中的钾主要以无机盐形式存在，成为无机钾；也可以和有机酸根结合以有机盐的形式存在，或可以作为有机大分子的构成部分以有机大分子形式存在，成为有机钾。因为无机盐分子在近红外区没有特征吸收，近红外光谱分析无法直接预测其含量，而由于样品中存在的有机钾和无机钾存在一定的相关性，所以钾含量预测模型的R^2也达到了0.9546，RMSECV为0.14，模型预测值与化学值还是具有较好的吻合性。

⑥氯：氯含量是烟叶燃烧性品质评价的另一重要指标，我国烟叶的氯含量一般为0.2%～0.8%（图4－7）。氯含量越高，燃烧性越差；当氯的含量超过0.8%时，烟叶的燃烧性会受到严重影响；含量超过1%时，烟叶已经不能正

常燃烧，制成的卷烟会产生严重的熄火现象。氯的含量过低，也会使烟叶的韧性变差，并影响其香吃味。因此氯离子含量是影响烟叶质量的重要因素。

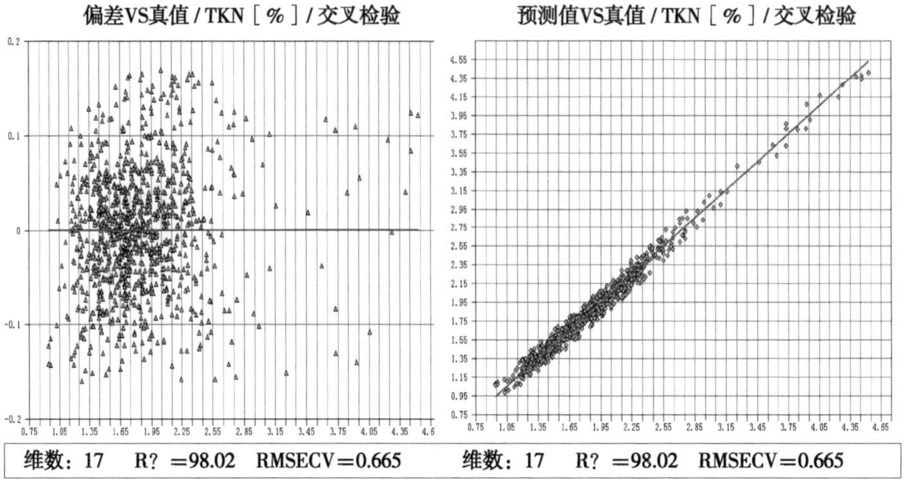

a. 偏差/真值　　b.预测值/真值

图 4－5　总氮交叉检验

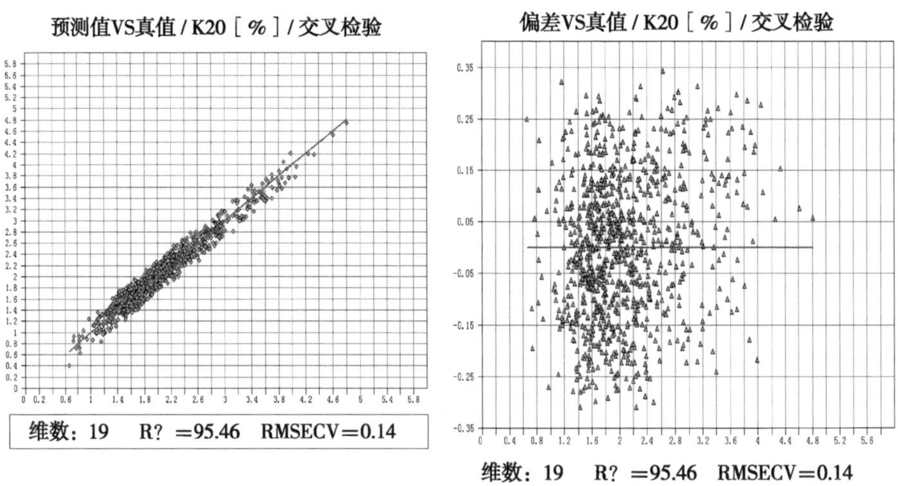

a. 预测值/真值　　b.偏差/真值

图 4－6　钾交叉检验

从图 4－7 可以看出，样品中氯离子含量高的样品极少，而含量低的样品却较多。这是因为，烟草中氯离子含量主要受种植区的影响，与土壤中的氯离子含量成显著正相关，而土壤中的氯离子含量差异又较大。交叉检验图中没有出现氯含量在 0. 1% 以下的情况，是因为建模时考虑到测定方法的检测限的因素，含量在 0. 1% 以下的样品氯含量的测定结果相对偏差较大，且在整个样品中这些样品占的比重又过大，因此，将含量在 0. 1% 以下的样品从建模数据中剔除。

由图 4 –7 可知，氯离子近红外预测模型决定系数 R^2 为 0. 9617，RMSECV 为 0. 0451，对比烟碱和总糖、还原糖的近红外模型，氯离子的近红外模型略差些。

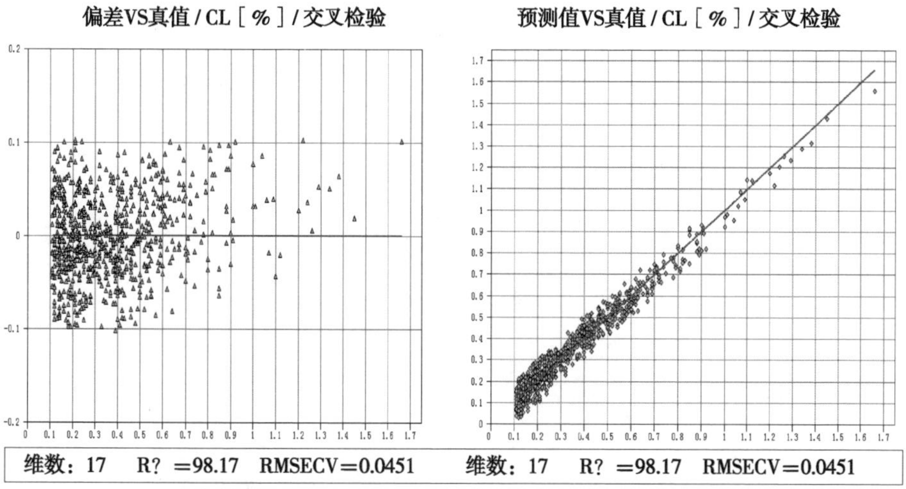

a. 偏差/真值　　b.预测值/真值

图 4 –7　总氯交叉检验

（2）各成分预测模型外部验证结果　模型内部交叉检验只是说明建模数据内部预测值与化学值的吻合程度，并不说明能适合未知样品的成分含量预测，要检查模型对未知样品的适应性，必须进行外部交叉经验。本实验随机选取未参与建模的云南烟叶 80 份样品，采用上述各成分数学模型进行预测，结果见表 4 –4。

结果表明，还原糖、总糖、烟碱和总氮 4 项成分化学值的平均值分别为 22. 07% 、22. 63% 、2. 52% 、1. 86% ，均属于正常含量的样品，其预测结果的平均相对偏差分别是 2. 25% 、2. 93% 、3. 33% 、2. 63% ，4 项化学成分预测结果的平均相对偏差均在 3% 左右，接近常规分析方法要求的平行实验的精密

表 4-4 模型预测结果

样品	还原糖（%）			总糖（%）			烟碱（%）			总氮（%）			K_2O（%）			Cl（%）		
编号	化学值	预测值	相对偏差	化学值	预测值	相对偏差	化学值	预测值	相对偏差	化学值	预测值	相对偏差	化学值	预测值	绝对偏差	化学值	预测值	绝对偏差
1	27.3	27.27	0.11	30.0	30.93	3.08	2.06	1.92	6.63	1.69	1.71	1.22	1.38	1.55	0.17	0.61	0.560	0.050
2	26.3	25.83	1.78	29.2	29.81	2.08	2.69	2.67	0.81	2.03	1.99	2.08	1.21	1.36	0.15	0.31	0.321	0.011
3	24.4	24.89	1.99	27.3	28.64	4.90	2.23	2.27	1.80	1.75	1.75	0.22	1.78	1.84	0.06	0.78	0.674	0.106
4	25.0	24.74	1.04	27.5	27.95	1.64	2.42	2.38	1.50	1.91	1.88	1.68	1.78	1.90	0.12	0.53	0.537	0.007
5	23.4	23.48	0.35	26.4	27.17	2.92	2.07	1.98	4.60	1.89	1.82	3.83	2.65	2.90	0.25	0.32	0.409	0.089
6	27.3	27.14	0.57	31.0	32.36	4.38	2.41	2.28	5.45	1.73	1.70	2.05	2.28	2.43	0.15	0.58	0.522	0.058
7	22.9	23.08	0.77	26.2	26.13	0.26	2.67	2.68	0.40	2.03	1.98	2.43	1.86	1.78	0.09	0.42	0.467	0.047
8	18.0	19.07	5.96	20.3	21.14	4.13	1.74	1.64	5.79	2.13	2.09	1.86	1.69	1.41	0.28	0.19	0.194	0.004
9	22.4	22.45	0.24	26.2	26.69	1.87	2.02	1.92	4.82	1.71	1.67	2.55	1.92	1.76	0.16	0.15	0.173	0.023
10	13.8	14.12	2.32	15.2	15.50	1.98	3.57	3.55	0.52	2.82	2.81	0.41	1.50	1.07	0.43	0.34	0.125	0.215
11	25.0	24.62	1.54	29.3	30.67	4.69	1.58	1.48	6.40	1.60	1.56	2.79	1.88	2.06	0.18	0.16	0.251	0.091
12	26.7	26.50	0.76	30.4	31.13	2.40	1.95	2.03	3.97	1.54	1.42	8.08	1.58	1.63	0.05	0.12	0.127	0.007
13	24.7	24.33	1.50	28.0	28.28	1.00	2.54	2.59	1.80	1.84	1.78	3.04	1.26	1.19	0.07	0.26	0.207	0.053
14	17.8	18.90	6.16	19.8	20.75	4.79	2.93	2.88	1.56	2.12	2.09	1.50	1.34	0.98	0.37	0.65	0.651	0.001
15	24.8	24.92	0.49	28.5	27.99	1.79	2.31	2.19	5.13	1.95	1.93	1.10	1.59	1.70	0.11	0.47	0.481	0.011
16	18.8	18.87	0.35	21.3	20.19	5.23	4.00	3.91	2.14	2.49	2.52	1.32	1.49	1.40	0.09	0.57	0.481	0.089
17	25.1	23.97	4.52	28.6	27.35	4.37	1.81	1.68	7.12	1.75	1.70	2.86	1.86	1.98	0.12	0.48	0.471	0.009
18	25.0	25.06	0.25	29.5	30.39	3.01	1.45	1.37	5.88	1.60	1.56	2.44	2.00	2.00	0.00	0.66	0.747	0.087
19	14.5	15.85	9.30	17.2	17.23	0.16	3.39	3.32	2.14	2.48	2.47	0.53	1.80	2.14	0.34	0.39	0.495	0.105
20	23.2	23.44	1.03	28.7	28.41	1.03	2.08	2.01	3.17	1.99	1.94	2.54	1.79	2.02	0.23	0.36	0.434	0.074
21	21.6	22.61	4.69	27.6	28.40	2.88	2.70	2.67	1.28	1.97	1.95	1.12	1.60	1.52	0.08	0.60	0.561	0.039
22	22.0	21.94	0.25	27.2	27.43	0.83	3.05	3.04	0.49	2.02	1.97	2.36	1.51	1.49	0.02	0.54	0.530	0.010

（续表）

样品	还原糖（%）			总糖（%）			烟碱（%）			总氮（%）			K_2O（%）			Cl（%）		
编号	化学值	预测值	相对偏差	化学值	预测值	相对偏差	化学值	预测值	相对偏差	化学值	预测值	相对偏差	化学值	预测值	绝对偏差	化学值	预测值	绝对偏差
23	18.4	18.42	0.12	22.8	21.97	3.63	2.79	2.93	4.90	1.91	1.92	0.64	1.82	1.66	0.16	0.13	0.051	0.079
24	17.8	18.69	4.97	22.5	22.23	1.18	2.74	2.84	3.69	1.76	1.73	1.77	1.61	1.34	0.27	0.17	0.133	0.037
25	22.2	22.20	0.01	28.1	27.58	1.85	2.45	2.33	5.05	1.62	1.53	5.73	1.09	0.86	0.23	0.23	0.160	0.070
26	24.8	25.09	1.16	28.5	28.45	0.19	1.83	1.87	2.03	1.90	1.87	1.41	1.93	2.13	0.20	0.50	0.517	0.017
27	13.5	14.97	10.91	16.5	15.43	6.48	3.85	3.93	2.14	2.76	2.85	3.09	2.20	1.75	0.45	0.57	0.347	0.223
28	22.0	21.52	2.19	24.0	24.74	3.07	2.61	2.56	2.05	1.99	1.92	3.56	1.81	1.98	0.17	0.34	0.308	0.032
29	23.1	22.37	3.14	25.9	27.51	6.21	2.62	2.52	3.90	2.13	2.00	6.08	1.84	2.19	0.35	0.56	0.647	0.087
30	22.4	22.71	1.37	25.2	26.81	6.38	2.68	2.63	2.04	2.17	2.13	1.88	1.76	1.72	0.04	0.72	0.747	0.027
31	28.0	27.43	2.02	35.7	37.14	4.04	2.30	2.17	5.82	1.72	1.79	4.16	2.04	2.05	0.01	0.21	0.186	0.024
32	30.8	29.91	2.88	37.8	39.27	3.89	2.43	2.28	6.04	1.68	1.71	1.61	1.46	1.46	0.00	0.14	0.126	0.014
33	26.6	25.92	2.56	35.0	35.44	1.26	3.10	2.95	4.73	1.92	1.89	1.57	1.57	1.64	0.07	0.19	0.270	0.080
34	26.9	26.88	0.07	30.8	32.13	4.30	1.55	1.51	2.63	1.45	1.52	4.65	2.05	1.86	0.19	0.15	0.182	0.032
35	27.9	27.02	3.14	36.6	37.29	1.90	2.66	2.73	2.64	1.94	1.97	1.61	1.80	2.02	0.22	0.21	0.321	0.111
36	22.4	21.72	3.02	27.4	27.94	1.96	3.77	3.87	2.62	2.62	2.57	2.06	1.95	2.00	0.05	0.12	0.115	0.005
37	23.5	23.54	0.15	31.3	30.68	1.97	2.34	2.43	4.03	2.02	1.90	5.79	2.96	2.80	0.16	0.09	0.191	0.101
38	23.6	24.03	1.81	33.1	33.59	1.48	3.07	3.14	2.20	2.06	2.06	0.11	2.80	3.00	0.20	0.11	0.226	0.116
39	19.5	19.30	1.02	26.4	25.36	3.93	3.68	3.74	1.68	2.38	2.41	1.42	2.74	2.78	0.04	0.15	0.173	0.023
40	30.1	30.51	1.37	34.4	36.28	5.45	1.13	1.15	1.58	1.64	1.68	2.51	2.36	2.18	0.18	0.34	0.333	0.007
41	30.3	30.89	1.93	37.5	40.03	6.74	2.63	2.61	0.89	1.85	1.93	4.36	1.66	1.51	0.15	0.18	0.201	0.021
42	21.9	21.63	1.25	27.5	27.32	0.67	3.96	4.05	2.22	2.70	2.64	2.11	1.83	1.87	0.04	0.28	0.252	0.028
43	23.7	23.77	0.29	27.9	28.22	1.16	1.19	1.19	0.09	1.59	1.52	4.74	4.46	4.32	0.14	0.05	0.097	0.047
44	27.0	27.26	0.95	31.3	31.89	1.88	2.06	2.08	0.73	1.64	1.66	1.05	3.36	3.43	0.07	0.04	0.116	0.076

（续表）

样品	还原糖（%）			总糖（%）			烟碱（%）			总氮（%）			K_2O（%）			Cl（%）		
编号	化学值	预测值	相对偏差	化学值	预测值	相对偏差	化学值	预测值	相对偏差	化学值	预测值	相对偏差	化学值	预测值	绝对偏差	化学值	预测值	绝对偏差
45	17.6	17.12	2.76	19.7	20.43	3.70	4.37	4.25	2.67	2.22	2.24	0.95	2.59	3.05	0.46	0.05	0.170	0.120
46	24.6	25.61	4.11	27.4	29.50	7.68	3.02	2.99	1.14	1.87	1.94	3.86	2.86	2.70	0.16	0.16	0.160	0.000
47	21.9	22.76	3.92	24.2	25.71	6.25	2.81	2.85	1.35	1.86	2.00	7.70	2.84	2.91	0.07	0.75	0.738	0.012
48	24.0	24.58	2.40	26.4	27.33	3.54	1.41	1.33	5.61	1.63	1.58	2.83	4.27	4.19	0.08	0.08	0.243	0.163
49	22.3	23.06	3.39	31.3	31.62	1.01	2.20	2.21	0.21	1.56	1.51	3.00	2.82	3.06	0.24	0.10	0.213	0.113
50	22.7	23.61	3.99	27.0	28.77	6.57	2.38	2.25	5.63	1.51	1.55	2.64	2.71	3.00	0.29	0.21	0.324	0.114
51	22.2	22.61	1.85	24.9	25.75	3.42	3.68	3.55	3.52	2.06	2.09	1.59	2.86	2.86	0.00	0.08	0.102	0.022
52	23.2	23.45	1.09	27.6	27.80	0.72	1.68	1.55	7.59	1.95	1.90	2.72	4.21	3.45	0.76	0.23	0.220	0.010
53	28.7	27.79	3.16	33.8	34.74	2.78	2.32	2.18	6.13	1.72	1.71	0.88	2.96	2.99	0.02	0.09	0.116	0.026
54	22.0	21.49	2.33	24.9	26.79	7.58	3.40	3.37	1.03	2.12	2.12	0.21	2.74	2.76	0.02	0.10	0.189	0.089
55	24.4	26.24	7.53	26.6	28.95	8.85	2.10	2.01	4.41	1.84	1.78	3.10	2.59	2.46	0.13	0.22	0.278	0.058
56	19.4	19.92	2.70	21.8	22.69	4.08	3.51	3.47	1.07	2.17	2.17	0.23	2.42	2.43	0.01	0.26	0.261	0.001
57	26.7	26.43	1.01	30.5	31.65	3.78	2.29	2.13	7.01	1.60	1.69	5.58	2.03	1.84	0.19	0.12	0.096	0.024
58	13.7	14.00	2.20	15.3	15.34	0.27	4.56	4.65	1.94	2.88	3.03	5.27	1.93	1.72	0.21	0.42	0.373	0.047
59	24.6	24.90	1.24	28.7	29.23	1.84	2.95	2.83	4.10	1.92	1.87	2.65	2.04	1.87	0.17	0.30	0.296	0.004
60	16.8	17.56	4.54	19.7	20.17	2.39	4.29	4.15	3.33	2.83	2.89	2.11	1.81	1.56	0.25	0.41	0.356	0.054
61	25.3	25.88	2.30	29.2	30.36	3.98	3.56	3.36	5.64	2.39	2.50	4.41	1.50	1.16	0.34	0.32	0.277	0.043
62	20.2	20.36	0.77	26.6	26.81	0.79	3.34	3.20	4.06	2.05	2.13	3.81	1.96	1.80	0.16	0.27	0.241	0.029
63	19.0	18.67	1.73	24.5	24.41	0.39	4.26	4.13	2.95	2.72	2.80	3.10	1.69	1.46	0.23	0.30	0.268	0.032
64	26.2	26.57	1.41	28.8	29.68	3.05	1.57	1.45	7.82	1.46	1.47	0.60	2.01	2.28	0.27	0.06	0.192	0.132
65	21.2	21.39	0.88	23.8	24.41	2.55	2.56	2.49	2.62	2.10	2.13	1.62	2.25	2.50	0.25	0.11	0.241	0.131
66	13.8	13.01	5.70	15.1	15.32	1.48	2.18	2.27	4.01	1.99	2.14	7.66	2.55	2.75	0.20	0.21	0.119	0.091

（续表）

样品编号	还原糖（%）			总糖（%）			烟碱（%）			总氮（%）			K_2O（%）			Cl（%）		
	化学值	预测值	相对偏差	化学值	预测值	相对偏差	化学值	预测值	相对偏差	化学值	预测值	相对偏差	化学值	预测值	绝对偏差	化学值	预测值	绝对偏差
67	22.8	23.37	2.52	24.8	26.93	8.58	1.95	1.93	0.83	1.65	1.74	5.42	2.46	2.51	0.05	0.21	0.208	0.002
68	20.6	21.25	3.17	24.2	24.79	2.45	1.92	2.02	5.27	1.58	1.70	7.42	2.36	2.58	0.22	0.24	0.206	0.034
69	14.6	15.46	5.86	16.6	17.26	3.99	3.51	3.40	3.07	2.18	2.38	9.06	1.98	1.96	0.02	0.12	0.037	0.083
70	26.7	26.59	0.41	37.6	38.05	1.20	1.70	1.63	4.37	1.12	1.15	3.00	1.94	1.97	0.03	0.54	0.517	0.023
71	28.1	28.32	0.80	40.0	41.92	4.80	1.52	1.55	2.18	1.14	1.14	0.44	1.60	1.72	0.12	0.32	0.392	0.072
72	25.6	25.00	2.34	36.7	38.00	3.54	2.41	2.24	6.95	1.32	1.38	4.58	1.74	1.96	0.22	0.40	0.466	0.066
73	24.6	24.41	0.76	36.7	37.54	2.28	2.11	1.98	6.05	1.25	1.26	0.79	1.67	1.79	0.12	0.25	0.366	0.116
74	25.5	25.48	0.07	36.7	37.26	1.51	1.74	1.72	1.01	1.24	1.28	3.55	1.45	1.54	0.09	0.33	0.411	0.081
75	25.4	24.49	3.57	35.9	35.83	0.19	2.03	1.90	6.55	1.38	1.34	3.24	1.88	2.14	0.26	0.45	0.555	0.105
76	23.3	23.26	0.16	28.0	29.44	5.13	3.10	3.08	0.54	2.30	2.28	0.72	2.02	1.83	0.19	0.10	0.078	0.022
77	23.6	24.08	2.04	33.0	33.21	0.62	3.56	3.39	4.78	2.15	2.15	0.14	1.43	1.41	0.02	0.11	0.125	0.015
78	18.5	18.49	0.03	25.9	25.28	2.39	2.77	2.70	2.40	2.27	2.24	1.32	2.30	1.99	0.31	0.10	0.125	0.025
79	24.1	23.05	4.36	28.8	28.91	0.39	2.09	2.03	2.96	2.00	1.97	1.40	1.81	1.74	0.07	0.12	0.167	0.047
80	21.2	19.72	6.99	26.3	26.17	0.50	3.11	2.84	8.80	2.26	2.24	1.11	2.17	2.03	0.14	0.10	0.186	0.086
平均值	22.07	22.15	2.25	27.63	27.23	2.93	2.52	2.47	3.33	1.86	1.87	2.63	2.02	2.01	0.16	0.28	0.29	0.05

度，预测结果与化学值之间没有显著性差异，预测模型准确度令人满意。

从预测结果（表4－4）还可以看出，各模型的平均相对偏差均较低，但是个别成分单个样品的偏差并不均衡。如还原糖的平均相对偏差最低，只有2.25%，但其中的19号和27号样品的相对偏差却达到了9.31%和10.91%之高，这可能是因为这两个样品的化学值只有14.5%和13.5%，该成分含量与整个数据库中该成分的平均值相比偏低，且整个数据库中该含量范围的建模样品较少造成的，模型的预测准确性也就稍差些。对于无机元素钾和氯，模型的预测结果稍差，主要是由于近红外光谱信息与无机盐相关性稍差造成的。但由模型内部交叉验证和外部验证结果看出，钾和氯的近红外模型也完全可以用于批量样品的快速测定。

3. 结论

（1）通过选取代表性样品，采用经典化学分析方法或近红外仪器方法测定化学成分含量，建立了全国通用的烟草常规化学成分近红外预测模型，实验证明建立的通用模型是可以实现的。除了氯的含量范围由于取样困难过低地集中于低含量区域外，其他4种有机成分和钾的含量分布合理，具有很好的代表性，完全可以用于样品的准确预测。

（2）在傅立叶变换红外光谱仪（MARIXT－I）上进行图谱扫描，利用OPUS5.5化学计量学软件，对光谱进行适当的预处理，用偏最小二乘回归法（PLS）建立常规成分预测模型并进行优化，建成的预测模型具有较好的内部交叉检验结果。R^2均达到了0.95以上，模型预测值和化学值吻合较好，说明各项成分均适合采用近红外光谱分析法进行建模。

（3）外部交叉检验（外部验证）结果显示，4项有机成分的预测结果平均相对偏差均在3%左右，预测准确度达到了常规成分经典分析方法平行试验允许的偏差，预测值与化学值没有显著性差异，结果令人满意。钾和氯虽然平均相对偏差高些，但也可以满足行业日常检测的要求。

（二）近红外通用模型的可用性分析

1. 材料与方法

（1）材料　选取云南省不同等级、不同品种的代表性烟叶样品400份，分别建立云南省的还原糖、总糖、烟碱和总氮四种化学成分近红外数学模型。采用未参与建模的云南省内烟叶样品20份，云南省外烟叶样品16份，特异样品（非正常成熟样品）10份对四个模型进行内部交叉检验。同时用前面建立的通用模型对这些样品进行预测，并与云南省的四个分模型的预测结果进行比较。

（2）仪器与方法同上。

2. 结果与讨论

（1）各成分的内部交叉验证结果　云南省还原糖、总糖、烟碱和总氮 4 个化学成分的近红外预测模型的决定系数（R^2）分别为 0.9712、0.9789、0.9907 和 0.9746，平均相对偏差分别为 0.639%、0.766%、0.0771%、0.0541%，与通用模型的决定系数及平均偏差没有太大差别，云南省近红外分模型的预测值和化学值吻合较好（图 4－8）。

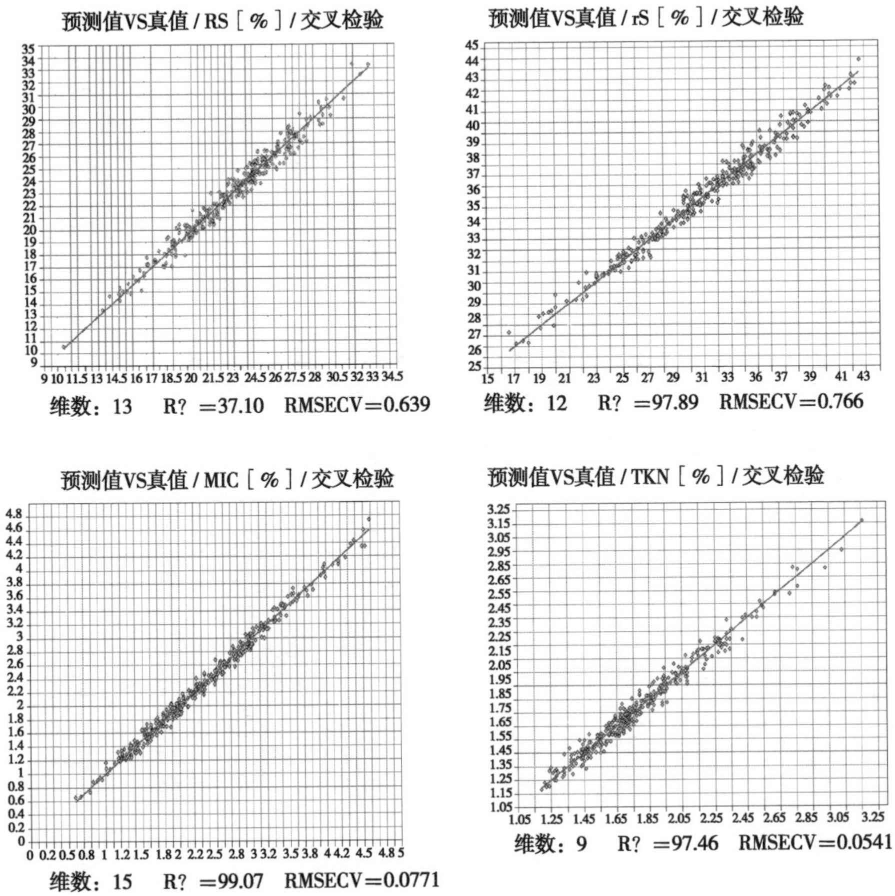

图 4－8　云南省分模型还原糖、总糖、烟碱、总氮内部交叉验证

（2）云南分模型预测结果与通用模型预测结果比较

①云南分模型预测 4 种成分的结果及其相对偏差见表 4－5 至表 4－8。

表 4-5 云南分模型预测本地样品结果

云南样品（20 份）	还原糖（%）			总糖（%）			烟碱（%）			总氮（%）		
	化学值	预测值	相对偏差	化学值	预测值	相对偏差	化学值	预测值	相对偏差	化学值	预测值	相对偏差
1	21.4	21.21	0.88	29.9	30.01	0.36	2.72	2.727	0.27	1.97	1.941	1.45
2	22.4	21.71	3.10	27.9	28.81	3.25	2.64	2.564	2.89	2.04	1.970	3.44
3	26.8	26.08	2.69	32.3	32.98	2.11	2.74	2.643	3.53	1.95	1.928	1.14
4	22.5	22.32	0.80	24.9	25.41	2.06	3.22	3.208	0.36	2.29	2.129	7.03
5	25.7	24.96	2.88	28.6	29.40	2.80	3.01	2.964	1.52	1.98	1.933	2.38
6	21.6	20.79	3.77	26.3	26.72	1.58	3.38	3.587	6.11	2.59	2.653	2.44
7	23.5	23.35	0.66	28.6	28.64	0.14	3.33	3.351	0.64	2.42	2.301	4.91
8	21.3	21.14	0.77	26.1	26.21	0.41	3.08	3.203	4.01	2.13	2.173	2.01
9	24.7	22.91	7.24	27.5	27.24	0.95	1.95	1.913	1.90	1.99	2.051	3.08
10	19.6	19.88	1.43	25.7	25.24	1.79	3.04	2.975	2.14	2.09	2.085	0.25
11	24.1	23.06	4.32	30.7	29.65	3.42	2.78	2.792	0.41	2.05	2.035	0.73
12	18.9	17.42	7.85	22.0	21.84	0.71	2.28	2.251	1.26	2.04	2.212	8.43
13	24.7	25.75	4.24	28.1	29.06	3.43	2.08	2.051	1.40	2.01	2.092	4.05
14	18.9	20.95	10.84	23.9	25.68	7.46	3.22	3.212	0.26	2.2	2.290	4.10
15	22.6	21.71	3.94	25.4	26.83	5.63	1.93	1.925	0.25	1.97	2.007	1.86
16	25.1	25.39	1.14	28.0	27.31	2.48	2.58	2.541	1.51	1.89	1.923	1.73
17	18.3	18.17	0.74	23.7	23.44	1.11	3.39	3.390	0.01	2.18	2.225	2.06
18	18.9	18.86	0.21	23.1	22.21	3.84	2.26	2.210	2.21	2.17	2.166	0.18
19	23.6	23.16	1.85	26.8	26.83	0.10	2.85	2.806	1.56	2.06	2.048	0.56
20	19.0	18.49	2.71	24.5	25.02	2.13	3.33	3.293	1.13	2.18	2.140	1.82
平均	22.18	21.86	3.10	26.70	26.93	2.29	2.79	2.78	1.67	2.11	2.12	2.68

表 4－6 云南分模型预测云南外样品结果

云南外样品（15 份）	还原糖（%）			总糖（%）			烟碱（%）			总氮（%）		
	化学值	预测值	相对偏差	化学值	预测值	相对偏差	化学值	预测值	相对偏差	化学值	预测值	相对偏差
1	26.7	27.00	1.12	37.6	38.10	1.33	1.70	1.77	4.32	1.12	1.25	11.52
2	28.1	28.27	0.60	40.0	44.02	10.04	1.52	1.66	9.08	1.14	1.18	3.48
3	21.6	21.56	0.17	32.2	31.81	1.22	2.09	2.09	0.14	1.37	1.43	4.10
4	25.6	25.41	0.73	36.7	39.08	6.49	2.41	2.38	1.06	1.32	1.43	8.05
5	24.6	24.04	2.28	36.7	39.91	8.76	2.11	2.09	0.85	1.25	1.30	4.22
6	27.2	26.45	2.77	37.6	39.56	5.22	2.19	2.03	7.18	1.21	1.25	3.50
7	25.5	25.15	1.38	36.7	39.34	7.20	1.74	1.81	4.21	1.24	1.27	2.65
8	25.4	24.86	2.12	35.9	36.87	2.71	2.03	1.98	2.41	1.38	1.37	0.72
9	23.3	22.13	5.03	28.0	29.26	4.49	3.10	3.03	2.36	2.30	2.33	1.18
10	23.6	22.17	6.06	33.0	33.82	2.48	3.56	3.48	2.28	2.15	2.17	0.86
11	18.5	17.34	6.25	25.9	26.02	0.47	2.77	2.73	1.44	2.27	2.19	3.38
12	20.3	19.37	4.59	25.8	26.49	2.67	3.52	3.33	5.46	2.34	2.24	4.40
13	20.8	19.16	7.88	26.4	25.49	3.45	3.10	2.90	6.48	2.10	1.95	7.31
14	24.1	21.44	11.04	28.8	28.43	1.29	2.09	2.09	0.00	2.00	1.87	6.41
15	21.2	18.67	11.94	26.3	26.01	1.09	3.11	2.94	5.33	2.26	2.09	7.68
平均	23.77	22.87	4.26	32.51	33.61	3.93	2.47	2.42	3.51	1.70	1.69	4.63

表 4－7　云南分模型预测特异样品结果

特异样品（10 份）	还原糖（%）			总糖（%）			烟碱（%）			总氮（%）		
	化学值	预测值	相对偏差	化学值	预测值	相对偏差	化学值	预测值	相对偏差	化学值	预测值	相对偏差
1	6.98	4.121	40.96	10.2	27.09	165.59	1.10	1.462	32.92	1.12	1.402	25.13
2	7.75	5.317	31.40	9.90	24.76	150.07	1.07	1.430	33.67	1.12	1.357	21.17
3	4.78	1.479	69.06	6.51	21.96	237.31	1.00	1.299	29.89	1.14	1.425	24.96
4	13.4	11.028	17.70	17.9	29.43	64.43	1.17	1.486	27.01	1.2	1.417	18.07
5	12.9	11.180	13.33	17.4	29.52	69.63	1.18	1.486	25.93	1.07	1.322	23.54
6	13.0	10.359	20.32	16.6	29.18	75.81	1.28	1.533	19.76	1.18	1.354	14.77
7	12.4	10.968	11.55	17.9	29.77	66.32	1.23	1.466	19.15	1.18	1.408	19.31
8	20.0	20.820	4.10	30.2	32.06	6.14	1.10	1.501	36.47	1.31	1.492	13.87
9	23.4	24.088	2.94	31.8	33.58	5.61	1.64	2.031	23.82	1.58	1.732	9.64
10	10.9	9.034	17.12	15.2	28.72	88.92	1.22	1.457	19.41	1.19	1.433	20.39
平均	12.55	10.84	22.85	17.36	28.61	92.98	1.20	1.52	26.80	1.21	1.43	19.09

表 4－8　云南分模型预测各类样品的相对偏差

样品	还原糖（%）			总糖（%）			烟碱（%）			总氮（%）		
	化学值	预测值	相对偏差	化学值	预测值	相对偏差	化学值	预测值	相对偏差	化学值	预测值	相对偏差
云南样品	22.18	21.86	3.10	26.70	26.93	2.29	2.79	2.78	1.67	2.11	2.12	2.68
云南外样品	23.77	22.87	4.26	32.51	33.61	3.93	2.47	2.42	3.51	1.70	1.69	4.63
特异样品	12.55	10.84	22.85	17.36	28.61	92.98	1.20	1.52	26.80	1.21	1.43	19.09

从表4－5可以看出，由云南本地样品建立的分模型对当地未知样品进行4种化学成分进行预测，预测结果相对偏差均较小，分别达到了3.10%、2.29%、1.67%和2.68%，结果令人非常满意。

从表4－6可以看出，云南分模型预测云南省外样品，4种成分近红外预测结果其相对偏差虽然略高于本地样品，分别达到了4.26%、3.93%、3.51%和4.63%，均超过3.5%但低于5%，其原因主要是由当地的环境、土壤和气候形成了云南独有的烟叶质量风格特征，其结果还是较令人满意的。

表4－7中所用的10份样品是在烟草植株生长尚未达到生理成熟期，强行采收调制而成的烟叶样品，4种成分的含量均比正常样品平均值低得多。预测结果的平均相对偏差只有总氮略低于20%，其余各项均在20%以上，总糖平均相对偏差甚至达到了92%以上。这表明，云南分模型非常不适合这类样品的预测，同时说明待测样品与建模样品差异性越大，预测结果偏差也越大。

云南省分模型对各类样品的预测结果汇总（表4－8）显示，分模型预测本地样品的结果准确度优于省外样品；随着待测样品与建模样品的差异性越大，模型预测结果的相对偏差也越大。

②同样的样品采用通用模型预测4种成分的结果及其相对偏差见表4－9至表4－13。

表4－9是通用模型对云南当地未知样品进行4种化学成分进行预测结果。可以看出，其预测的相对偏差均较小，分别达到了2.78%、1.43%、2.34%和2.92%，预测结果跟云南分模型预测结果相当，非常令人满意。

表4－10列出了通用模型预测云南省外未知样品结果。可以看出，通用模型预测云南省外样品，4种成分的预测结果相对偏差均低于云南分模型预测云南省外样品的平均相对偏差，分别达到了1.82%、2.07%、3.11%和1.92%，与化学值吻合极好。

表4－11至表4－13是通用模型预测特异样品的结果。可以看出，4种成分平均相对偏差远大于预测正常样品的平均相对偏差，分别达到了8.13%、10.21%、7.02%和3.29%；但与云南分模型相比，平均相对偏差却要低得多。这表明，通用模型虽然也不太适合预测特异样品，但由于其模型中样品含量范围广，因此其预测能力较分模型预测效果好一些。

3. 结论

（1）通过通用模型和地区分模型对样品成分含量预测准确度的比较说明，一个包含尽可能广泛的各类样品特征的通用模型，其预测结果的准确性比单个

表 4－9　通用模型预测云南样品结果

云南样品（20 份）	还原糖（%）			总糖（%）			烟碱（%）			总氮（%）		
	化学值	预测值	相对偏差	化学值	预测值	相对偏差	化学值	预测值	相对偏差	化学值	预测值	相对偏差
1	21.4	22.27	4.06	29.6	30.01	1.27	2.72	2.655	2.38	1.97	1.982	0.59
2	22.4	22.72	1.42	28.4	28.81	1.54	2.64	2.616	0.89	2.04	1.940	4.90
3	26.8	26.79	0.04	33.2	32.98	0.52	2.74	2.516	8.19	1.95	1.955	0.27
4	22.5	23.22	3.20	26.1	25.41	2.57	3.22	3.143	2.40	2.29	2.180	4.81
5	25.7	25.50	0.79	30.0	29.40	1.98	3.01	2.854	5.18	1.98	1.969	0.56
6	21.6	21.80	0.92	25.7	26.72	3.99	3.38	3.600	6.50	2.59	2.646	2.15
7	23.5	23.99	2.10	28.2	28.64	1.45	3.33	3.323	0.22	2.42	2.400	0.85
8	21.3	21.47	0.79	25.9	26.21	1.01	3.08	3.066	0.47	2.13	2.233	4.82
9	24.7	22.95	7.10	26.8	27.24	1.60	1.95	2.057	5.49	1.99	1.988	0.12
10	19.6	20.00	2.06	25.7	25.24	1.67	3.04	3.088	1.58	2.09	2.137	2.24
11	24.1	23.88	0.92	29.5	29.65	0.62	2.78	2.761	0.68	2.05	2.157	5.23
12	18.9	17.77	5.96	21.0	21.84	3.88	2.28	2.217	2.77	2.04	2.207	8.17
13	24.7	25.50	3.22	28.6	29.06	1.73	2.08	2.098	0.88	2.01	2.023	0.65
14	18.9	21.52	13.85	25.5	25.68	0.63	3.22	3.221	0.04	2.2	2.440	10.93
15	22.6	22.40	0.91	26.5	26.83	1.19	1.93	1.992	3.23	1.97	2.010	2.03
16	25.1	25.50	1.59	27.4	27.31	0.48	2.58	2.538	1.63	1.89	1.906	0.86
17	18.3	18.26	0.25	23.3	23.44	0.48	3.39	3.401	0.31	2.18	2.232	2.38
18	18.9	19.61	3.78	22.1	22.21	0.73	2.26	2.262	0.07	2.17	2.198	1.31
19	23.6	24.02	1.79	26.8	26.83	0.20	2.85	2.804	1.63	2.06	2.041	0.92
20	19.0	18.85	0.78	24.8	25.02	1.09	3.33	3.254	2.28	2.18	2.280	4.59
平均	22.18	22.40	2.78	26.75	26.93	1.43	2.79	2.77	2.34	2.11	2.15	2.92

表 4－10　通用模型预测云南外样品结果

云南省外样品	还原糖（%）			总糖（%）			烟碱（%）			总氮（%）		
（15 份）	化学值	预测值	相对偏差	化学值	预测值	相对偏差	化学值	预测值	相对偏差	化学值	预测值	相对偏差
1	26.70	26.64	0.24	37.6	38.1	1.20	1.70	1.67	1.76	1.12	1.15	3.00
2	28.10	28.27	0.62	40.0	41.9	4.80	1.52	1.60	5.56	1.14	1.14	0.44
3	21.60	21.35	1.16	32.2	31.3	2.76	2.09	1.99	4.59	1.37	1.40	2.29
4	25.60	25.09	2.00	36.7	38.0	3.54	2.41	2.30	4.46	1.32	1.38	4.58
5	24.60	24.43	0.67	36.7	37.5	2.28	2.11	2.04	3.35	1.25	1.26	0.79
6	27.20	26.44	2.81	37.6	38.7	2.95	2.19	2.18	0.24	1.21	1.25	3.38
7	25.50	25.46	0.17	36.7	37.3	1.51	1.74	1.78	2.42	1.24	1.28	3.55
8	25.40	24.50	3.53	35.9	35.8	0.19	2.03	1.96	3.54	1.38	1.34	3.24
9	23.30	23.28	0.09	28.0	29.4	5.13	3.10	3.09	0.31	2.30	2.28	0.72
10	23.60	24.04	1.86	33.0	33.2	0.62	3.56	3.47	2.45	2.15	2.15	0.14
11	18.50	18.48	0.10	25.9	25.3	2.39	2.77	2.73	1.33	2.27	2.24	1.32
12	20.30	20.38	0.40	25.8	25.6	0.69	3.52	3.42	2.93	2.34	2.30	1.61
13	20.80	20.20	2.87	26.4	25.8	2.11	3.10	2.97	4.19	2.10	2.08	1.16
14	24.10	23.07	4.27	28.8	28.9	0.39	2.09	2.06	1.26	2.00	1.97	1.40
15	21.20	19.82	6.52	26.3	26.2	0.50	3.11	2.85	8.32	2.26	2.23	1.11
平均值	23.77	23.43	1.82	32.5	32.9	2.07	2.47	2.41	3.11	1.70	1.70	1.92

表 4－11　通用模型预测特异样品结果

特异样品	还原糖（%）			总糖（%）			烟碱（%）			总氮（%）		
（10 份）	化学值	预测值	相对偏差	化学值	预测值	相对偏差	化学值	预测值	相对偏差	化学值	预测值	相对偏差
1	6.98	6.348	9.05	10.2	12.97	27.16	1.10	1.149	4.45	1.12	1.133	1.20
2	7.75	7.081	8.63	9.90	11.43	15.45	1.07	1.030	3.76	1.12	1.053	5.96
3	4.78	3.540	25.94	6.51	7.39	13.58	1.00	0.857	14.29	1.14	1.088	4.57
4	13.4	12.460	7.01	17.9	17.69	1.15	1.17	1.226	4.82	1.2	1.181	1.58

（续表）

特异样品（10 份）	还原糖（%）			总糖（%）			烟碱（%）			总氮（%）		
	化学值	预测值	相对偏差	化学值	预测值	相对偏差	化学值	预测值	相对偏差	化学值	预测值	相对偏差
5	12.9	11.967	7.23	17.4	17.91	2.94	1.18	1.118	5.25	1.07	1.018	4.87
6	13.0	12.062	7.22	16.6	17.62	6.14	1.28	1.122	12.38	1.18	1.082	8.30
7	12.4	11.739	5.33	17.9	19.96	11.49	1.23	1.149	6.58	1.18	1.171	0.78
8	20.0	20.865	4.32	30.2	31.68	4.89	1.10	1.001	8.99	1.31	1.302	0.63
9	23.4	24.528	4.82	31.8	33.29	4.69	1.64	1.697	3.45	1.58	1.659	4.99
10	10.9	10.708	1.76	15.2	17.42	14.63	1.22	1.144	6.20	1.19	1.190	0.03
平均	12.55	12.13	8.13	17.36	18.74	10.21	1.20	1.15	7.02	1.21	1.19	3.29

表 4－12　通用模型预测各类样品平均相对偏差

样品	还原糖（%）			总糖（%）			烟碱（%）			总氮（%）		
	化学值	预测值	相对偏差	化学值	预测值	相对偏差	化学值	预测值	相对偏差	化学值	预测值	相对偏差
云南样品	22.18	22.40	2.78	26.75	26.93	1.43	2.79	2.77	2.34	2.11	2.15	2.92
云南省外样品	23.77	23.43	1.82	32.5	32.9	2.07	2.47	2.41	3.11	1.70	1.70	1.92
特殊样品	12.55	12.13	8.13	17.36	18.74	10.21	1.20	1.15	7.02	1.21	1.19	3.29

表 4－13　通用模型与云南分模型预测结果对比

样品		还原糖（%）			总糖（%）			烟碱（%）			总氮（%）		
		化学值	预测值	相对偏差	化学值	预测值	相对偏差	化学值	预测值	相对偏差	化学值	预测值	相对偏差
通用模型	云南样品	22.18	22.40	2.78	26.75	26.93	1.43	2.79	2.77	2.34	2.11	2.15	2.92
	云南外样品	23.77	23.43	1.82	32.5	32.9	2.07	2.47	2.41	3.11	1.70	1.70	1.92
	特异样品	12.55	12.13	8.13	17.36	18.74	10.21	1.20	1.15	7.02	1.21	1.19	3.29
分模型（云南）	云南样品	22.18	21.86	3.10	26.70	26.93	2.29	2.79	2.78	1.67	2.11	2.12	2.68
	云南外样品	23.77	22.87	4.26	32.51	33.61	3.93	2.47	2.42	1.95	1.70	1.69	4.63
	特异样品	12.55	10.84	22.85	17.36	28.61	92.98	1.20	1.52	26.80	1.21	1.43	19.09

地区的分模型具有更广泛的适应性，预测模型具有更大的可用性。

（2）本研究中建模所用原始数据的测定方法均采用行业标准方法，其结果准确性更高，因此建成的近红外模型其交叉验证均方差（RMSECV）更低，基本达到了经典化学分析方法平行试验的偏差要求，预测模型的可用性大为提高。

（3）通过不断补充模型中缺少的特异样品数据，可以使通用模型得到充分优化和完善，为整个烟草产业提供可靠的、及时的检测数据，节约大量的人力、物力、财力，提高工作效率，为烟草产业、社会创造巨大的经济效益和社会效益。

二、晾晒烟主要化学成分的近红外分析模型研究

（一）材料与方法

1. 材料、仪器

选取2005—2007年不同产地、不同品种、不同部位、不同等级的晾晒烟样品363份，抽去烟梗，将叶片放入烘箱，50℃烘干，磨成粉末，粒度为60目，水分控制在6%～10%。

全自动连续流动化学成分分析仪（法国ALLIANCE FUTURA），VERCTOR 22/N型傅立叶变换近红外漫反射光谱仪（德国Bruker），带OPUS QUANT－2定量分析软件。

2. 化学值的测定

总植物碱、总糖、还原糖、总氮、钾化学值的测定分别按行业标准YC/T 160—2002、YC/T 159—2002、YC/T 161—2002、YC/T 217—2007的方法测定。

3. 光谱采集

将制备好的晾晒烟粉末样品置于石英样品杯中，装样厚度约20mm，用重500g的压样器压上，用近红外漫反射光谱仪采集光谱数据，扫描谱区范围4 000～8 000cm^{-1}，扫描次数为64次，分辨率为8cm^{-1}。

4. 模型建立

用近红外光谱仪随机带的OPUS QUANT－2定量分析软件，采用偏最小二乘法（PLS）作为建立数学模型的化学计量学方法，建立近红外光谱与化学成分间的关系模型。通过比较样品预测值与化学值的决定系数（R^2）和交叉验证均方差（RMSECV）来衡量模型的质量。

（二）结果与分析

1. 模型优化

应用 OPUS QUANT-2 软件经过多次计算及优化，选择最佳光谱预处理方法、最佳谱区、最优主成分维数，建立了总植物碱、总糖、还原糖、总氮、钾的最佳近红外模型。在模型优化时，对同一样品集的同一组分决定系数（R^2）越大，交叉验证均方差（RMSECV）越小，即 PLS 算法所提取的光谱信息与分析组分的相关性越好，得到的模型越好，最后建立的最佳近红外数学模型其主要参数见表4-14。从表4-14所示，总植物碱、总糖、还原糖、总氮、钾的模型预测值和化学值之间呈显著的线性相关。五种成分的决定系数（R^2）分别为：97.58%、93.49%、92.36、86.96%、90.95%，交叉验证均方差（RMSECV）分别为：0.195、0.649、0.671、0.203、0.258，五种成分的决定系数（R^2）均高于86.96%，交叉验证均方差（RMSECV）均低于0.671，说明所建模型较好，近红外光谱法测定的结果与化学方法测试结果相吻合，已具有实用性。

表4-14　定量数学模型的主要参数

化学成分	总植物碱	总糖	还原糖	总氮	钾
建模样本数	363 个	339 个	333 个	354 个	357 个
含量范围（%）	0.86~7.10	0.12~19.51	0.00~18.96	1.50~4.94	0.31~4.70
谱区范围（cm^{-1}）	7 536.8~3 976.7	7 536.8~3 976	7 536.8~3 976.7	7 536.8~3 888	7 536.8~3 976.7
最佳主成分（Rank）	10	7	9	9	10
决定系数（R^2）	97.58%	93.49%	92.36%	86.96%	90.95%
交叉验证均方差（RMSECV）	0.195	0.649	0.671	0.203	0.258

2. 外部验证

选取已知化学值而未参与建模的晾晒烟样品30份，用建立的总植物碱、总糖、还原糖、总氮、钾含量的近红外数学模型进行外部验证，五种化学成分的含量范围及近红外预测值与化学值的比较结果显示，晾晒烟叶中的总植物碱、总糖、还原糖、总氮、钾的平均绝对偏差分别为0.07%、0.264%、0.437%、0.13%，平均相对偏差分别为：2.19%、6.91%、8.63%、3.56%、6.20%。从上述结果看近红外法与化学法之间的相对偏差均小于9%，表明近红外法测定总植物碱、总糖、还原糖、总氮、钾含量数学模型已具有实用价值。

从具体成分看，两种方法测定总糖、还原糖、钾之间的相对偏差均大于5%，原因可能是，晾晒烟中总糖、还原糖含量范围变化太大，多数样品含量较低，样品含量越低，测定时所产生的偏差往往越大。

近红外法只能间接测定无机元素，在实际应用中，钾的检测偏差往往显得较大。因此所建的近红外漫反射光谱法定量测定晾晒烟叶中的总糖、还原糖、钾含量的数学模型的准确度还有待进一步提高。

（三）结论

本试验中建立了应用近红外漫反射光谱法快速定量测定晾晒烟叶中的总植物碱、总糖、还原糖、总氮、钾的数学模型。该数学模型经过两年的试用，稳定性好，运用近红外法测定的结果与化学方法测试结果相吻合，测定精度达到化学分析法的精度，具有实用性。本研究结果表明，近红外光谱法测定晾晒烟叶中的总植物碱、总糖、还原糖、总氮、钾含量的操作简单，测定速度快，无需任何试剂，可在短时间内测定大量样品，检测项目还可增加，是一个有较大发展前途的绿色检测方法。但如果所测样品的年份、地区或种类超出建模范围，则需要在模型中继续加入该类晾晒烟的样品，对数学模型进一步优化验证，否则近红外光谱法预测值的精度将难于得到保证。

三、烟草薄片主要化学成分的近红外分析研究

（一）材料和方法

1. 仪器设备

Nicolet Antaris Ⅱ型傅里叶变换近红外光谱仪，配备透射分析模块和TQ analyst 7.1定量分析软件（美国赛默飞世尔公司）；AutoAnalyzer 3流动分析仪（德国BLAN + LUEBBE公司）；实验用切丝机（德国HAUNI 7型）；旋风磨（法国FOSS 1093型）；烘箱（美国PRENISION 625型）。

2. 样品与处理

不同厂家生产的薄片，其理化特性有一定差别，为兼顾模型的稳定性和检测的准确性，本实验所选用的烟草薄片样品以需要建立检测模型的某薄片制造产品为主，同时选择了一定量其他国内、国外厂家的薄片样品。样品经过烘箱40℃干燥2h，取出后冷却至室温。从样品中随机抽出1～2张剪碎至约5cm×5cm小方块，置于密封袋保存，并贴上标签待测（图4－9）。由于本实验也做了传统的薄片漫反射检测用于与透射方法进行比较，所以薄片漫反射烟丝和粉末样品处理步骤如下：样品经过烘箱40℃干燥2h，取出后冷却至室温。从样

品中随机抽出 4 ~5 张分别放入切丝机切成约 0. 1cm × 10cm 条装烟丝，将烟丝收集后于室温条件下平衡 2h，作为薄片烟丝样品进行检测；将以上的烟丝样品放入旋风磨粉碎，粉末装袋密封，室温避光放置 2h，作为薄片粉末样品用于检测。

图 4 –9　待测薄片样品

3. 数据光谱采集

从如上制备的薄片样品中随机取三张（5cm × 5cm），用透射夹套压紧，置于近红外透射模块扫描（图 4 – 10）。扫描前编制工作流程，并将仪器预热不

图 4 – 10　薄片透射示意图

少于 2h。实验室温度 22℃ ±3℃，相对湿度为 60% ±20%。透射光谱扫描参数为：光谱范围：10 000 ~ 4 000 cm^{-1}；分辨率：8 cm^{-1}；扫描次数 20 次；每取一个样品扫描一次背景，每个样品扫描 5 次，并求相应的平均光谱。用于建模的烟草薄片近红外透射原始光谱和一阶导数光谱如图 4 - 11 所示。

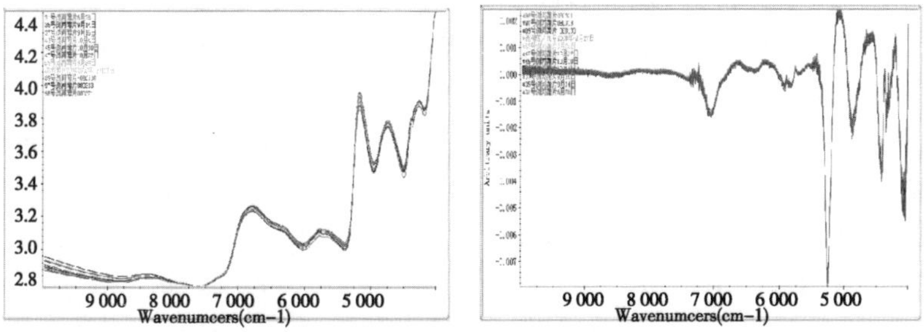

（a）原始光谱图　　（b）一阶导数图

图 4 - 11　建模烟草薄片近红外透射光谱图

4. 化学值测定

总植物碱、总糖、还原糖、总氮、钾化学值的测定分别按行业标准 YC/T 160—2002、YC/T 159—2002、YC/T 161—2002、YC/T 217—2007 的方法测定。

5. 模型建立

应用 Nicolet 公司的 TQ analyst 7.1 定量分析软件处理采集的平均光谱，采用偏最小二乘法（PLS）将近红外透射光谱与用流动值所测定的化学值进行拟合及建立模型，并对模型进行优化和检验，以确保获得数理指标最理想的数学模型。本实验采用了常用的内部交叉检验法优化模型，即每次从建模的样品集中依次剔除 1 个样品，用剩下的样品建立模型预测被剔除的 1 个样品，使所有样品都被剔除和预测过。对所有样品的预测值与其化学分析值进行统计分析后，考察预测值与化学分析值的相关系数（R）和内部交叉检验均方差（RMSECV）。

（二）结果与讨论

1. 模型校正集和验证集样品的选择

本实验的校正集主要选取了目标厂家一定时间内生产的有代表性的薄片样品 80 个，同时添加了其他生产厂家的薄片样品 20 个，校正集样品共 100 个。验证集样品主要是选取与校正集样品同一厂家、同一时间范围生产的薄片样品 15 个，验证样品不用于建模。

2. 透射光程的确定

众所周知，近红外透射是将待测样品置于作用光与检测器之间。检测器所检测到的分析光是作用光通过样品体与样品分子相互作用后的光（因而装载了样品的结构与组成信息）。基于薄片样品不是透明的溶液，光在样品中经过的路程不确定，透射光的强度与样品中组分浓度不完全符合比耳定律，所以必须对光程进行校正。在本实验室中，通过增加样品层数来改变光程。

在一定程度上薄片还存在厚度不一的现象，有的地方偏厚而有的地方偏薄，甚至还会出现太薄而造成的微孔现象，导致光直接穿过样品孔隙处而没有带样品信息。图 4－12（a）为同一样品的 8 张单层薄片透射图，由于单层薄片样品厚度不均匀，在 10 000～5 500cm^{-1}波数范围内光谱图漂移情况严重。本实验同时尝试了三层薄片（即三张薄片叠加为一组）和五层薄片（即五张薄片叠加为一组）的方法，将样品装于仪器选配的透射夹套内进行光谱扫描。图 4－12（b）的三层薄片叠加法的检测效果比较稳定，可能是因为三层叠加避免了微孔直接透光现象；五层叠加的透射光谱在低波数范围有干扰［图 4－12（c）］，可能是样品厚度过大，局部光源透不过样品所致。因此本实验采取三层薄片透射的方法来建立模型。

3. 建模参数的选择和模型性能的评价

模型质量的高低主要取决于建模校正集样品的代表性以及其相应的化学值的准确性。当然，光谱数据的预处理、最佳光谱区的范围以及主因子素等建模参数的选择也有利于加快模型的运算速度，相对地提高模型的精度和预测效果。

本实验对采集到的原始光谱进行必要的平滑和求导等数学预处理，过滤噪音、提高信噪比，消除基线漂移的干扰。从建模效果看，Karl Norris 导数平滑滤波优于 Savitzky－Golay 平滑滤波；一阶导数优于二阶导数；应用一阶导数与 Karl Norris 滤波结合处理生成的导数光谱建模，可获得理想效果。

由于不同谱区范围包含了不同特征基团的光谱信息，在确定光谱预处理方法后，考察 5 个不同谱区范围对薄片烟碱、总糖、还原糖、总氮和钾的近红外透射模型的影响，结果显示以上 5 种成分近红外模型的最佳谱区范围相同，均为 7 500～3 950cm^{-1}，表 4－15 为不同谱区范围对还原糖近红外透射模型的影响。

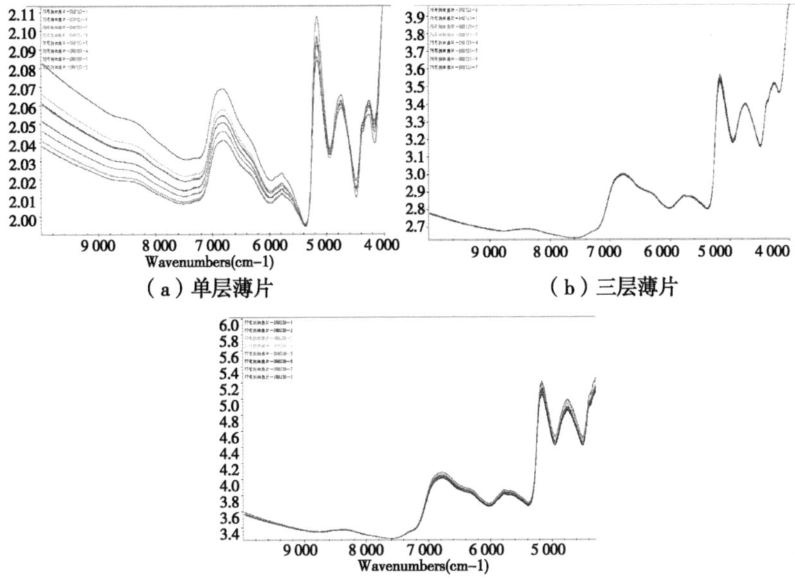

（a）单层薄片　（b）三层薄片

（c）五层薄片

图 4－12　不同层数重复扫描的烟草薄片光谱图

表 4－15　不同谱区范围对还原糖近红外透射模型的影响

谱区范围（cm^{-1}）	相关系数（R）	内部交叉检验均方差（RMSEC）
7 500 ~ 3 950	92.52	0.468
10 000 ~ 4 000	92.44	0.470
5 509 ~ 4 265	91.09	0.510
9 000 ~ 6 000	82.50	0.704
6 914 ~ 4 512	79.84	0.745

为了避免“过拟合”（即建模效果很好但预测效果很差）引入更多的噪声，建模时主因子数的选择至关重要。主因子数过少，不能及时反应未知样品被测组分产生的变化，而采用过多的主因子数建模，就会产生“过拟合”引入更多的噪音，使模型的预测能力下降。本实验采用交互检验方法，通过 F 检验来确定当预测残差平方和（predictive residual error sum of squares，PRESS）达到最小时的主因子，即最佳主因子数。图 4－13、图 4－14 和图 4－15 分别为薄片烟碱、总糖和钾的化学测定值与模型预测值的散点图和它们相应的最佳主因子与交互检验均方差（RMSEC）的关系图。

应用以上的模型参数建立的烟草薄片烟碱、总糖、还原糖、总氮和钾测定模型，经过内部交叉验证，预测值和所提供的化学值之间有较好的相关性，预测相关系数和内部预测均方差均比较理想（表4－16）。

表4－16　薄片5个成分模型的性能评价

薄片成分	模型性能评价			
	相关系数（R）	预测均方差(RMSEC)	最佳主因子数	检测范围（%）
烟碱	92.68	0.0467	9	0.54～0.97
总糖	95.75	0.434	8	5.97～11.59
还原糖	92.52	0.468	9	5.05～10.56
总氮	80.24	0.0529	4	1.10～1.50
钾	96.65	0.173	10	2.60～4.52

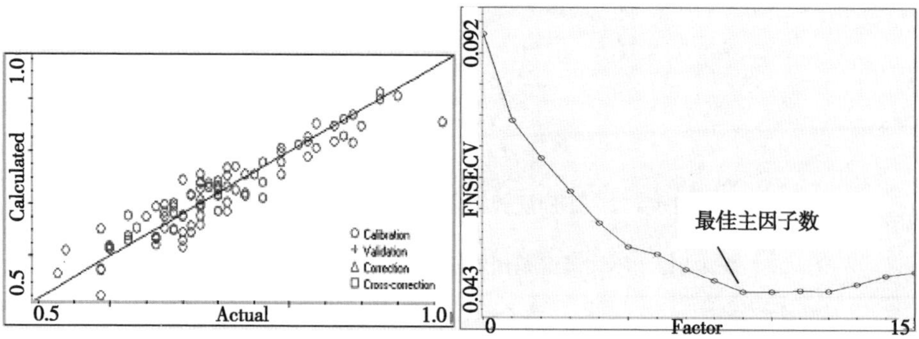

图4－13　薄片烟碱的化学测定值（Actual）与模型预测值（Calculated）的散点图和它们相应的最佳主因子（Factor）与交互检验均方差（RMSEC）的关系图

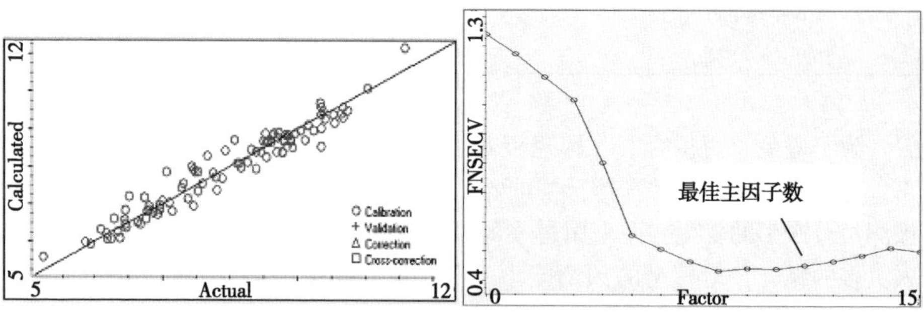

图4－14　薄片总糖的化学测定值（Actual）与模型预测值（Calculated）的散点图和它们相应的最佳主因子（Factor）与交互检验均方差（RMSEC）的关系图

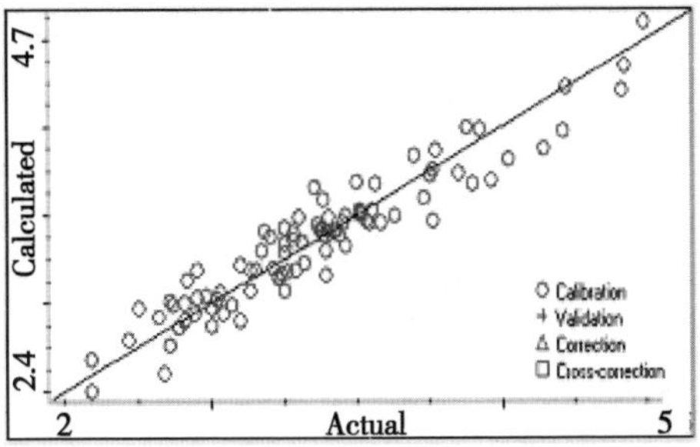

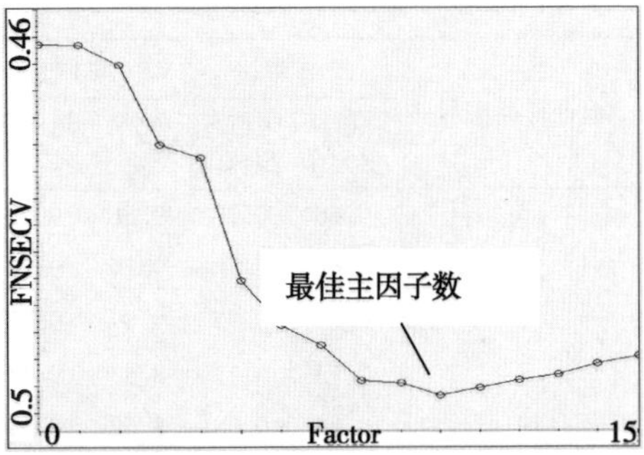

图 4－15　薄片钾的化学测定值（Actual）与模型预测值（Calculated）的散点图和它们相应的最佳主因子（Factor）与交互检验均方差（RMSEC）的关系图

4. 模型的预测效果

（1）模型预测的准确性：为了对以上建立的薄片 5 个化学成分模型的准确性进行评价，本实验随机在校正样品生产时间范围内另外选取 15 个薄片样品对以上模型进行外部验证，从表 4－17 的结果显示，15 个薄片样品烟碱、总糖、还原糖、总氮和钾的透射预测值与化学测定值基本一致。其中，总糖、还原糖、总氮和钾的模型预测平均相对偏差分别为 3.60%、4.05%、3.18% 和 5.43%，具有良好的预测效果。利用 SPSS v14.0 统计分析软件通过配对 t 检验进一步验证，在显著性水平大于 0.05 时，两种方法不存在显著性差异（查 t 分布表，当显著水平 $a=0.05$，自由度 $f=14$ 时，$t_{0.05}$，14 =2.1448)，即没有系统误差。由此可见，以上所建立的校正模型具有良好的预测能力。

目前，所建立的薄片烟碱模型预测效果没有其他模型出色，原因可能是校正集样品的烟碱含量分布过窄，而低含量烟碱的薄片样品化学检测精确度不高，影响了模型的预测效果，同时所收集的标准数量还比较有限，一定程度上也影响了模型的检测精度。

表 4－17　近红外透射预测结果与化学检测值的比较　（%）

验证样品编号	烟碱		总糖		还原糖		总氮		钾	
	化学测定值	近红外预测值	化学测定值	近红外预测值	化学测定值	近红外预测值	化学测定值	近红外预测值	化学测定值	近红外预测值
1	0.70	0.71	10.36	9.87	9.36	8.84	1.27	1.26	3.58	3.46
2	0.68	0.60	9.65	9.76	8.85	8.66	1.18	1.24	3.73	3.60
3	0.62	0.61	9.61	9.46	8.71	8.37	1.17	1.21	2.86	3.19
4	0.70	0.69	8.27	8.78	7.63	8.28	1.22	1.27	3.25	3.11

（续表）

验证样品编号	烟碱		总糖		还原糖		总氮		钾	
	化学测定值	近红外预测值	化学测定值	近红外预测值	化学测定值	近红外预测值	化学测定值	近红外预测值	化学测定值	近红外预测值
5	0.66	0.72	9.86	9.82	8.67	8.53	1.27	1.27	3.75	3.72
6	0.68	0.70	9.77	9.30	8.51	8.26	1.36	1.30	3.21	3.19
7	0.69	0.75	9.87	9.78	8.80	8.85	1.37	1.34	2.91	2.98
8	0.73	0.72	8.43	9.17	7.35	7.92	1.26	1.24	3.76	3.55
9	0.68	0.68	8.52	8.31	7.33	7.54	1.35	1.29	2.92	3.28
10	0.70	0.66	8.80	8.08	7.58	6.94	1.25	1.21	3.45	3.71
11	0.82	0.72	8.79	8.56	7.41	7.55	1.37	1.28	3.90	3.76
12	0.59	0.65	7.29	7.91	6.47	6.94	1.45	1.33	3.00	3.07
13	0.63	0.62	7.73	7.77	6.41	6.24	1.28	1.27	4.37	3.95
14	0.82	0.79	9.82	9.59	8.31	8.36	1.40	1.42	2.62	2.83
15	0.96	0.84	10.71	10.62	9.12	9.49	1.40	1.42	2.87	2.70
平均相对偏差	5.61		3.60		4.05		3.18		5.43	
平均绝对偏差	0.04		0.32		0.32		0.04		0.18	
相关系数 R	0.815		0.912		0.909		0.798		0.908	
显著水平	0.364		0.665		0.865		0.231		0.927	
t 检验值	0.939		0.442		0.173		1.253		0.094	

（2）模型预测的重复性：在前述光谱数据的采集条件下，对模型内的一个校正样品进行重复 10 次光谱采集，用建立的模型分别预测其烟碱、总糖、还原糖、总氮和钾含量，5 个化学成分模型的预测平均相对偏差都低于 5%，重复性较好，具体结果见表 4－18。

表 4－18　模型的重复性实验　（%）

采集次数	烟碱	总糖	还原糖	总氮	钾
1	0.85	10.86	9.72	1.34	2.98
2	0.82	10.87	9.67	1.32	3.05
3	0.84	11.03	9.82	1.34	3.32
4	0.84	11.09	9.96	1.35	3.13
5	0.82	10.12	8.99	1.33	2.85
6	0.87	10.73	9.63	1.33	3.37
7	0.85	10.76	9.47	1.33	3.24
8	0.87	11.05	9.94	1.37	3.30

（续表）

采集次数	烟碱	总糖	还原糖	总氮	钾
9	0.85	10.51	9.37	1.34	3.21
10	0.87	11.17	10.13	1.35	3.19
平均值	0.85	10.82	9.67	1.34	3.16
标准差	0.02	0.30	0.31	0.01	0.16
平均相对偏差	2.10	2.76	3.25	1.00	4.90

5. 模型的比较

（1）模型预测精度的比较　本实验除了尝试近红外透射技术在薄片检测中的应用外，同时也用传统的近红外漫反射检测方法，以同样的校正样品集和外部验证样品集建立预测模型和模型的评价，以此进行方法之间的比较。除本次实验的薄片透射模型外，还有用的比较成熟的薄片漫反射烟丝模型和粉末模型，各模型之间预测精度用外部验证的平均相对偏差表示，结果显示薄片透射模型的预测精度稍低于漫反射粉末和烟丝模型，数据见图 4－16。

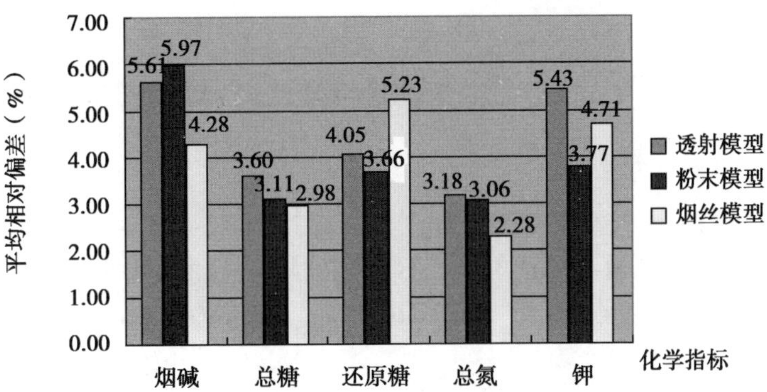

图 4－16　不同检测方法模型预测能力的比较

（2）透射检测模型的优势分析　由于漫反射检测需要前期繁琐的切丝或磨粉（见样品与处理），而样品经切丝或磨粉后因含有水分和热量而不适宜立刻检测，必须室温条件下平衡至少 2h。而透射检测模型不但省去了比较烦琐前处理工作，提高了效率，而且需要检测时可以非常快地得到结果，具有立等可取的优点，这是透射模型最大的优势。

（三）结论

以上结果表明，通过选取有代表性的薄片校正样品、采集并预处理薄片透射光谱，可以建立具有较好准确性和精密度的近红外烟草薄片透射预测模型。通过对预测模型的外部检验，近红外透射预测值与化学值结果较为一致，模型预测重复性也较好。同时与漫反射检测方法相比，虽然透射模型预测精度略低于漫反射烟丝、粉末模型，但因其省去了前处理过程，避免了因样品颗粒大小、装样条件及待检时间等给检测结果准确性带来的不确定因素，故更适合于大批量薄片样品以及需要快速得到结果的分析需求。

第二节　烟草中无机元素的近红外分析模型研究

由于无机元素对 NIR 没有明显吸收，因此一般认为无法使用 NIR 分析技术对无机元素的分析检测，但进一步的研究发现，无机盐与近红外光谱间具有衍生的复杂关系。因而可以通过近红外技术间接地检测无机元素。国外最先开始研究利用 NIR 分析技术测定烟草中的无机元素。1986 年 McClure 等发表了采用 NIR 分析技术测定无机元素的研究论文，研究结果引起了国内一些学者的兴趣，一系列基于 NIR 分析技术检测无机元素的研究成果被研究并报道出来。

一、烟草中钙、镁、铁、锰和锌的近红外分析模型研究

（一）材料与方法

1. 供试材料

收集贵州省 2004—2005 年不同烟叶种植地区的初烤烟叶样品 300 份，50℃烘干，样品磨成粉末状，粒度为 0.25mm，水分控制在 6%～10%。

2. 试验仪器

（1）傅立叶变换近红外漫反射光谱仪（德国 BRUKER 公司 VERCTOR 22/N）。

（2）原子吸收光谱仪（美国 PE 公司 AA－300 型）。

3. 化学值的测定

烟叶中钙、镁、铁、锰、锌的测定采用原子吸收法。精确称取 2g 烟末样品，样品经干式灰化后，用硝酸处理，并稀释至适当的浓度范围，用原子吸收光谱仪检测其中的钙、镁、铁、锰、锌含量，为建立 NIRS 测定烤烟中钙、镁、铁、锰、锌含量的数学模型提供标样。

4. 近红外光谱扫描

将制备好的初烤烟叶粉末样品，用 VERCTOR 22/N 型傅立叶变换近红外

光谱仪采集样品的近红外漫反射光谱图，谱区扫描范围 4 000 ~ 8 000cm⁻¹，扫描次数为 64 次，分辨率为 8cm⁻¹。

5. 数学模型的建立

采用 OPUS/QUANT - 2 定量分析软件系统（偏最小二乘法作为建立数学模型的化学计量学方法）建立近红外光谱与化学成分间的关系模型，并通过比较样品预测值与化学值的决定系数（R^2）和交叉验证均方差（RMSECV）来衡量模型的质量。

6. 初烤烟叶中钙、镁、铁、锰、锌含量近红外快速预测模型的验证

选取已知化学值而未参与建模的样品 40 份，用这些样品对已建模型进行预测性能的验证分析。

（二）结果与讨论

1. 烤烟近红外定量分析模型的建立

从 300 个经化学检测方法检测过的烤烟样品中，按产地、部位、等级及成分含量的高、中、低挑选一定量具有代表性的样品，其样品量、含量范围见表 4 - 19，按一一对应原则，用 OPUS/QUANT - 2 定量分析软件，建立相应的数学模型。经过多次计算并应用软件中的自动优化功能，选择最佳光谱预处理方法、最佳谱区、最优主成分维数，以寻找建立数学模型的最佳条件。在模型优化时，对同一样品集的同一组分决定系数（R^2）越大，标准偏差（RMSECV）越小，即 PLS 算法所提取的光谱信息与分析组分的相关性越好，得到的模型越好，最后建立的最佳近红外数学模型其主要参数如表 4 - 19 所示。近红外预测值和化学化学值之间的相关图见图 4 - 17 至图 4 - 21。

由图 4 - 17 至图 4 - 21 和表 4 - 19 可见，钙、镁、铁、锰、锌模型预测值和化学值之间呈显著的线性相关。钙、镁、铁三种成分模型的决定系数（R^2）均高于 90.50%，交叉验证均方差（RMSECV）均低于 0.160，说明所建模型较好；而锰、锌的决定系数（R^2）分别为 77.42%、80.17%，交叉验证均方差（RMSECV）为 0.0416、5.03，说明所建模型的精度还有待提高。

表 4 - 19　5 种成分定量数学模型的主要参数

化学成分	Ca	Mg	Fe	Mn	Zn
建模样本数	214 个	214 个	126 个	150 个	157 个
含量	1.09% ~ 3.86%	0.13% ~ 1.29%	0.09 ~ 1.40g/kg	0.04 ~ 0.46g/kg	8.23 ~ 67.24mg/kg
谱区（cm^{-1}）	7625.5 ~ 3976.7	7394.1 ~ 3830.1	7185.8 ~ 3992.1	7625.5 ~ 3976.7	7625.5 ~ 3976.7

（续表）

化学成分	Ca	Mg	Fe	Mn	Zn
最佳主成分（Rank）	9	10	8	7	7
决定系数 R^2	90.50%	94.95%	91.39%	77.42%	80.17%
交叉验证均方差 RMSECV	0.16	0.0475	0.0813	0.0416	5.03

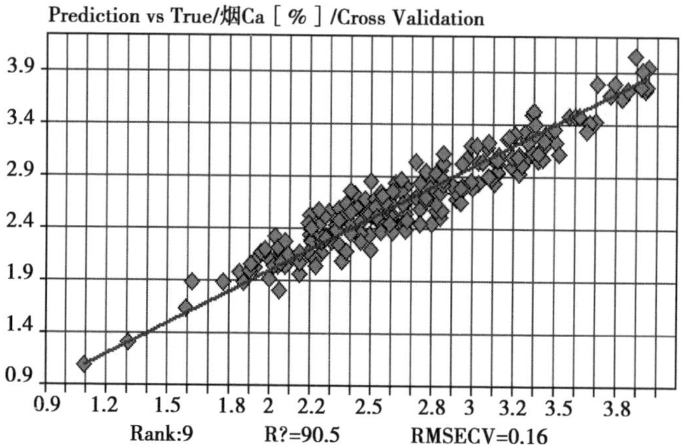

图 4－17　初烤烟叶中钙含量的化学值与预测值的关系

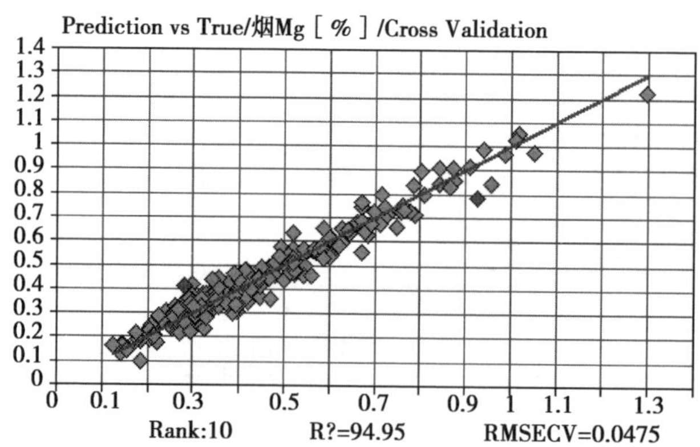

图 4－18　初烤烟叶中镁含量的化学值与预测值的关系

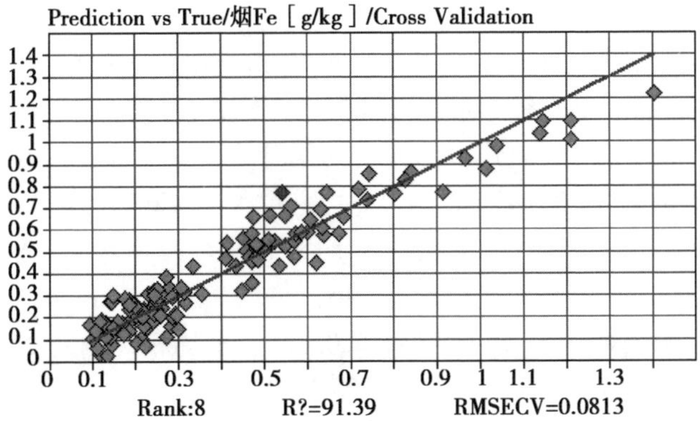

图 4－19　初烤烟叶中铁含量的化学值与预测值的关系

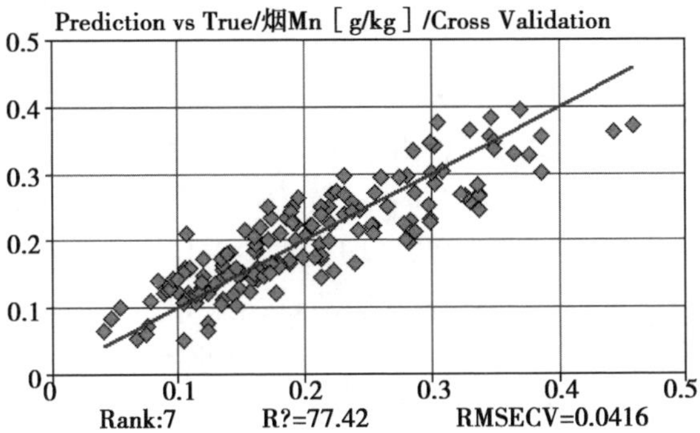

图 4－20　初烤烟叶中锰含量的化学值与预测值的关系

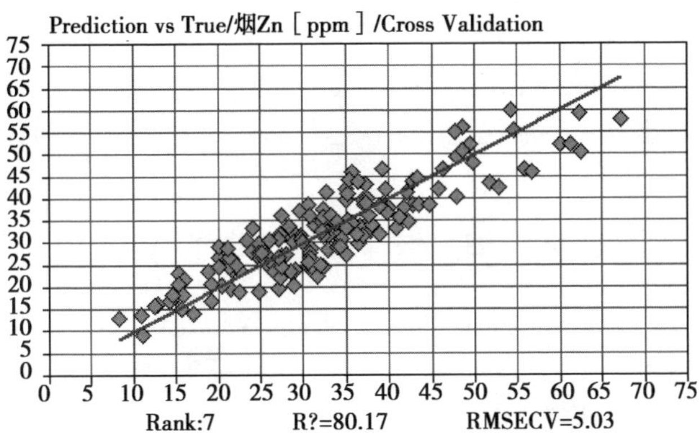

图 4－21　初烤烟叶中锌含量的化学值与预测值的关系

2. 模型外部验证

为了检验模型的预测能力，随机抽取40份未参与建模的烟叶样品，对所建立的钙、镁、铁、锰、锌的近红外模型进行检验，并将近红外预测值与化学值作比较，结果（表4－20）显示，初烤烟叶中的钙含量的变化为1.09%～3.86%，平均绝对差0.18，平均相对偏差为6.22%；镁含量的变化为0.15%～0.79%，平均绝对差0.03，平均相对偏差为9.79%；铁含量的变化为0.092～0.841g/kg，平均绝对差0.036，平均相对偏差13.49%；锰含量的变化为0.074～0.386g/kg，平均绝对差0.029，平均相对偏差14.42%；锌的含量的变化为15.32～54.61mg/kg，平均绝对差4.04，平均相对偏差为14.26%。从上述结果看近红外法与化学法之间的平均相对偏差均小于15%，表明钙、镁、铁、锰、锌的近红外数学模型已具有一定的实用价值。

（三）结论

试验建立了运用近红外漫反射光谱法定量测定初烤烟叶中部分无机元素含量的数学模型。从近红外模型评价指标及外部验证看，钙、镁两种成分预测模型的决定系数（R^2）均高于90.50%，交叉验证均方差（RMSECV）均低于0.160，近红外预测值与化学值间的平均相对偏差均小于10%，说明所建模型较好，近红外法测定的结果与化学方法测试结果相吻合，已具有一定的实用性，可用近红外漫反射光谱法快速定量测定初烤烟叶中的钙、镁含量。所建的铁、锰、锌近红外预测模型，决定系数（R^2）分别为91.39%、77.42%、80.17%，交叉验证均方差（RMSECV）分别为0.0813、0.0417、5.03，近红外预测值与化学值间的平均相对偏差小于15%，其模型也具有一定的实用性，但由于铁、锰、锌含量较低（属中微量元素），在实际检测中仍显误差较大，因此所建的近红外漫反射光谱法定量测定初烤烟叶中的铁、锰、锌含量数学模型的精度还有待提高，目前仅可用来快速预测初烤烟叶样品中的铁、锰、锌含量趋势。

二、杀青烟叶中氮、钾、钙、镁的近红外分析模型研究

杀青烟叶是指非正常烘烤的烟叶，通过高温杀青处理使鲜烟叶失去酶活性，其营养成分不再积累、转化。通过杀青处理研究烟叶在生长过程中的烟叶品质的变化，在烟草研究中起着重要作用。

（一）　材料与方法

仪器设备：VERCTOR 22/N（布鲁克光谱仪器公司）

表 4-20 化学值与预测值结果比较

样品编号	Ca（%）			Mg（%）			Fe（g/kg）			Mn（g/kg）			Zn（mg/kg）		
	化学值	预测值	绝对差	化学值	预测值	绝对差	化学值	预测值	绝对差	化学值	预测值	绝对差	化学值	预测值	绝对差
1	3.86	3.97	-0.11	0.28	0.33	-0.05	0.550	0.521	0.029	0.201	0.198	0.004	40.03	36.35	3.68
2	3.79	4.02	-0.23	0.32	0.35	-0.03	0.222	0.226	-0.004	0.255	0.272	-0.017	42.75	37.76	4.99
3	3.25	3.54	-0.29	0.42	0.30	0.12	0.205	0.207	-0.002	0.214	0.160	0.054	39.73	36.25	3.48
4	3.33	3.72	-0.39	0.34	0.29	0.05	0.569	0.628	-0.059	0.119	0.119	0.000	36.45	33.2	3.25
5	2.76	2.67	0.09	0.19	0.19	0.00	0.502	0.518	-0.016	0.163	0.190	-0.027	25.99	31.46	-5.47
6	2.92	2.71	0.21	0.33	0.35	-0.02	0.235	0.247	-0.012	0.108	0.117	-0.009	28.33	33.62	-5.29
7	2.35	2.77	-0.42	0.72	0.71	0.01	0.209	0.289	-0.080	0.308	0.298	0.010	37.37	35.45	1.92
8	3.26	3.32	-0.06	0.48	0.43	0.05	0.131	0.163	-0.032	0.330	0.253	0.077	33.98	28.56	5.42
9	3.42	3.68	-0.26	0.60	0.61	-0.01	0.639	0.572	0.067	0.345	0.346	0.000	36.62	32.3	4.32
10	3.61	3.71	-0.10	0.28	0.31	-0.03	0.684	0.662	0.022	0.212	0.171	0.041	29.5	36.77	-7.27
11	2.29	2.54	-0.25	0.19	0.24	-0.05	0.295	0.229	0.066	0.272	0.208	0.064	44.67	37.76	6.91
12	2.93	2.81	0.12	0.73	0.64	0.09	0.169	0.186	-0.017	0.297	0.257	0.040	27.41	24.84	2.57
13	3.84	3.78	0.06	0.19	0.21	-0.02	0.467	0.530	-0.063	0.302	0.336	-0.034	34.98	36.42	-1.44
14	3.12	2.96	0.16	0.34	0.35	-0.01	0.264	0.253	0.011	0.278	0.227	0.051	24.87	29.08	-4.21
15	2.92	2.77	0.15	0.48	0.47	0.01	0.261	0.254	0.007	0.220	0.190	0.030	31.05	29.64	1.41
16	2.47	2.67	-0.20	0.40	0.51	-0.11	0.296	0.167	0.129	0.186	0.228	-0.042	31.67	24.59	7.08
17	2.77	2.93	-0.16	0.26	0.37	-0.10	0.249	0.268	-0.019	0.386	0.348	0.038	47.87	47.67	0.20
18	3.12	3.09	0.03	0.44	0.45	-0.01	0.153	0.208	-0.055	0.330	0.361	-0.031	25.63	27.59	-1.96
19	3.41	2.94	0.47	0.42	0.44	-0.03	0.232	0.211	0.021	0.242	0.201	0.041	28.54	27.58	0.96
20	2.29	2.33	-0.04	0.56	0.57	0.00	0.129	0.130	-0.001	0.223	0.143	0.080	28.92	34.46	-5.54
21	3.27	3.15	0.12	0.51	0.56	-0.05	0.124	0.164	-0.040	0.191	0.233	-0.042	30.74	32	-1.26
22	2.51	2.53	-0.02	0.54	0.51	0.03	0.524	0.534	-0.010	0.213	0.251	-0.038	38.95	41.08	-2.13

（续表）

样品编号	Ca（%）			Mg（%）			Fe（g/kg）			Mn（g/kg）			Zn（mg/kg）		
	化学值	预测值	绝对差	化学值	预测值	绝对差	化学值	预测值	绝对差	化学值	预测值	绝对差	化学值	预测值	绝对差
23	3.23	2.91	0.33	0.45	0.39	0.06	0.220	0.229	-0.009	0.157	0.144	0.013	15.32	25.07	-9.75
24	3.19	3.10	0.09	0.15	0.18	-0.03	0.100	0.119	-0.019	0.213	0.158	0.055	32.9	28.12	4.78
25	2.99	2.87	0.13	0.30	0.26	0.04	0.250	0.214	0.036	0.214	0.187	0.027	22.54	26.48	-3.94
26	3.54	3.10	0.44	0.55	0.48	0.07	0.314	0.275	0.039	0.163	0.166	-0.003	21.46	19.73	1.73
27	2.46	2.97	-0.51	0.18	0.24	-0.06	0.510	0.588	-0.078	0.349	0.345	0.004	24.81	18.72	6.09
28	2.52	2.22	0.31	0.66	0.73	-0.07	0.178	0.139	0.039	0.209	0.165	0.044	30.94	23.95	6.99
29	2.33	2.44	-0.11	0.26	0.28	-0.02	0.244	0.190	0.054	0.287	0.291	-0.004	32.16	35.94	-3.78
30	2.09	2.13	-0.04	0.18	0.24	-0.06	0.603	0.554	0.049	0.182	0.201	-0.019	33.88	33.05	0.83
31	1.09	1.08	0.01	0.33	0.35	-0.03	0.487	0.427	0.060	0.093	0.123	-0.030	27.33	23.37	3.96
32	2.34	2.53	-0.19	0.32	0.32	-0.01	0.092	0.129	-0.037	0.193	0.196	-0.003	36.97	30.09	6.88
33	2.72	2.69	0.04	0.37	0.35	0.02	0.137	0.147	-0.010	0.240	0.179	0.061	28.35	31.61	-3.26
34	2.59	2.46	0.13	0.22	0.17	0.05	0.588	0.575	0.013	0.076	0.096	-0.020	20.15	28.53	-8.38
35	2.33	2.37	-0.04	0.21	0.23	-0.03	0.308	0.366	-0.058	0.146	0.166	-0.020	54.61	57.23	-2.62
36	2.03	2.12	-0.09	0.79	0.77	0.01	0.149	0.206	-0.057	0.070	0.080	-0.010	33.29	36.16	-2.87
37	2.9	2.85	0.05	0.67	0.65	0.02	0.841	0.856	-0.015	0.100	0.102	-0.002	35.79	36.01	-0.22
38	1.93	2.11	-0.18	0.32	0.31	0.01	0.610	0.655	-0.045	0.161	0.204	-0.043	21.16	29.36	-8.20
39	2.4	2.57	-0.17	0.68	0.66	0.02	0.741	0.729	0.012	0.129	0.121	0.008	37.37	41.74	-4.37
40	2.61	2.81	-0.20	0.35	0.37	-0.02	0.827	0.865	-0.038	0.125	0.090	0.035	35.09	33.06	2.03
平均绝对差	0.18			0.03			0.036			0.029			4.04		
平均相对偏差（%）	6.22			0.03			13.49			14.42			14.26		
预测标准差	0.217			0.048			0.0447			0.0389			4.69		

注：相对偏差（%）＝（化学测定值－近红外预测值）/化学测定值×100

软件：OPUS QUANT－2（布鲁克光谱仪器公司）

样品：104 份烟草杀青样品，研磨成粉末，粒度为 60 目。

光谱扫描方法：用镀金的漫反射体作背景，谱区范围：4 000～8 000 cm^{-1}，分辨率为 8cm^{-1}，扫描次数为 64 次。

化学值的测定：采用 YC/T 31—1996、YC/T 173—200、YC/T 174—2003、YC/T 175—2003 规定的方法分别测定烟草粉末样品中的总氮、钾、钙、镁的含量。

（二）　结果与讨论

1. 杀青烟叶近红外定量分析模型的建立

总氮用 125 个杀青烟叶样品建立近红外数学模型，钾、钙、镁分别用 104 个杀青烟叶样品建立近红外数学模型，然后用 OPUS 软件的自动优化功能分别进行优化，得出其近红外模型的各项数理指标（表 4－21）。近红外预测值与化学值之间的散点图见图 4－22、图 4－23、图 4－24、图 4－25。

表 4－21　杀青烟叶中四种化学成分近红外模型数理指标

化学成分	含量（%）	最佳主成分维数	决定系数（R^2）（%）	均方差（RMSECV）
总氮	0.91～5.4	11	98.27	0.12
钾	0.61～6.69	14	94.42	0.406
钙	1.02～5.26	11	98.55	0.147
镁	0.09～0.54	16	94.31	0.0261

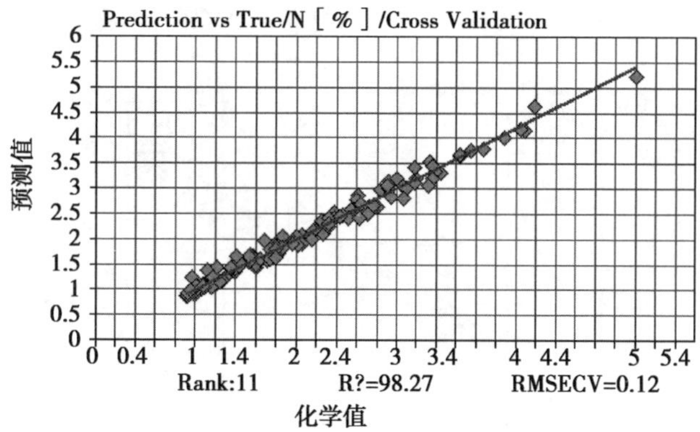

图 4－22　总氮校正集近红外预测值与化学值散点图

模型建立后，需要对模型进一步优化，剔除建模样品中的异常样品，提高

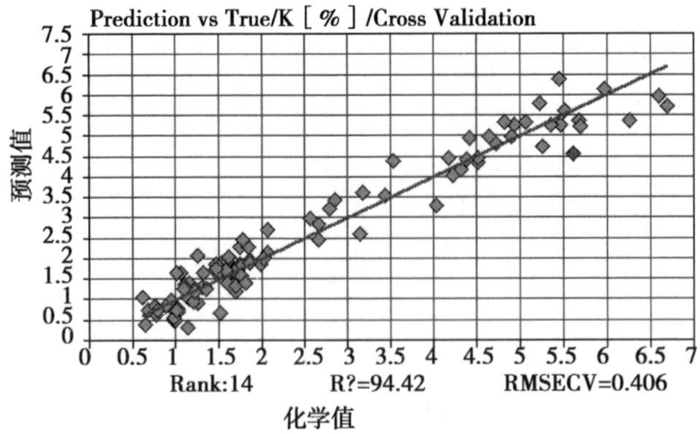

图 4－23　钾校正集近红外预测值与化学值散点图

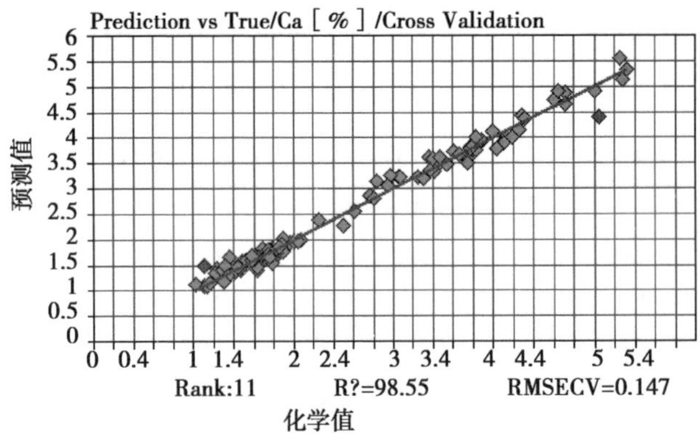

图 4－24　钙校正集近红外预测值与化学值散点图

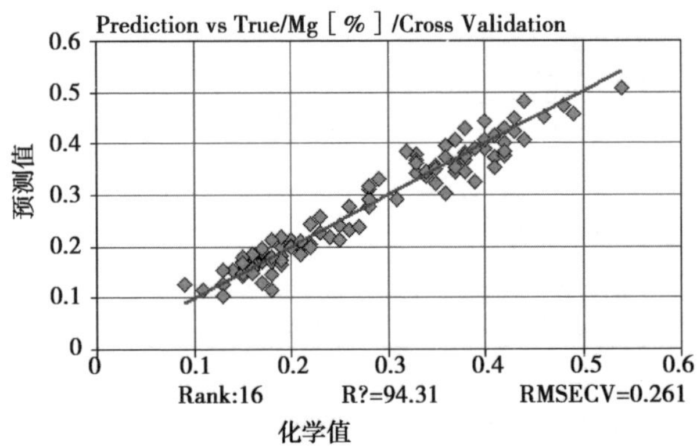

图 4－25　镁校正集近红外预测值与化学值散点图

建模数据的有效信息率，以提高模型的稳定性和可靠性。对同一样品集的同一组分决定系数（R^2）越大，均方差（RMECV）越小，即PLS算法所提取的光谱信息与分析组分的相关性越好，得到的模型越好。从表4－21可知，四种化学成分近红外模型的决定系数（R^2）均高于94.31%，均方差（RMSECV）均低于0.406，说明得到的近红外模型较好。

2. 定量分析模型的检验

为了检验定量分析模型的预测能力，总氮、钾、钙、镁的近红外模型分别用32、26、26、26个未知样品进行外部检验，预测值与化学值的比较结果见表4－22。总氮、钾、钙、镁外部验证的决定系数（R^2）分别为97.73%、89.62%、98.07%、91.82%，均方差（RMSECV）分别为0.155、0.45、0.175、0.0341。外部验证检验集测定值与化学值的散点图见图4－26、图4－27、图4－28、图4－29。

表4－22　近红外预测值与化学值比较结果

化学成分	平均相对偏差（%）
总氮	5.0
钾	19.3
钙	5.8
镁	8.9

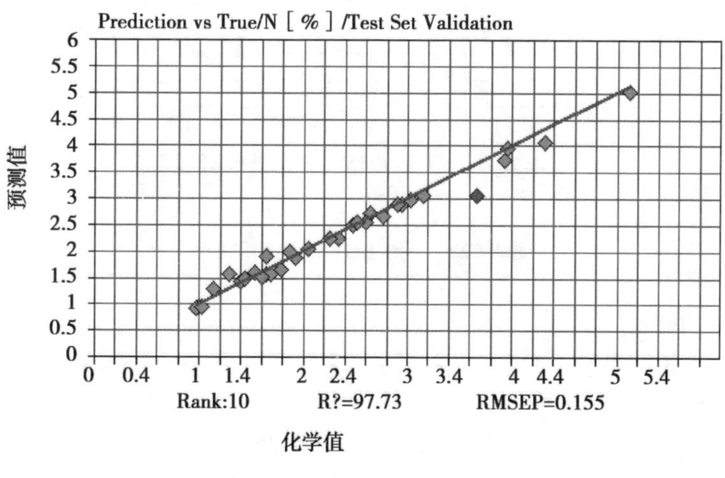

图4－26　总氮含量外部验证相关图

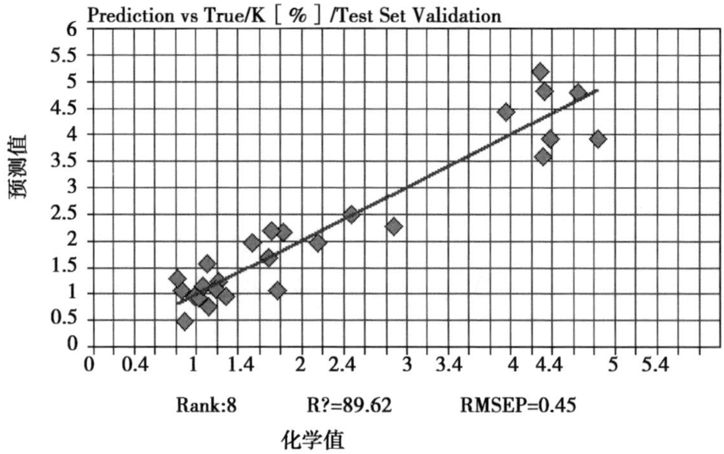

图 4 – 27　钾含量外部验证相关图

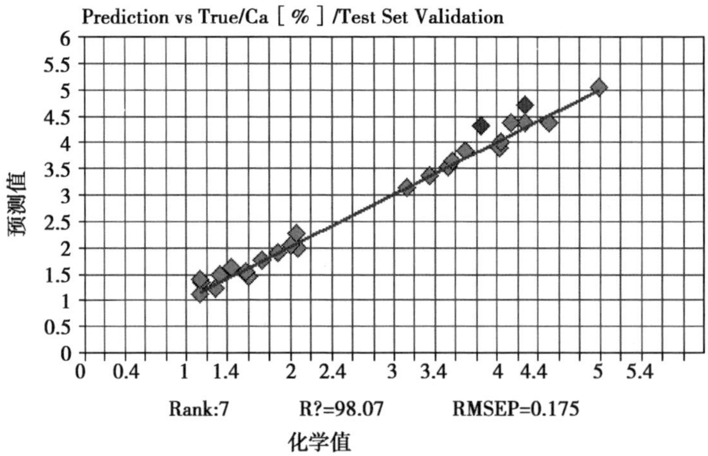

图 4 – 28　钙含量外部验证相关图

(三) 结论

1. 从分析结果看，总氮、钾、钙、镁近红外模型的预测值与化学值的平均相对偏差分别为 5.0%、19.3%、5.8%、8.9%，可见钾的相对偏差较大；总氮和钙的近红外值与化学值差异较小；镁的测试精度需进一步提高。

2. 用近红外测定杀青烟叶中化学成分，具有其独特的优点，简单、方便、无需对样品进行化学预处理，且一次测定多个样品的含量，是一个较有发展前途的新方法。

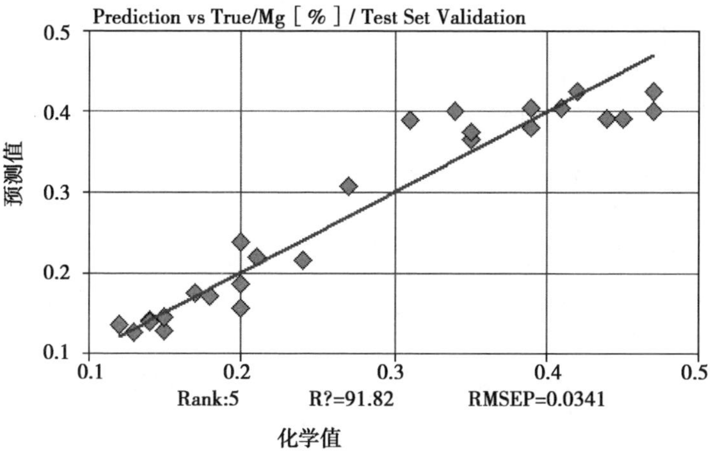

图 4-29　镁含量外部验证相关图

三、烟草根中氮、钾、钙、镁的近红外分析模型研究

（一）材料与方法

1. 材料与仪器

试验样品采自中国农业科学院试验场的 62 个烟草根部样品。

VERCTOR 22/N 型傅立叶变换近红外光谱仪（德国布鲁克光谱仪器公司），随机配备计算机分析软件 OPUS QUANT-2；立鹤牌 302 型烘箱（山东潍坊）；CSM-1 粉碎机（北京一轻研究所和国家饲料质量监督检验中心共同研制）。

2. 方法

（1）样品处理　将烟草根样品置于烘箱中，55℃下干燥约 4h。取出，用粉碎机粉碎，过 60 目筛。室温下放置 4h。

（2）光谱采集　取约 50g 烟草根粉末，置于石英测量杯中，用 540g 压样器将烟末压实，放入近红外光谱仪的漫反射旋转台内扫描，扫描条件为：分辨率：$8cm^{-1}$，扫描次数：64 次，谱区范围：4 000 ~ 8 $000cm^{-1}$（室温 24℃，湿度 60%）。

（3）化学值测定　采用 YC/T 31—1996、YC/T 173—200、YC/T 174—2003、YC/T 175—2003 规定的方法分别测定烟粉样品中的氮、钾、钙、镁的

含量。

（4）模型建立　采用随机软件（OPUS QUANR－2 定量分析软件）中偏最小二乘法，将得到的烟末样品的 NIR 光谱及其 N、K、Ca 和 Mg 含量的分析数据进行关联、转换、回归计算（一阶或二阶导数），建立烟草根中氮、钾、钙、镁的 NIR 数学预测模型。

（二）结果与分析

1. 数学模型的评价

建立模型后，采用内部交叉验证对模型进行验证，主要考察预测值与化学值相关的决定系数（R^2）和均方差（RMSECV）。再根据 R^2 和 RMSECV 值的大小对模型进行优化，对同一组样品的同一组分 R^2 越大，RMSECV 越小，PLS 算法所提取的光谱信息与分析组分的相关性越好，得到的模型越好。从表 4－23 可知，当最佳主成分维数（Rank）值分别为 10、11、16、13 时，RMSECV 最小，R^2 最大，最有利于样品预测。在以上条件下，数学模型经内部交叉验证，烟末样品中这 4 种元素的 NIR 预测值和化学测定值具有较好的相关性（图 4－30）。

表 4－23　烟草根中 4 项品质参数内部交叉验证的决定系数（R^2）和均方差（RMSECV）

元素	R^2（%）	RMSECV	最佳主成分维数（Rank）
氮	96.35	0.0595	10
钾	93.58	0.145	11
钙	97.25	0.0577	16
镁	97.27	0.0186	13

2. 模型的可靠性检验

为了检验定量分析模型的预测可靠性，用该模型分别预测了 20 个未知样品的氮、钾、钙、镁含量，并与采用常规化学分析方法测定的这 20 个未知样品的 4 种元素含量进行了比较，结果见表 4－24。从表 4－24 看出近红外预测值与化学值的差异，总氮的平均相对偏差为 4.8%，说明近红外与标准方法测量值差异较小，模型预测能力较好；钙和镁的平均相对偏差略大，分别为 7.6% 和 8.0%，若能提高标样的测试精度及数量，相对偏差会进一步减小；钾的平均相对偏差稍大一些。

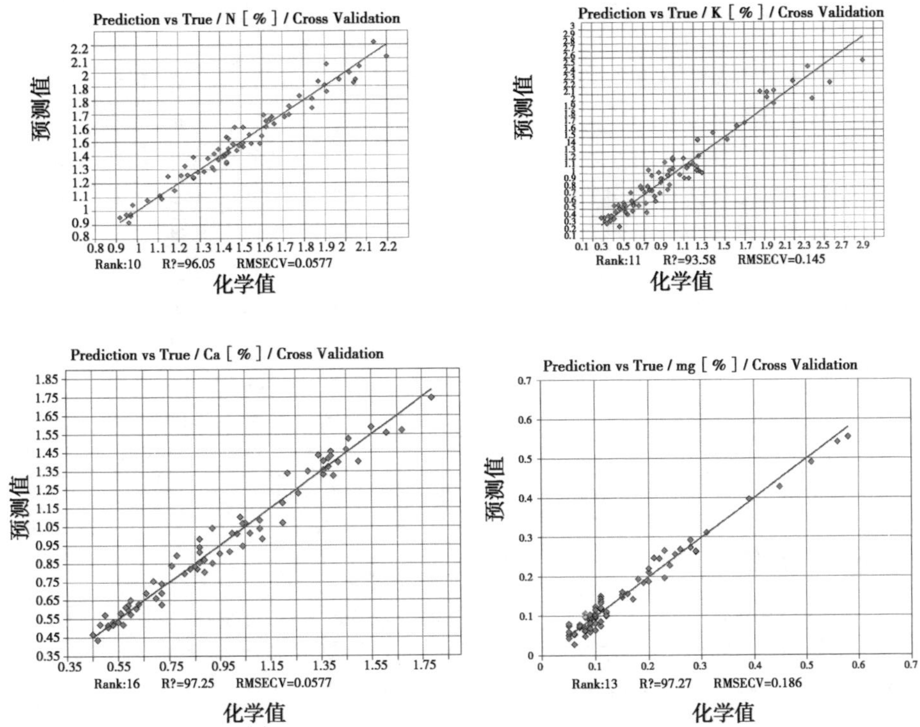

图 4-30　氮、钾、钙、镁校正集近红外预测值与化学值散点图比较

表 4-24　氮、钾、钙、镁的预测值与化学值比较　　（%）

编号	钾			钙			镁			总氮		
	预测值	化学值	相对偏差＊	预测值	化学值	相对偏差＊	预测值	化学值	相对偏差＊	预测值	化学值	相对偏差＊
1	0.87	0.56	0.55	0.45	0.45	0.00	0.06	0.06	0.03	1.28	1.26	0.02
2	0.81	1.15	0.30	0.44	0.49	0.10	0.06	0.06	0.02	1.25	1.42	0.12
3	0.91	0.77	0.18	0.61	1.20	0.50	0.09	0.11	0.14	1.02	1.02	0.00
4	1.07	1.19	0.10	0.55	0.52	0.05	0.07	0.05	0.32	0.92	0.94	0.02
5	0.83	0.90	0.08	0.48	0.50	0.04	0.07	0.05	0.34	0.84	0.86	0.03
6	1.94	1.72	0.13	1.56	1.57	0.00	0.49	0.50	0.01	1.72	1.66	0.06
7	1.48	1.46	0.01	1.37	1.43	0.04	0.40	0.39	0.05	1.68	1.71	0.01
8	1.08	1.09	0.01	1.25	1.33	0.06	0.28	0.30	0.08	1.34	1.51	0.11
9	0.91	1.03	0.12	1.31	1.37	0.05	0.30	0.33	0.09	1.42	1.62	0.13
10	0.91	1.04	0.13	1.34	1.37	0.02	0.30	0.31	0.06	1.32	1.54	0.14
11	0.80	0.92	0.13	1.57	1.49	0.05	0.30	0.31	0.04	1.30	1.20	0.08

（续表）

编号	钾			钙			镁			总氮		
	预测值	化学值	相对偏差*	预测值	化学值	相对偏差*	预测值	化学值	相对偏差*	预测值	化学值	相对偏差*
12	0.83	0.80	0.04	1.38	1.40	0.02	0.24	0.23	0.06	1.16	1.16	0.00
13	0.90	0.86	0.05	1.61	1.58	0.02	0.25	0.25	0.03	1.21	1.20	0.01
14	0.81	0.80	0.01	1.44	1.42	0.01	0.24	0.21	0.16	1.26	1.24	0.02
15	0.82	0.83	0.02	1.27	1.14	0.11	0.20	0.20	0.02	1.14	1.16	0.01
16	0.86	0.90	0.05	1.63	1.48	0.10	0.29	0.28	0.04	1.39	1.36	0.02
17	1.26	1.24	0.02	1.76	1.54	0.15	0.30	0.31	0.03	1.66	1.78	0.07
18	1.15	1.13	0.02	1.35	1.39	0.03	0.22	0.23	0.05	1.87	1.88	0.00
19	1.11	1.09	0.02	0.96	1.10	0.13	0.17	0.17	0.04	1.72	1.61	0.07
20	1.21	1.20	0.01	1.09	1.14	0.04	0.18	0.18	0.00	1.62	1.69	0.04
平均值	0.098			0.076			0.080			0.048		

注：相对偏差（%）=（| 预测值－化学值 | /化学值）×100

（三）结论

建立了烟草根中氮、钾、钙、镁含量的近红外预测模型，其 R^2 都大于 93%，RMSECV 都小于 0.15，预测值与化学值的平均相对偏差分别为 4.8%、9.8%、7.6%、8.0%。总体来看，本方法与标准方法的测量差异较小，可以用于预测烟草根中这 4 种化学成分的含量。需要指出的是，由于受收集材料的限制，本试验建模所用的标准样品数量还不够大，类型单一，特别是钾和镁的含量不均匀，低含量样品较集中，以及一些常规分析精度还不够高，这也是造成预测误差较大的因素。如果增加建模样品的数量、范围和类型，肯定会进一步提高所建模型的预测准确性、稳定性和适用范围。

第三节　烟草中淀粉、多酚和色素的近红外分析模型研究

一、初烤烟叶中淀粉的近红外分析模型研究

（一）材料与方法

1. 材料与仪器

选用国内外不同产地、不同等级的烟草样品，等级主要为 X2F、C3F、B2F。Aataris Ⅱ FT－NIR 光谱仪（Thermo Fisher 公司），配有积分球漫反射采样

系统，Result 操作软件，TQ Analyst 8.0 分析软件；UV－2201 型紫外可见分光光度计（日本岛津公司）；CS0－I 旋风式植物粉碎机（北京市粮食研究所）；BS 124S 型电子分析天平（德国 Sartorius 公司）。

2. 方法

（1）样品制备　按照 YC/T31—1996《烟草及烟草制品　试样的制备和水分测定》规定制备烟草样品。从烟叶样品中随机抽取一部分烟叶，用软毛刷刷去烟叶表面的尘土和细沙，抽去主筋，将烟叶剪成片或切成丝。放入干燥箱中，在不高于40℃条件下烘干，直至可用手捻碎。取出烘好的烟叶，马上放入植物粉碎机研磨，研磨时间不超过2min。然后过60 目筛，未过筛的细脉重新研磨过筛。

（2）淀粉化学值测定　样品中淀粉的化学值采用高氯酸提取－碘显色法进行测定。烟叶样品采用40%的高氯酸提取，滤液分别加入 KI 与 KIO3 进行显色，采用紫外可见分光光度计在 580nm 测定。所选样品淀粉含量为0.49%～12.8%。

（3）样品近红外光谱采集　称取烟末样品15g，装入样品杯中，并用压样器压平，利用积分球漫反射采样系统采集 NIR 光谱，得到各样品的烟末光谱。

采集条件：以仪器内置背景为参比，波数：10 000～3 800cm^{-1}，扫描次数：64 次，分辨率：8cm^{-1}。实验室温度控制在20～24℃。

淀粉建模样品540 个，验证样品50 个。

（4）建立模型及检验　应用 TQ Analyst 8.0 分析软件中的偏最小二乘（PLS）回归算法，把采集的近红外漫反射光谱数据与标准方法测定淀粉的化学值，采用留一（leave－one－out）交叉验证法进行建模。模型质量检验时先用内部验证对模型的质量进行评价，然后用未知样品集作外部验证，检验模型的预测能力。通常以校正集样品的交叉验证相关系数（R）和均方差（RMSECV）为指标优化光谱预处理方法和模型参数，确定最佳预测模型，相关系数（R）越接近100%，均方差（RMSECV）越小，表示预测值越接近化学值，拟合效果更好，越有利于模型的预测。

（二）结果与分析

1. 谱区范围的选择及光谱数据预处理

烟草近红外吸收光谱在4 000～8 000cm^{-1}区域信号较强，信息量丰富。因此，建模时选取不同的谱区范围，优化选择有效信息量高的淀粉建模谱区，并通过光谱求导和平滑的方式消除基线漂移和随机噪声等的干扰，从而更细致地反映样品的光谱特征，提高光谱的分辨率和灵敏度。试验中一阶导数比二阶导数数据预处理效果好，更好地消除了基线漂移和随机噪声的干扰，因此本试验选择一阶导数作为淀粉模型光谱数据预处理方法。表4－25为不同谱区的光谱信息建立校正模型时相关系数R和均方差（RMSECV）。结果表明谱区7 836.02～3 893.62cm^{-1}得到了更高的相关系数及较低的预测均方差，因此试验选择这一谱区作为淀粉模型最佳谱区范围。

表4－25　不同谱区范围对RMSECV的影响

谱区范围（cm^{-1}）	校正模型 相关系数（R）	校正均方差 （RMSEC）	预测均方差 （RMSEP）	交叉验证均方差 （RMSECV）
4 000～8 000	0.971 92	0.320	0.364	0.344（14）
7 508.76～6 436.80， 6 011.36～4 224.52	0.981 86	0.285	0.340	0.341（15）
7 836.02～3 893.62	0.992 80	0.269	0.302	0.332（14）

2. 模型的优化

模型建立以后，需要剔除建模样品中的异常样品，提高建模数据的有效信息率，以提高模型的稳定性和可靠性，在剔除异常值的过程中进一步优化模型。另外，在建立定量校正模型过程中，为了充分利用光谱信号的有效信息，同时避免“过拟合”现象，需对主因子数进行合理选择。同时应用交互验证方法，通过最佳主因子数的选择，优化模型，直到获得最佳预测模型。表4－26、图4－31为淀粉模型经TQ Analyst软件优化得的各项数理指标及模型化学值与预测值的散点图，结果表明当主因子数为14时，模型预测的RMSECV值（0.328）最小，相关系数R最大，达到0.99以上，说明模型的预测值与化学测定值最接近，最有利于样品的预测。由此建立的初烤烟叶中淀粉含量的预测值与化学测定值之间具有较好的相关性。

表4－26　淀粉校正模型的数理指标

谱区（cm^{-1}）	校正模型 相关系数（R）	校正均方差 （RMSEC）	预测均方差 （RMSEP）	交叉验证均方差 （RMSECV）
7 836.02～3 893.62	0.991 62	0.269	0.297	0.328（14）

3. 定量分析模型的检验

用50个未知样品进行淀粉外部检验，来检验定量分析模型的预测能力。结果显示，淀粉模型外部验证样品预测值与化学值之间的平均相对偏差为

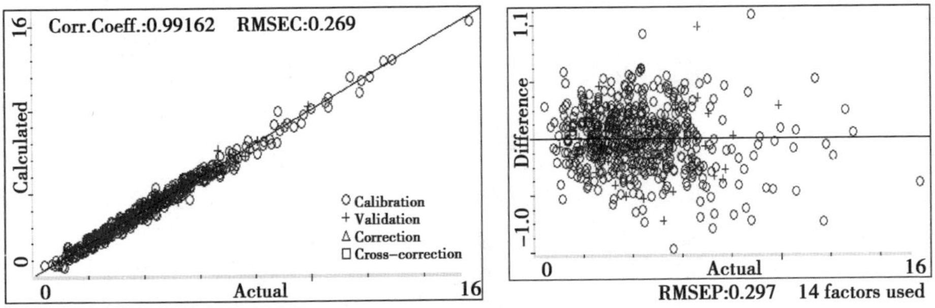

图 4-31 淀粉的化学值与模型预测值的散点图

4.39%。外部验证的相关系数（R）为 97.42%，预测均方差（RMSEP）为 0.297。外部验证检验集预测值与化学值的散点图见图 4-31。预测值与化学值的比较见表 4-27。

表 4-27 烟草中淀粉预测值与化学值比较 （%）

样品编号	化学值	预测值	绝对差	相对偏差
1	5.24	4.86	-0.38	7.25
2	2.5	2.2	-0.3	12.00
3	1.65	1.49	-0.16	9.70
4	1.05	0.99	-0.06	5.71
5	2.97	3.24	0.27	9.09
6	1.84	1.86	0.02	1.09
7	3.39	3.31	-0.08	2.36
8	4.99	5.02	0.03	0.60
9	3.35	3.58	0.23	6.87
10	2.22	2.29	0.07	3.15
11	2.33	2.49	0.16	6.87
12	2.57	2.55	-0.02	0.78
13	4.91	5.02	0.11	2.24
14	4.75	4.85	0.1	2.11
15	4.06	3.9	-0.16	3.94
16	3.91	3.82	-0.09	2.30
17	6.2	6.26	0.06	0.97
18	4.43	3.9	-0.53	11.96
19	7.06	7.28	0.22	3.12

（续表）

样品编号	化学值	预测值	绝对差	相对偏差
20	9.9	10.18	0.28	2.83
21	6.24	5.98	-0.26	4.17
22	5.73	6.02	0.29	5.06
23	6.93	6.87	-0.06	0.87
24	5.02	4.88	-0.14	2.79
25	3.7	3.19	-0.51	13.78
26	3.01	2.82	-0.19	6.31
27	5.11	5.13	0.02	0.39
28	5.08	4.94	-0.14	2.76
29	4.97	5.08	0.11	2.21
30	7.75	7.48	-0.27	3.48
31	7.63	7.26	-0.37	4.85
32	8.07	8.09	0.02	0.25
33	3.3	2.89	-0.41	12.42
34	5.19	5.01	-0.18	3.47
35	4.58	4.57	-0.01	0.22
36	3.16	3.3	0.14	4.43
37	6.64	6.99	0.35	5.27
38	3.53	3.41	-0.12	3.40
39	5.63	5.16	-0.47	8.35
40	4.06	4.09	0.03	0.74
41	5.3	5.46	0.16	3.02
42	7.29	6.95	-0.34	4.66
43	4.12	4.19	0.07	1.70
44	3.59	3.37	-0.22	6.13
45	1.28	1.29	0.01	0.78
46	2.55	2.88	0.33	12.94
47	6.4	6.23	-0.17	2.66
48	3.59	3.47	-0.12	3.34
49	6.2	6.47	0.27	4.35
50	5.08	5.08	0	0.00
平均相对偏差(%)				4.39

4. 方法可靠性评价

利用DPS v9.05 统计分析软件，通过配对 t - 检验进一步验证发现，淀粉模型的P值（双尾）为0.1370，大于0.05，说明近红外预测方法与标准方法间无显著性差异，即没有系统误差，模型具有良好的预测能力。另外，随机选取一烟草样品，进行精密度实验。重复扫描6次近红外光谱，预测其淀粉含量，结果的相对标准偏差为0.36%，说明本方法具有较高的精密度。精密度实验结果见表4－28。

表4－28　近红外光谱法测定烟草中淀粉精密度实验结果

1	2	3	4	5	6	相对标准偏差
4.149	4.128	4.146	4.155	4.172	4.159	0.36%

（三）结论

选取具有代表性的校正样品，结合偏最小二乘法，通过合适的光谱预测处理，建立了烟草中淀粉的近红外分析模型，经检验，模型的准确性较好、精密度高，可用于大批量样品的检测。

二、陈化烟叶中淀粉、多酚和色素近红外分析模型研究

（一）材料与方法

1. 材料、仪器

125个2006年山东莒县、河南襄城、湖北保康、贵州普安、湖南隆回旱地和湖南隆回稻田等省份生产的烤烟烟叶样品，品种有K326、NC89，等级为B2F、C3F和X2F。

VERCTOR 22/N型傅立叶变换近红外光谱仪（德国BRUKER光谱仪器公司），配备镀金积分球漫反射检测器及OPUS QUANT2分析软件；DOTT－HX恒温恒湿箱（北京多特）；BP221S型分析天平（感量0.0001g，德国SARTORIUS公司）；立鹤牌302型烘箱（山东潍坊精鹰医疗器械有限公司）；CSM－1粉碎机（北京一轻研究所与国家饲料质量监督检验中心共同研制）。

2. 实验方法

（1）样品陈化、化学成分测定及光谱采集　人工抽去烤烟烟叶样品的烟梗，烟片放入恒温恒湿箱内进行陈化。陈化条件：恒温（22℃ ±1℃）控湿（相对温度：52% ±2%、60% ±2%、68% ±2%）。每3个月取样一次，共取4次样，500个样品。

按 YC/T31—1996《烟草及烟草制品 试样制备和水分测定 烘箱法》规定的方法将烟叶样品干燥，粉碎，过 60 目筛，测定含水率。

采用张峻松法（2004）、郁建平法（2003）和张伟法（2006）分别测定烟末样品的淀粉、水溶性色素和多酚。

取 50g 烟粉，置于石英测量杯中，放入 200g 砝码型压样器，于自然压实状态下进行 NIR 光谱扫描。参数设置为：分辨率：$8cm^{-1}$，扫描次数：64 次，谱区：4 000 ~ 8 000cm^{-1}（室温 24℃，相对湿度 60%）。

（2）模型的建立与验证　采用随机软件（OPUS QUANT2 定量分析软件）中偏最小二乘法（PLS），将 400 个样品得到的烟末样品的 FT－NIR 光谱进行一阶或二阶微分进行预处理，预处理的光谱数据与其对应的淀粉、多酚、色素等分析数据进行拟合，运用内部交叉验证，建立数学预测模型，并逐步剔除奇异点（Outlier），使之达到最佳状态，即建立校正模型。

为了检验校正模型的预测能力，另取未进入校正集的 100 个样品作为检验样品集进行外部验证。根据采集的光谱数据，用校正模型预测其陈化烟叶中淀粉、多酚和色素的含量，并将预测的结果与标准方法的测定结果进行配对 t－检验，验证模型的预测准确性。

（二）结果与讨论

1. 光谱预处理方法的选择

在建模过程中，由于仪器状态、样品状态与测量条件的差异，易造成 NIR 光谱的平移或旋转，对模型的预测效果有一定影响，但可以通过求导的方式加以校正。因此，分别采用一阶导数、二阶导数、一阶导＋直线差减法、一阶导＋矢量归一法和一阶导＋附加散射校正 5 种方法对光谱进行平滑处理，而后再用导数法处理建模。结果（表 4－29）显示，采用一阶导＋直线差减法、一阶导＋矢量归一法和一阶导＋附加散射校正法处理的光谱分别建立的淀粉、多酚和色素模型的预测均方差（RMSECV）均达到最小，而其决定系数（R^2）均最大。说明用此方法对光谱预处理较适宜。因此，分别选用一阶导＋直线差减法、一阶导＋矢量归一法和一阶导＋附加散射校正法进行光谱预处理，建立陈化烟叶淀粉、多酚和色素的预测模型。

表 4－29　光谱预处理方法对陈化烟叶淀粉、多酚和色素预测模型参数的影响

预处理方法	淀粉		多酚		色素	
	R^2	RMSECV	R^2	RMSECV	R^2	RMSECV
一阶导	96.09	0.448	83.68	0.334	81.75	0.014
二阶导	94.97	0.508	75.01	0.413	70.98	0.0177
一阶导＋直线差减法	96.17	0.443	83.57	0.335	81.85	0.014
一阶导＋矢量归一法	94.89	0.512	83.90	0.331	81.67	0.014
一阶导＋附加散射校正	94.87	0.503	83.56	0.335	81.87	0.014

2. 建模谱区的确定

谱区选择过宽会增加无效信息，降低有效信息率；过窄，则可能丢掉有效信息降低数学模型分析的准确度。由于烟草的吸收峰主要在4 000～8 000cm^{-1}谱区范围内，因此，在该谱区范围内进行了谱区选择试验，即选择不同的谱段光谱分别进行预处理、建模及反复的内部交叉验证。结果（表4－30）显示，采用7 499～3 703cm^{-1}、6 101～4 026cm^{-1}和7 903～3 714cm^{-1}谱段的光谱分别建立的淀粉、多酚色素模型的预测质量均较好。因此，选择这3个谱区分别建立这3种化学成分的预测模型。

表 4－30　谱区范围对陈化烟叶淀粉、色素和多酚模型预测结果的影响

淀粉模型波长范围（cm^{-1}）	R^2	RMSECV	多酚模型波长范围（cm^{-1}）	R^2	RMSECV	色素模型波长范围（cm^{-1}）	R^2	RMSECV
7 991～4 246	95.50	0.48	7 964～3 729	83.68	0.334	7 903～3 714	81.87	0.0140
7 502～4 246	95.41	0.485	7 502～4 246	83.13	0.339	7 470～4 011	81.56	0.0141
7 499～3 703	96.20	0.440	6 101～4 026	83.98	0.330	6 101～4 246	80.63	0.0144
7 991～6 098	95.06	0.503	6 101～4 246	82.39	0.347	7 500～6 773	81.41	0.0141
5 450～4 246			7 235～6 649			6 090～4 050		

3. 模型的建立与优化

建立模型后，还需要对模型进行整体优化，所谓模型优化实际上是一次检验异常点、确定最优主因子数和相互校验RMSECV的过程。因此，采用交叉检验法对模型反复计算、优化。即先通过统计检验从校正集中剔除了一些光谱或化学值异常的样品，而后通过交叉验证，考察主因子数对RMSECV的影响，确定最佳主因子数，同时查看PLS因子的残差，避免“过拟合”造成的更多噪声。在本实验中当淀粉、多酚、色素的主因子数分别为17、13、16时（图

4－32至图4－34)，模型预测的RMSECV值最小，R^2最大（表4－31)，说明模型的预测值与化学方法测定值最接近，最有利于样品的预测，由此建立的陈化烟叶中的淀粉、多酚、色素含量的预测值与化学测定值之间具有较好的相关性。

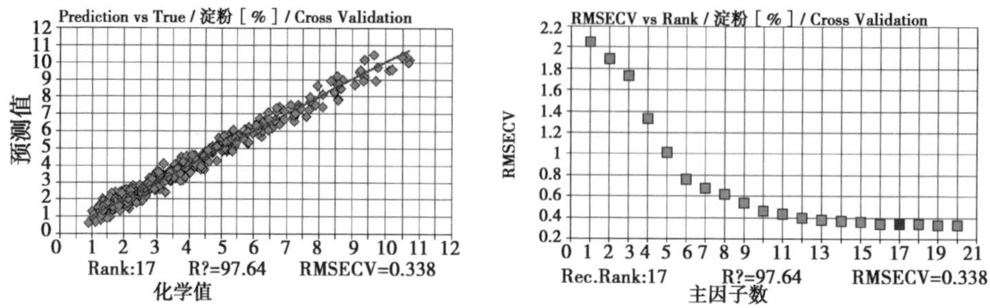

图4－32　淀粉FT－NIR预测值和化学值散点图和RMSECV与随主因子数的变化

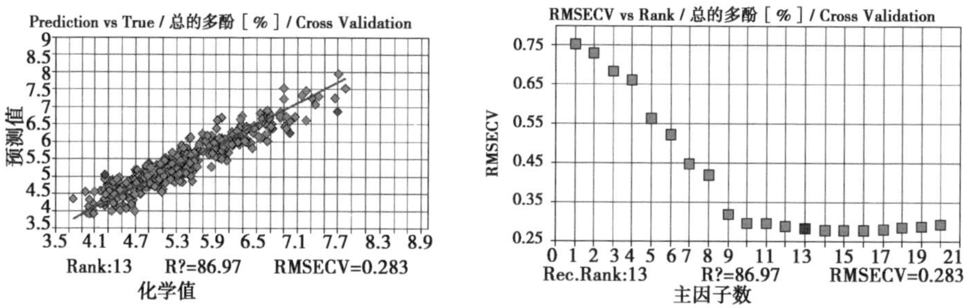

图4－33　多酚FT－NIR预测值和化学值散点图和RMSECV与随主因子数的变化

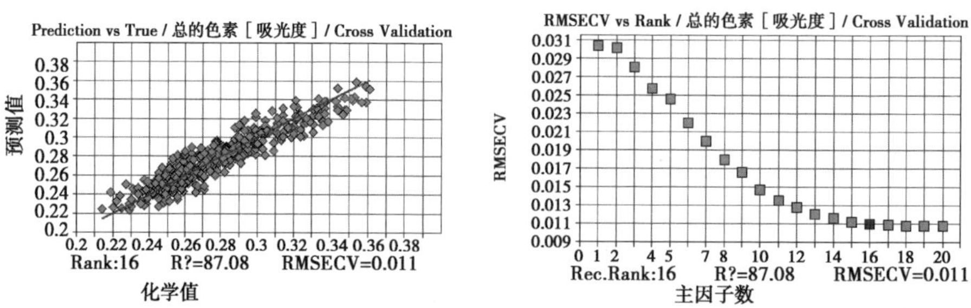

图4－34　色素FT－NIR预测值和化学值散点图和RMSECV与随主因子数的变化

表 4－31 优化后淀粉、多酚和色素含量校正模型的有关数理指标

成分	校正集样本量	R^2（%）	RMSECV	最优主因子数	预测范围（%）
淀粉	384	97.64	0.338	17	0.89～10.71
多酚	393	86.97	0.283	13	3.76～7.81
色素	391	87.08	0.011	16	0.21～0.36

4. 模型的外部验证

为了检验所建数学模型的预测能力，本实验用建模过程中自动分离的检验样品集 100 个样品进行外部验证。结果（图 4－35 至图 4－37）表明，淀粉、多酚和色素外部验证的 R^2 分别为 97.14%、83.18%、87.28%，预测均方差（RMSEP）分别为 0.385、0.328、0.0115。

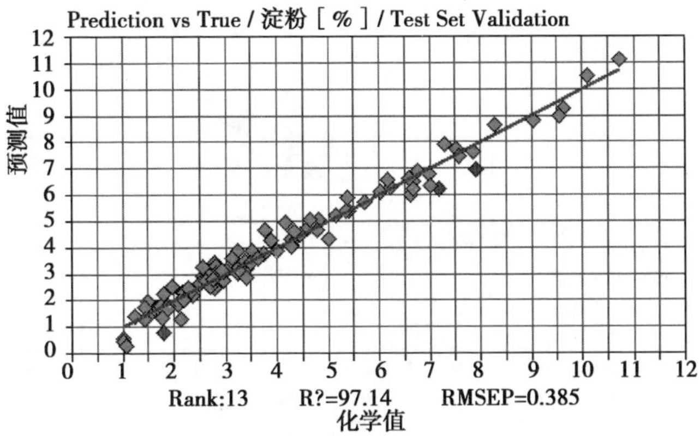

图 4－35 外部验证淀粉预测值与化学测定值的相关性

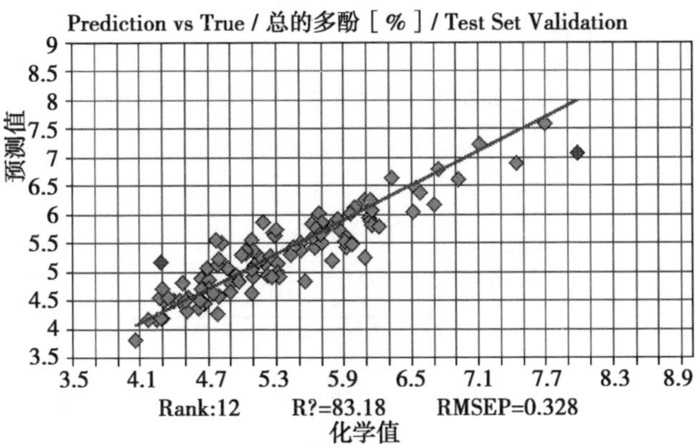

图 4－36 外部验证多酚预测值与化学测定值的相关性

5. 方法的可靠性和重复性

用成对数据的统计分析对淀粉、多酚、色素预测值与化学测定值进行检验。结果显示，淀粉、多酚、色素的 t 值分别等于 0.099 0、0.326 8、0.177 8,均小于临界值 $T_{0.05,99}=1.982$，说明 FT－NIR 法与化学方法测定结果无显著性差异，即用 FT－NIR 法预测陈化烟叶中的淀粉、多酚和色素含量结果是可靠的。

随机选取一个样品重复扫描 10 次 NIR，用得到的 FT－NIR 校正模型预测其淀粉、多酚、色素含量。结果表明（表 4－32），3 种化学成分的平均相对偏差均 <5%，说明本方法重复性较好。

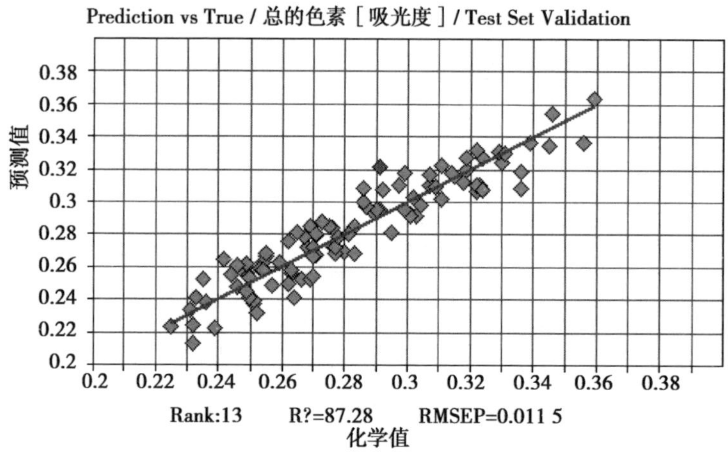

图 4－37　外部验证色素预测值与化学测定值的相关性

表 4－32　淀粉、色素和多酚的 NIR 预测精密度

成分	平均值（%）	标准偏差	相对偏差（%）
淀粉	7.50	0.172 1	2.29
多酚	4.12	0.137 7	3.34
色素	0.25	0.004 5	1.78

（三）结论

建立了陈化烟叶中淀粉、多酚和色素的 NIR 预测校正模型，其 R^2 分别为 97.64%、86.04%、87.28%，预测均方差（RMSEP）分别为 0.338、0.283、

0.011。这些模型准确性高，重复好，适合大批量烟叶样品淀粉、多酚和色素含量的快速预测分析。需要指出的是，FT－NIR 法是一种二次分析方法，其适用性和推广能力与校正集中样品的代表性具有很大的关系。超出模型的预测范围，其预测结果会出现较大的偏差，因此，要想获得理想的预测结果，校正集样本数量必须要充足，要有充分的代表性。本实验的建模样品是陈化一年的烟叶样品，今后将不断添加建模样品，特别是多酚和色素，进一步提高样品的代表性和模型的适应性。

三、鲜烟叶中质体色素的近红外分析模型研究

（一）材料与方法

1. 仪器与材料

VERCTOR 22/N 型傅立叶变换近红外光谱仪（德国，BRUKER 公司），使用积分球漫反射检测器，用镀金的漫反射体作背景。

采集 2004 年鲜烟叶样品，其中，叶绿素样品 65 份，叶绿素含量：0.013 6%～1.752 4%；类胡萝卜素样品 55 份，类胡萝卜素含量：0.040 4%～0.303 5%。

2. 方法

（1）样品近红外光谱的测定　按试验设计方案，将鲜烟叶摘取后，立即置于冰盒内带回实验室用近红外进行扫描。实验条件：扫描：4 000～8 000 cm^{-1}，分辨率为 8cm^{-1}，扫描次数为 64 次。为了保证检测结果的准确性，扫描部位须同化学检测质体色素的部位保持一致，每个样品各扫描四个点，取平均光谱作为与该标准样品对应的近红外漫反射光谱图。

（2）样品化学值的测定　近红外扫描完成后，立即用化学方法检测质体色素。叶绿素按张志良等的比色法。类胡萝卜素含量按邹琦的乙醇提取法。每个样品分别作三次平行，取平均值。

（3）数学模型的建立　试验采用 Bruker 公司 OPUS QUANT－2 分析软件中偏最小二乘法（PLS）建立烟叶中质体色素的数学模型，并采用自动优化功能选择数学模型建立的最佳条件。

（二）结果与讨论

1. 数学模型的评价

建立模型后，使用内部交叉验证法对模型进行检测，主要考察交叉证实的预测值与化学值相关的决定系数（R^2）和均方差（RMECV）。决定系数（R^2）

和均方差（RMSECV）的计算公式见第二章第五节。在模型优化时，对同一样品集的同一组分决定系数（R^2）越大，均方差（RMSECV）越小，即 PLS 算法所提取的光谱信息与分析组分的相关性越好，得到的模型越好。

测得鲜烟叶中叶绿素和类胡萝卜素的含量和近红外光谱后，应用 OPUS 软件中的自动优化功能选择最佳的光谱预处理方法、最佳谱区、最优的主成分维数，寻找建立数学模型的最佳条件，比较多种光谱预处理方法的效果，得到鲜烟叶中质体色素（叶绿素、类胡萝卜素）含量最佳的光谱预处理方法、最佳谱区、最佳的主成分维数、R^2和 RMSECV，结果见表 4－33。试验中，剔除误差较大的样品，实际用于建模的样品叶绿素为 61 个，类胡萝卜素为 48 个。实验证明，在以上条件下，数学模型内部交叉验证，预测值和化学值具有较好的相关性，得到较高的 R^2和较低的 RMSECV，叶绿素的 R^2为 94.79%，RMSECV 为 0.103；胡萝卜素的 R^2为 94.79%，RMSECV 为 0.014（图 4－38、图 4－39）。

表 4－33　鲜烟叶中质体色素的建模参数

	叶绿素	类胡萝卜素
光谱预处理方法	不处理	一阶导＋MSC
最佳谱区（cm^{-1}）	9 998～7 498.5，5 774.3～5 446.4 4 601.7～4 246.8	7 502～6 098 5 450～4 246.6
决定系数（R^2）	94.79%	94.79%
均方差（RMSECV）	0.103	0.014
最佳主成分维数（Rank）	15	12

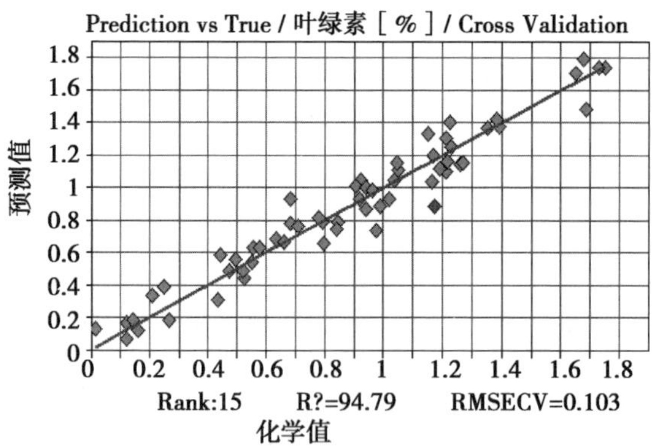

图 4－38　叶绿素校正集近红外预测值与化学值散点图

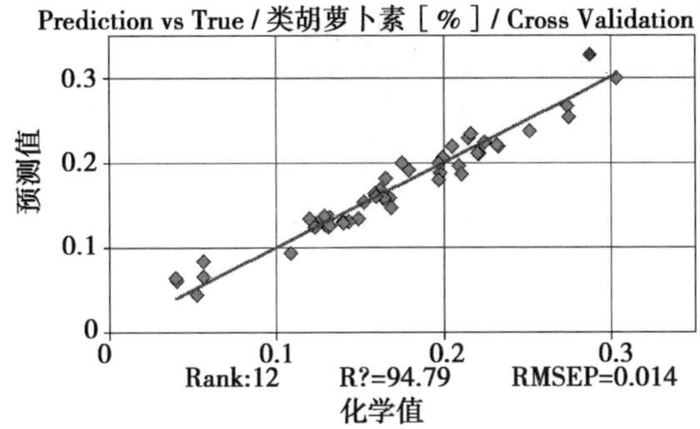

图 4-39 类胡萝卜素校正集近红外预测值与化学值散点图

2. 模型的可靠性检验

为了检验定量分析模型预测的可靠性，分别用 14、11 个未知样品对叶绿素和类胡萝卜素模型进行外部检验，来验证定量分析模型的预测能力。预测值与化学值的平均相对偏差分别为 8.60%、14.10%（表 4-34、表 4-35）。叶绿素和类胡萝卜素外部验证的 R^2 分别为 93.35%、87.71%，预测均方差分别为 0.080 8、0.024 9。说明模型的预测结果较好。模型外部验证的预测值与化学值的相关性见图 4-40、图 4-41。

表 4-34 叶绿素模型外部验证预测值与化学值相关性

样品编号	化学值	预测值	绝对偏差	相对偏差（%）
1	0.48	0.41	0.08	14.58
2	0.69	0.63	0.05	8.70
3	0.4	0.37	0.04	7.50
4	1.5	1.55	-0.05	3.33
5	1.13	1.14	-0.01	0.88
6	1.28	1.39	-0.11	8.59
7	0.63	0.61	0.02	3.17
8	1.06	1.18	-0.12	11.32
9	1.03	1.19	-0.16	15.53
10	0.72	0.75	-0.03	4.17
11	0.96	0.9	0.06	6.25
12	0.64	0.62	0.02	3.13
13	0.57	0.5	0.07	12.28
14	0.62	0.49	0.13	20.97
平均值				8.60

表 4-35　类胡萝卜素模型外部验证的预测值与化学值相关性

样品编号	化学值	预测值	绝对偏差	相对偏差（%）
1	0.29	0.29	0.00	0.00
2	0.29	0.25	0.04	13.79
3	0.24	0.22	0.02	8.33
4	0.16	0.11	0.05	31.25
5	0.19	0.19	-0.01	0.00
6	0.10	0.12	-0.02	20.00
7	0.16	0.13	0.02	18.75
8	0.17	0.16	0.01	5.88
9	0.14	0.13	0.00	7.14
10	0.14	0.14	0.01	0.00
11	0.06	0.09	-0.04	50.00
平均值				14.10

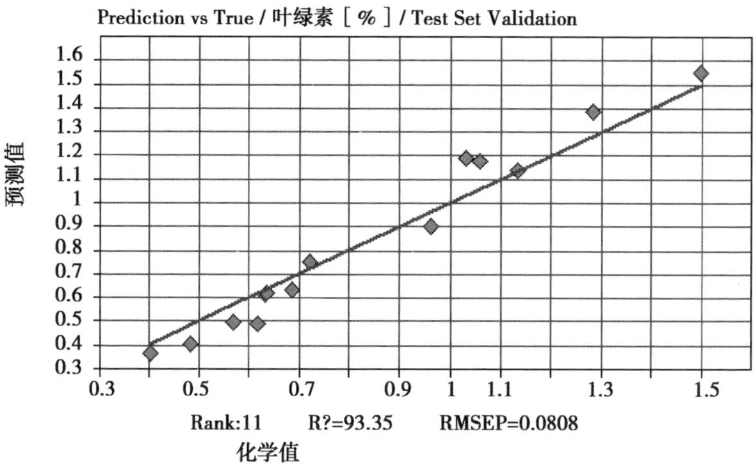

图 4-40　叶绿素含量外部验证相关图

（三）结论

1. 从分析结果看，鲜烟叶中叶绿素和类胡萝卜素模型的决定系数均为94.79%，均方差分别为0.103、0.014。外部验证近红外预测值与化学值的平均相对偏差分别为8.60%、14.10%。总体来看，近红外法与标准方法的测量差异较小，可以试用于测定鲜烟叶中质体色素的含量。

2. 本研究使用傅立叶变换近红外光谱仪，准确、快速、无损，无需任何耗材。既可以在短时间内处理大量的样品，处理后的样品还可继续留作他用。

3. 由于收集材料的困难，本试验取样量少，建模所用的标准样品含量范围尚不够宽，这给建模带来了一定的困难。但通过建模的成功，今后，我们可以对已有模型进行不断维护与优化，扩充建模样品，进一步提高模型的预测准确性、稳定性和适用范围。

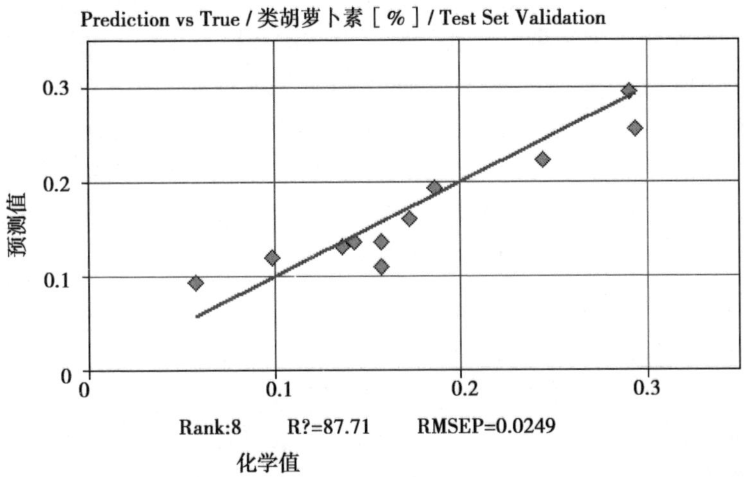

图 4－41 类胡萝卜素含量外部验证相关图

四、烤烟绿原酸、芸香苷、莨菪亭的近红外模型研究

（一）材料与方法

1. 材料、仪器

2010—2011 年，在我国主要烤烟生产省份（云南、贵州、四川、重庆、湖南、湖北、福建、广西、山东、河南、黑龙江、辽宁、吉林、陕西），分别选取 1～6 个代表产地，每产地选取一套等级（B2F、C3F/C3L、X2F）代表样品，共选取样品 203 份。用其中 80%（153 个）的样品作为建模样品集（校正集），20%（40 个）作为验证样品集（验证集）。所有样品 60℃烘干后制成粉末（60 目）。

Aataris Ⅱ FT－NIR 光谱仪（美国 Thermo Fisher 公司），UPLC H－Class（美国 Waters），Sartorius 电子天平（精度 0.0001g）（德国赛多利斯），立鹤牌 302 型烘箱（山东潍坊）。

2. 方法

（1）化学值的测定　高效液相色谱法（YC/T202—2006）。

（2）光谱采集　取烟叶样品粉末20g置石英测量杯中，加上压样器，放在旋转台内进行光谱采集。采集条件：以仪器内置背景为参比，波数范围：10 000 ~ 3 800cm^{-1}，扫描次数：64 次，分辨率：8cm^{-1}。实验室温度控制在20 ~ 24℃。

（2）定量校正模型的建立　应用 TQ Analyst 8.0 分析软件中的偏最小二乘（PLS）回归算法，把采集的近红外漫反射光谱数据与化学方法测定的3种化合物的化学值，采用留一（leave - one - out）交叉验证法建立校正模型，以校正模型的相关系数（R）、校正均方差（RMSEC）、交叉验证均方差（RMSECV）、预测均方差（RMSEP）等指标来考察模型的建模效果，所有参数的计算方法见第二章第五节。通常相关系数越接近100%，均方差越小，表示模型的预测值越接近化学值，拟合效果越好。

（二）结果与讨论

1. 光谱预处理方法

近红外光谱采集过程中，为了消除样品颗粒大小、均匀性、仪器状态等因素影响而产生的光谱基线偏移和或漂移及信噪比降低等问题，需要对原始光谱进行预处理。最常用的光谱预处理方法是将原始光谱做导数处理和平滑处理。表4 - 36为通过多次试验得到的绿原酸、芸香苷和莨菪亭的最佳预处理方法。

2. 光谱范围的选择

近红外光谱谱区范围的选择对定量分析精度影响较大，通过选取不同的谱区范围分别进行内部交叉验证，得到3种化合物的最佳谱区范围（表4 - 36）。

表4 - 36　3种化合物的最佳预处理方法和谱区范围

化合物	光谱预处理方法	最佳谱区范围（cm^{-1}）	最佳主因子数
绿原酸	一阶导	7 723.01 ~ 3 972.02	16
芸香苷	一阶导	7 585.85 ~ 3 988.16	19
莨菪亭	一阶导	7 699.15 ~ 3 988.16	11

3. 模型的优化

基于前述得到的建模参数，即建立了各个化合物的定量分析校正模型。然后对模型进一步优化，通过判断和剔除异常样品（Outlier），确定最优主因子，获得了各个化合物的最佳校正模型。优化后各化合物的各项参数见表4 - 36，近红外预测值与化学值的散点图见图4－42。从图4－42及表4－37可以看出，多酚类3种化合物均建立了较好的近红外数学模型，尤其是绿原酸和芸香苷所建模型更好，校正模型的相关系数达0.98以上，预测值与化学值最接近，最有利于样品的预测。

表4－37　3种多酚化合物近红外校正模型的数理指标

	校正模型相关系数（R）	校正均方差（RMSEC）	预测均方差（RMSEP）	交叉验证均方差（RMSECV）
绿原酸	0.981 3	0.702 0	1.13	1.390 0
莨菪亭	0.908 5	0.033 4	0.934	0.044 8
芸香苷	0.986 5	0.456 0	0.036 2	1.360 0

4. 模型的外部验证

为了检验所建数学模型的预测能力，试验选用40个未参与建模的样品对模型进行外部验证，绿原酸、芸香苷和莨菪亭模型的预测值和化学值的平均相对偏差分别为6.45%，7.29%和14.32%，外部验证的预测均方差（RMSEP）分别为1.39、1.36、0.044 8。

（三）结论

选择合适的光谱预处理方法及谱区范围，分别建立了绿原酸、芸香苷和莨菪亭的近红外预测模型。结果表明3个模型的预测准确性均较高，尤其是绿原酸和芸香苷，预测值和化学值的测量差异较小，适合批量样品的快速预测。

第四节　烟草中蛋白质的近红外分析模型研究

一、材料与方法

（一）供试材料

收集贵州省不同烟叶种植地区的初烤烟叶样品和云南、四川、重庆、山东、福建、河南、辽宁等地区的部分烤烟样品，从中选取2001—2003年产的不同部位、不同等级的初烤烟叶样品189份。烟叶样品磨成粉状，粒度为60目。烟叶蛋白质含量最小5.42%，最高10.59%，平均值7.82%。样品蛋白质含量分布见图4－43。

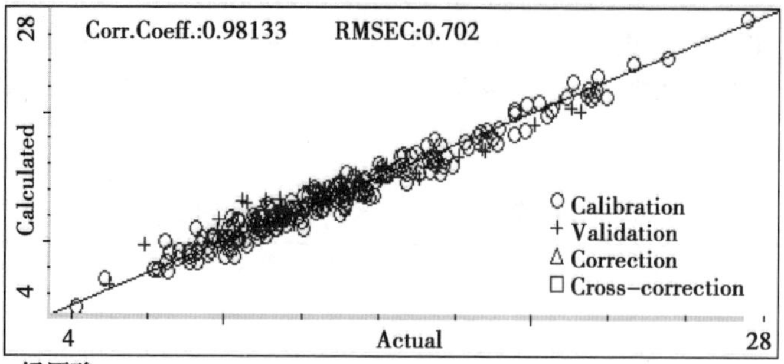

绿原酸

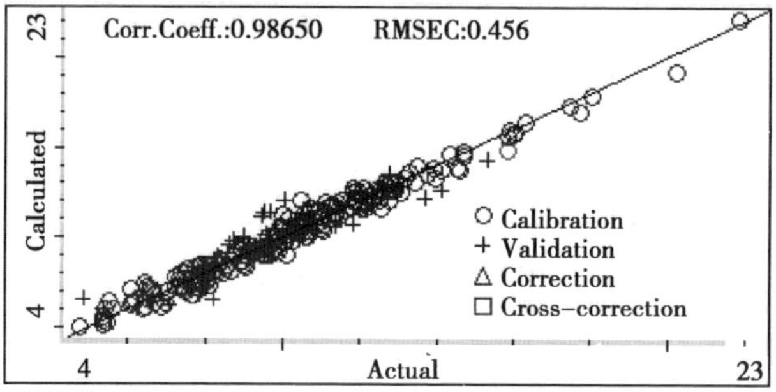

芸香苷

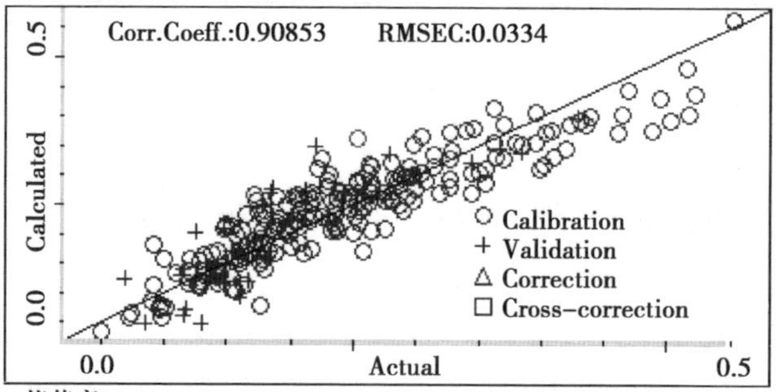

莨菪亭

图 4-42　3 种多酚化合物的近红外预测值和化学值的相关图

(二) 试验仪器

傅立叶变换近红外漫反射光谱仪（德国 BRUKER VERCTOR 22/N）。

全自动连续流动化学成分分析仪（法国 ALLIANCE FUTURA）。

(三) 蛋白质化学值的测定

烟草总蛋白质的测定采用 YC/T 249—2008 的方法测定。

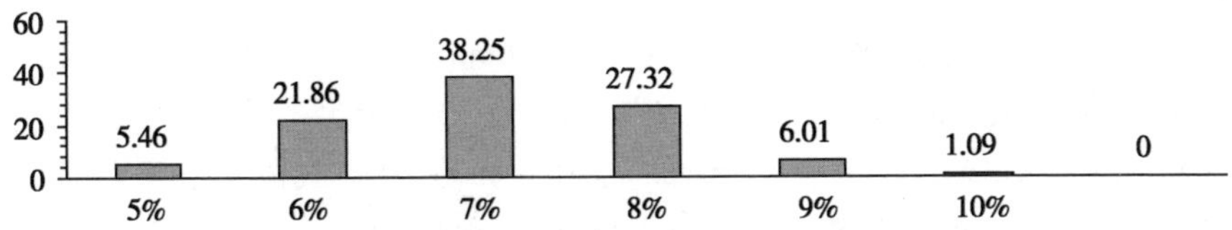

图 4－43 蛋白质样品含量分布

(四) 近红外光谱采集

用 VERCTOR 22/N 型傅立叶变换近红外漫反射光谱仪采集样品的光谱数据，扫描谱区为 4 000～8 000cm^{-1}，扫描次数为 64 次，分辨率为 8cm^{-1}。

(五) 数学模型的建立

采用 OPUS QUANT－2 定量分析软件系统中的偏最小二乘法（PLS）及内部交叉验证法（Cross Validation）建立光谱与化学成分间的关系模型，并通过比较样品预测值与化学值的决定系数（R^2）和均方差（RMSECV）来衡量模型的质量。R^2 和 RMSECV 的计算方法见第二章第五节。

(六) 预测模型的验证

选取已知化学值而未参与建模的样品 50 份，用这些样品对已建模型进行预测性能的验证分析。

二、结果与分析

(一) 初烤烟叶样品的近红外光谱

在 4 000～8 000cm^{-1} 谱区内，初烤烟叶样品有独特的近红外漫反射光谱图。不同初烤烟叶样品的近红外光谱图存在较大差异，光谱反映出的信息主要是样品中的 C－H、N－H、O－H、S－H 的倍频和合频信息，很难用传统分析方法通过 Lambere－Beer 定律直接从光谱判定计算出样品中某成分的含量，需要采用化学计量学方法对得到的近红外光谱数据进行处理。因为化学计量学应用数学和统计学方法并借助计算机技术，对矢量型或矩阵型的化学数据进行处理，可得到常规无法获得的结果。

(二) 蛋白质分析模型的优化

蛋白质分析模型初步建立后，应用 OPUS QUANT－2 定量分析软件经过多次计算和优化，剔除部分异常样品，选择最佳光谱预处理方法、最佳谱区、最优主成分维数，确定蛋白质分析模型的最佳条件。通过比较多种光谱预处理方法的效果，以 17 平滑点，一阶导加直线递减方法对光谱数据进行预处理的效果最好。最佳建模谱区为：3 764.5 ~ 7 825.9 cm^{-1}，最佳主成分维数 Rank 为 9，实际参加建模样品 183 个。由初烤烟叶中蛋白质模型的近红外预测值与化学值关系图看出（图 4 - 44），样品均匀分布在中心线附近，其决定系数（R^2）和均方差（RMSECV）分别为：93.53% 和 0.246。

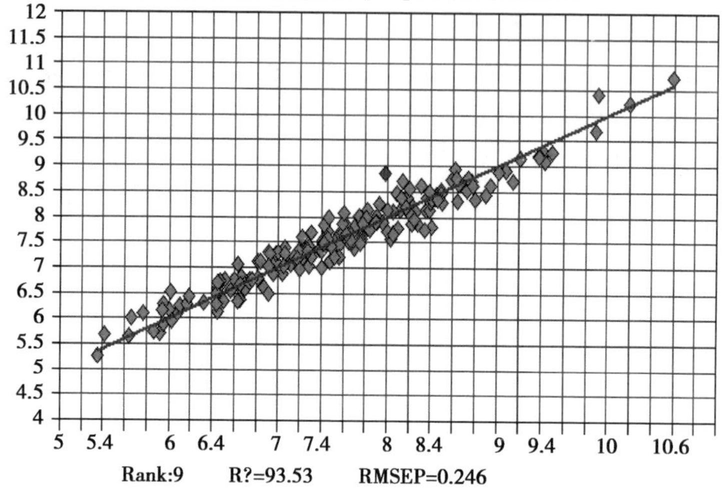

图 4 - 44 蛋白质近红外预测值与化学值散点图

（三）蛋白质分析模型的验证

随机抽取 50 份已知化学值的烟叶样品，用优化后的蛋白质分析模型进行预测，考察模型的预测能力，并将近红外预测值与化学值作比较，结果显示（表 4 - 38），初烤烟叶中的蛋白质含量的变化为 10.20% ~ 5.28%，绝对偏差为 0 ~ 0.36%，平均绝对偏差 0.16%；相对偏差为 0.01% ~ 4.63%，平均相对偏差 2.18%。表明近红外模型预测结果与化学值基本吻合，其准确度接近化学方法，预测效果较好。

三、结论

本试验建立了运用近红外漫反射光谱法定量测定初烤烟叶中的蛋白质含量的数学模型。该数学模型经过两年的试用，稳定性好。运用近红外法测定的结果与化学方法测试结果相吻合，测定精度基本达到化学分析法的精度，具有实用性。近红外漫反射光谱法测定烟叶样品中的蛋白质含量操作简单，测定速度快，无需任何试剂，可在短时间内测定大量样品。

所建的数学模型可用来准确、快速地测定初烤烟叶中的蛋白质含量，但如果所测样品的年份、地区或种类超出建模范围，必须在模型中加入该类烟叶的标准样品，对数学模型进行校正，否则近红外光谱法测定值的精度将难于得到保证。

表 4-38 化学法与近红外光谱法测定初烤烟叶中蛋白质含量的比较

样品编号	化学法值	近红外值	绝对差值	相对偏差(%)	样品编号	化学法值	近红外值	绝对差值	相对偏差(%)
1	8.57	8.70	0.13	1.48	26	6.02	5.77	-0.25	-4.22
2	8.95	8.62	-0.33	-3.69	27	6.13	5.95	-0.18	-2.93
3	8.58	8.65	0.07	0.77	28	5.71	5.87	0.16	2.73
4	8.55	8.73	0.18	2.09	29	6.66	6.47	-0.19	-2.89
5	10.04	10.20	0.16	1.63	30	6.69	6.74	0.05	0.68
6	8.71	8.75	0.04	0.42	31	7.23	7.52	0.29	3.94
7	7.66	7.46	-0.20	-2.56	32	6.14	6.00	-0.14	-2.20
8	8.05	8.38	0.33	4.15	33	6.14	5.94	-0.20	-3.27
9	8.35	8.44	0.09	1.04	34	6.78	6.82	0.04	0.65
10	7.86	7.84	-0.02	-0.29	35	5.65	5.42	-0.23	-4.02
11	7.86	7.77	-0.09	-1.09	36	6.66	6.45	-0.21	-3.12
12	8.02	7.74	-0.28	-3.44	37	5.89	5.95	0.06	1.00
13	8.52	8.49	-0.03	-0.37	38	6.98	7.20	0.22	3.11
14	8.88	9.08	0.20	2.24	39	6.63	6.87	0.24	3.68
15	9.17	9.38	0.21	2.26	40	6.32	6.32	0.00	0.01
16	6.24	6.10	-0.14	-2.31	41	7.55	7.45	-0.08	-1.06
17	6.25	6.16	-0.09	-1.39	42	6.30	6.44	0.14	2.18
18	6.40	6.18	-0.22	-3.43	43	5.95	6.03	0.08	1.27
19	6.41	6.65	0.24	3.76	44	7.32	7.27	-0.05	-0.62
20	6.67	6.65	-0.02	-0.30	45	7.69	8.05	0.36	4.63
21	7.19	7.15	-0.04	-0.52	46	6.37	6.63	0.26	4.06
22	5.28	5.35	0.07	1.30	47	9.18	9.38	0.20	2.16
23	8.04	7.93	-0.11	-1.40	48	7.17	6.93	-0.24	-3.35
24	7.14	7.18	0.04	0.57	49	6.76	6.57	-0.19	-2.88
25	7.00	6.91	-0.09	-1.33	50	6.54	6.84	0.30	4.52

第五节　烟草中总挥发碱的近红外分析模型研究

一、材料与方法

（一）仪器

VERCTOR 22/N 型傅立叶变换近红外光谱仪（德国 BRUKER 公司），使用积分球漫反射检测器，镀金漫反射体作背景。

（二）样品

烤烟烟叶样品 98 份，烘干，研磨成粉末，粒度为 60 目。总挥发碱含量：0.15% ~0.56%。

（三）方法

1. 样品化学值的测定

样品中总挥发碱的化学值采用行业标准 YC/T 35—1996 进行测定。

2. 样品近红外光谱的采集

取烟叶样品粉末 50g 置石英测量杯中，按下述实验条件进行光谱扫描：分辨率：8cm^{-1}，扫描次数：64 次，谱区：4 000 ~ 8 000cm^{-1}（室温 24℃，湿度 60%）。

3. 数学模型的建立

试验采用 Bruker 公司 OPUS QUANT－2 分析软件中偏最小二乘法（PLS），建立烟草中总挥发碱的分析模型，并进一步优化验证，以校正模型的相关系数（R）、校正均方差（RMSEC）、交叉验证均方差（RMSECV）、预测均方差（RMSEP）等指标来考察模型的建模效果。

二、结果与分析

（一）分析模型的优化与验证

模型初步建立后，应用 OPUS QUANT－2 定量分析软件经过多次计算和优化，据经验判断并剔除部分异常样品，选择最佳光谱预处理方法、最佳谱区、最优主成分维数，确定总挥发碱模型的最佳条件。试验通过比较多种光谱预处理方法的建模效果，以 13 点平滑取一阶导加直线递减方法对光谱数据进行预处理的效果最好；最佳的建模谱区为 6 101.8 ~4 246.6cm^{-1}，最佳的主成分维数为 10。试验中剔除误差较大的样品，实际用于建模的样品为 92 个。在以上条件下，数学模型经内部交叉验证，预测值和化学值具有较好的相关性（图 4 -45），内部交叉验证决定系数（R^2）为 95.67%，均方差（RMSECV）为 0.017 1。

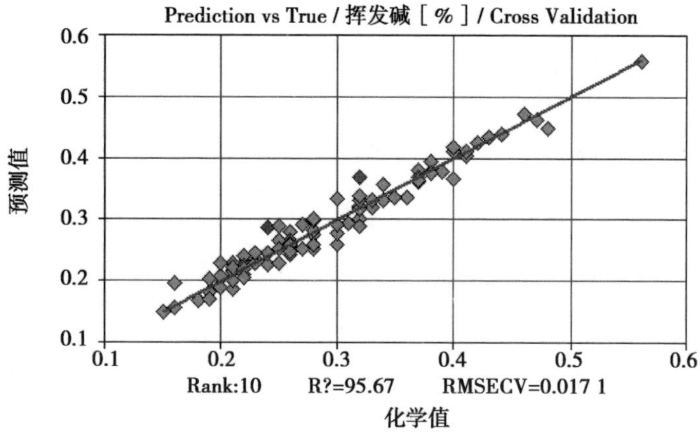

图 4 -45　总挥发碱近红外预测值与化学值散点图

（二）模型的可靠性检验

为了检验定量分析模型的预测可靠性，取未参与建模的 31 个烟叶样品进行外部验证。总挥发碱外部验证的决定系数（R^2）为 96.04%，测定均方差（RMSEP）为 0.016 5。预测值与化学值的平均相对偏差为 4.8%，说明模型的预测结果很好。测定结果见表 4 -39。外部验证近红外预测值与化学值的相关图（图 4 -46）。

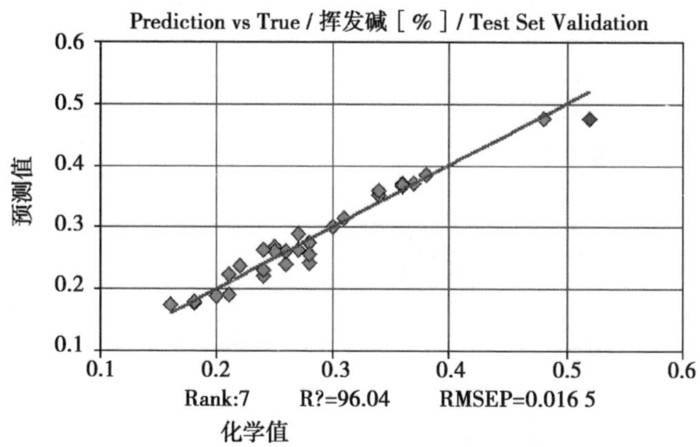

图 4 -46　总挥发碱近红外预测值与化学值散点图

表 4－39　总挥发碱近红外预测值与化学值偏差表　（%）

样品编号	化学值	预测值	绝对差	相对偏差
1	0. 27	0. 26	0. 01	0. 02
2	0. 26	0. 24	0. 02	0. 08
3	0. 26	0. 26	0. 00	0. 00
4	0. 36	0. 37	－0. 01	0. 02
5	0. 34	0. 35	－0. 01	0. 04
6	0. 20	0. 19	0. 01	0. 05
7	0. 18	0. 18	0. 00	0. 01
8	0. 25	0. 27	－0. 02	0. 08
9	0. 28	0. 28	0. 00	0. 02
10	0. 31	0. 32	－0. 01	0. 02
11	0. 24	0. 22	0. 02	0. 08
12	0. 37	0. 37	0. 00	0. 00
13	0. 16	0. 18	－0. 02	0. 09
14	0. 30	0. 30	0. 00	0. 00
15	0. 38	0. 39	－0. 01	0. 02
16	0. 28	0. 24	0. 04	0. 14
17	0. 28	0. 26	0. 02	0. 08
18	0. 25	0. 26	－0. 01	0. 05
19	0. 21	0. 19	0. 02	0. 10
20	0. 36	0. 37	－0. 01	0. 03
21	0. 48	0. 48	0. 00	0. 01
22	0. 52	0. 48	0. 04	0. 08
23	0. 38	0. 38	0. 00	0. 01
24	0. 34	0. 36	－0. 02	0. 06
25	0. 24	0. 23	0. 01	0. 04
26	0. 18	0. 18	0. 00	0. 01
27	0. 36	0. 37	－0. 01	0. 03
28	0. 27	0. 29	－0. 02	0. 07
29	0. 24	0. 26	－0. 02	0. 10
30	0. 21	0. 22	－0. 01	0. 06
31	0. 22	0. 24	－0. 02	0. 08
平均值				0. 048

（三）方法的重复性

随机选取一测定样品，重复扫描光谱图 10 次，利用上述所建模型预测其总挥发碱含量。统计结果见表 4 -40。由表 4 -40 可以看出，与常规化学方法测定烟草中的总挥发碱相比，近红外光谱法具有更好的重复性。

表 4 -40　近红外光谱法测定烟草中总挥发碱含量的重复性　（%）

1	2	3	4	5	6	7	8	9	10	平均值	标准偏差
0.25	0.27	0.25	0.28	0.26	0.26	0.26	0.27	0.25	0.27	0.26	0.012

三、结论

1. 从以上的结果分析可以看出，总挥发碱模型的可靠性和重复性均较好。总挥发碱模型决定系数（R^2）达到 95.67%，均方差（RMSECV）为 0.0171，近红外预测值与化学测定值的平均相对偏差为 4.8%。说明近红外与标准方法的测量差异较小，能够准确地预测总挥发碱的含量，可用于大批量样品的快速测定。

2. 本试验所建模型高含量的样品较少，对模型的适应性有一定影响。今后我们将对已有模型进行不断的维护与优化，进一步提高样品的代表性和模型的适应性。

第六节　烟草中石油醚提取物的近红外分析模型研究

一、材料与方法

（一）主要仪器

VERCTOR 22/N 型傅立叶变换近红外光谱仪（德国 Bruker 公司），CS0 - I 旋风式植物粉碎机（北京市粮食研究所），BS 124S 型电子分析天平（德国 Sartorius 公司），索氏脂肪提取器（上海）。

（二）样品制备

按照 YC/T 31—1996《烟草及烟草制品　试样的制备和水分测定》规定制备烟草样品。从烟叶样品中随机抽取一部分烟叶，用软毛刷刷去烟叶表面的尘土和细沙，抽去主筋，将烟叶剪成片或切成丝。放入干燥箱中，在不高于40℃条件下烘干，直至可用手捻碎。取出烘好的烟叶，马上放入植物粉碎机研磨，然后过60目筛，未过筛的细脉重新研磨过筛。

（三）样品化学值测定

石油醚提取物的化学值采用YC/T 176—2003《烟草及烟草制品 石油醚提取物的测定》进行测定。称取烟叶样品置于滤纸筒内，放入索氏提取器。采用重蒸过的沸程为30～60℃石油醚浸提烟叶样品，于水浴75℃下回流8h，烘干后称取质量，通过差减法即得到烟草中石油醚提取物含量。所选样品石油醚提取物含量为4.19%～6.46%。

二、结果与讨论

（一）烟草中石油醚提取物的定量分析模型建立

首先通过定量分析软件包中的自动优化功能初选模型的条件，然后对不同条件所建模型的效果进行比较，采用偏最小二乘法，得出建立石油醚提取物定量模型的最佳条件为：光谱预处理方法为一阶导数加多元散射校正法、谱区为6 101.8～5 446.1cm^{-1}、主成分维数4。采用此条件建立烟草中石油醚提取物的定量分析模型，内部交叉验证决定系数（R^2）为88.80%，均方差（RMSECV）为0.193。预测值与化学测定值之间相关性良好（图4－47）。

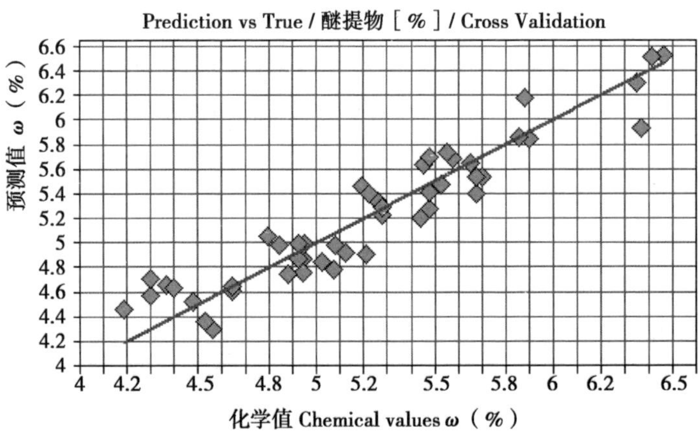

图4－47 烟草中石油醚提取物测定校正集相关性图

（二）定量分析模型的检验

用20个未知样品进行石油醚提取物外部检验，来检验定量分析模型的预测能力。近红外预测值与化学值的平均相对偏差为4.98%。外部验证的决定系数（R^2）为85.33%，预测均方差（RMSEP）为0.303。外部验证检验集预测值与化学值的散点图见图4-48。预测值与化学值的比较见表4-41。

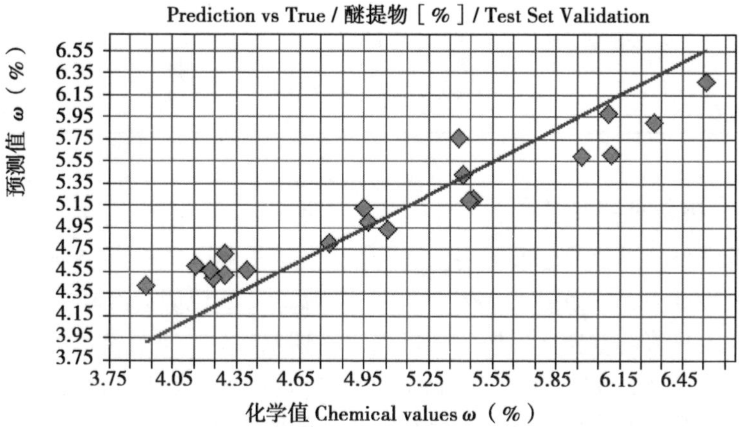

图4-48　烟草中石油醚提取物外部验证检验集预测值与化学值的散点图

表4-41　烟草中石油醚提取物预测值与化学值比较　（%）

样品编号	化学测定值	预测值	绝对差	相对偏差
1	4.30	4.71	-0.41	-9.49
2	4.16	4.61	-0.45	-10.77
3	4.30	4.52	-0.22	-5.21
4	4.40	4.57	-0.17	-3.77
5	4.97	5.00	-0.03	-0.56
6	6.56	6.27	0.29	4.38
7	4.24	4.50	-0.26	-6.16
8	5.06	4.94	0.12	2.43
9	5.97	5.60	0.37	6.15
10	5.46	5.22	0.24	4.45
11	5.44	5.20	0.24	4.41
12	6.11	5.62	0.49	8.07
13	3.92	4.43	-0.51	-12.98

（续表）

样品编号	化学测定值	预测值	绝对差	相对偏差
14	4.79	4.81	-0.02	-0.38
15	4.23	4.57	-0.34	-7.99
16	5.41	5.43	-0.02	-0.3
17	6.31	5.90	0.41	6.43
18	5.39	5.77	-0.38	-6.98
19	4.95	5.13	-0.18	-3.56
20	6.10	5.98	0.12	1.9
平均值				4.98

（三）方法可靠性评价

对近红外预测值及标准测定值进行配对 t - 检验，$T = -0.514$。在显著性水平 $\alpha = 0.05$ 下，$t_{0.05,19} = 2.093$，$|T| < t_{0.05,19}$。说明近红外预测方法与标准方法间无显著性差异。另外，随机选取一烟草样品，进行精密度实验。重复扫描6次近红外光谱，预测其石油醚提取物含量，结果的相对标准偏差为0.45%，说明本方法具有较高的精密度。精密度实验结果见表4-42。

表4-42　近红外光谱法测定烟草中石油醚提取物精密度实验结果

1	2	3	4	5	6	相对偏差
5.598	5.611	5.594	5.646	5.650	5.638	0.45%

三、结论

烟草石油醚提取物是评价烟草感官质量的重要因子。一般质量较好的烟叶其石油醚提取物含量也较高。本文采用近红外光谱法，研究建立了快速测定烟草中石油醚提取物的定量分析模型，结果令人满意，适用于样品快速无损分析。

第七节　烟草 pH 值的近红外分析模型研究

一、材料与方法

（一）仪器

Thermo Antaris 傅立叶变换近红外光谱仪，配有积分球漫反射采样系统，InGaAs 检测器，Result 和 TQ 操作分析软件。Sartorius 电子天平（精度为 0.000 1g）。Mettler Toledo Delta320pH 计（LE438 三合一电极）。烘箱（Precision Oven625）。

（二）样品

以烤烟为建模集，样品共 572 个，选取种植年份为 2003—2007 年的国内烤烟 525 个，2003—2005 年国外烤烟 47 个，烟叶储存时间为 0 ~ 3 年。验证样品集选取 2005—2007 年种植的国内烤烟样品 81 个，烟叶储存时间为 0 ~ 2 年。为使验证集具有普遍性和代表性，考察了建模、验证样品近红外漫反射光谱的第 1、第 2 主成分空间分布（图 4 -49），发现验证集样品基本涵盖建模集样品的光谱特征信息。

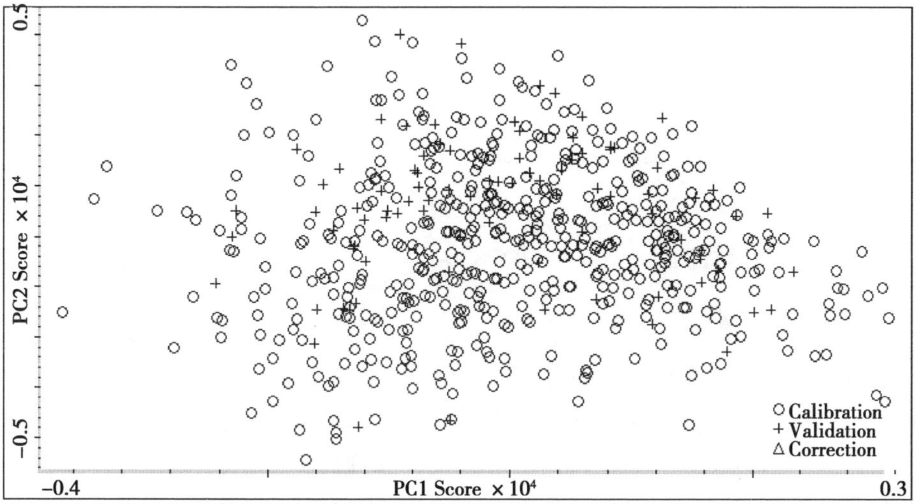

图 4 -49　建模、验证样品近红外漫反射光谱的第 1、第 2 主成分空间分布

（三）测试与数据处理

1. 烟末样品 NIR 光谱采集

将烟叶样品抽梗切丝，取 50g 烟丝置于 40℃烘箱内，排风干燥 2h，取出磨碎过 245μm 筛。

取烟末 20g 置于石英测量杯中，压平，于旋转器上扫描近红外漫反射光谱。扫描条件：光谱为 3 800 ~ 10 000 cm^{-1}，分辨率 8cm^{-1}，扫描次数 64 次。实验室温度控制在 20 ~ 24℃。

2. 烟末样品 pH 值测试

采用加拿大政府方法测定样品的 pH 值，发现本实验烤烟样品的 pH 值为 4.80 ~ 5.80。为使验证的结果具有客观性，考察了建模、验证集样品的 pH 测量值分布（表 4 - 43），验证集样品的 pH 值分布范围基本按比例涵盖建模集样品的 pH 值分布范围。

表 4 - 43　建模样品和验证样品 pH 值分布

pH 值数值区域	建模样品数量	验证样品数量
4.80≤pH<5.00	16	0
5.00≤pH<5.10	21	0
5.10≤pH<5.20	36	3
5.20≤pH<5.30	74	9
5.30≤pH<5.40	164	23
5.40≤pH<5.50	136	28
5.50≤pH<5.60	86	16
5.60≤pH<5.70	32	2
5.70≤pH<5.80	7	0

二、结果与讨论

（一）模型建立

选择 7 500 ~ 3 993cm^{-1}的谱区，利用 PLS 方法建立 pH 值模型。为过滤噪声、提高信噪比并消除基线漂移，采用 TQ analyst 7.1 的一阶微分和二阶微分，并采用 Savitzky - Golay filter 进行平滑滤波预处理。经过优化，建立了 2 个 pH 值模型，其预测能力可通过模型的相关系数、RMSEP（预测均方差）等指标进行综合评价，本实验的预测相关系数和 RMSEC（校正均方差）均较理想（表 4 - 44）。

表 4－44　pH 值模型的建模参数统计

pH 值模型	因子数	样品数	剔除点	相关系数（R）	校正均方差 RMSEC	建模 pH 值范围
一阶微分模型	16	572	49	0.922 4	0.058 7	4.85～5.74
二阶微分模型	13	572	49	0.926 9	0.057 1	4.85～5.74

（二）模型验证

实验选用 2005—2007 年种植的国内烤烟 81 个作外部验证样品。以一阶微分模型为例，其外部验证样品预测值与化学值之间的平均绝对偏差为 0.057，绝对偏差为 0.00～0.17。其中，有 66 个样品预测值与化学值之间的绝对偏差小于 0.10，占验证样品百分比为 81.5%，只有 4 个样品绝对偏差大于 0.14，模型预测到达较好效果，数据见表 4－45。

经统计，一阶微分模型和二阶微分模型的平均绝对偏差分别为 0.057，0.065；RMSEP 分别为 0.072，0.078。利用 SPSS v14.0 统计分析软件，通过配对 t 检验进一步验证发现，在显著性水平大于 0.05 时，2 种方法不存在显著性差异（查 t 分布表，当自由度 $f=80$ 时，$t_{0.05}$，$80<1.990\ 06$），即没有系统误差。t 检验值分别为 1.024，1.247。可见以上所建立的一阶微分模型和二阶微分模型都具有良好的预测能力。

表 4－45　一阶微分模型验证样品预测效果

pH 预测值与化学值之间绝对偏差（AAD）范围	验证样品数量	占验证样品百分比（%）
0.00≤AAD<0.02	23	28.4
0.02≤AAD<0.04	15	18.5
0.04≤AAD<0.06	8	9.9
0.06≤AAD<0.08	11	13.6
0.08≤AAD<0.10	9	11.1
0.10≤AAD<0.12	5	6.2
0.12≤AAD<0.14	6	7.4
AAD≥0.14	4	4.9

（三）模型转移

1. 一阶微分模型直接转移

将主仪器的 pH 值一阶微分模型进行直接转移，传递给 7 台仪器（分别以子仪器 A～G 表示）。子仪器 A～F pH 值预测的平均绝对偏差为 0.048～0.069。F 检验表明仪器 G（F>1.496 7）没有通过检验，其他仪器与主仪器没有显著差异。具体数据见表4-46。由于子仪器G的一阶微分模型直接转移不够理想，考虑采用二阶微分模型进行直接转移。

表4-46　一阶微分模型直接转移结果

一阶微分模型	主仪器	子仪器A	子仪器B	子仪器C	子仪器D	子仪器E	子仪器F	子仪器G
AAD（平均绝对偏差）	0.057	0.049	0.066	0.069	0.065	0.069	0.069	0.087
RMSEP（预测均方差）	0.072	0.059	0.083	0.086	0.087	0.087	0.085	0.101
F-test①②＊（F检验）	—	1.49	1.31	1.41	1.45	1.46	1.38	1.95

注：＊①F＝（RMSEP大/RMSEP小）2，即F≥1，查F分布表得到，当$a=0.05$，F（80，80）＝1.4967，如果F＞1.4967，即有显著差异；＊②F检验是将子仪器的RMSEP与主仪器的RMSEP作比较

2. 二阶微分模型直接转移

微分光谱法是常用的光谱预处理方法，它可以提高光谱分辨率，同时又可减小基线偏移带来的影响；其中，一阶微分可消除常数基线偏移，二阶微分可消除线性基线偏移。同一样品在不同时间、不同地点、不同仪器上采集到的光谱图，由于实验环境、仪器光学系统、检测器状态等的不一致可能导致光谱基线偏移，当这种偏移不是简单的常数偏移时，二阶微分处理可以更好的减小这种差异，更有利于模型的转移。对实验中所有仪器的光谱进行距离判别分析，结果如图4-50、图4-51所示。可见，图4-50中的一阶微分光谱明显分成2个区域，而图4-51的二阶微分光谱区分不明显，亦即仪器G和仪器A~F的二阶微分光谱区分不明显。

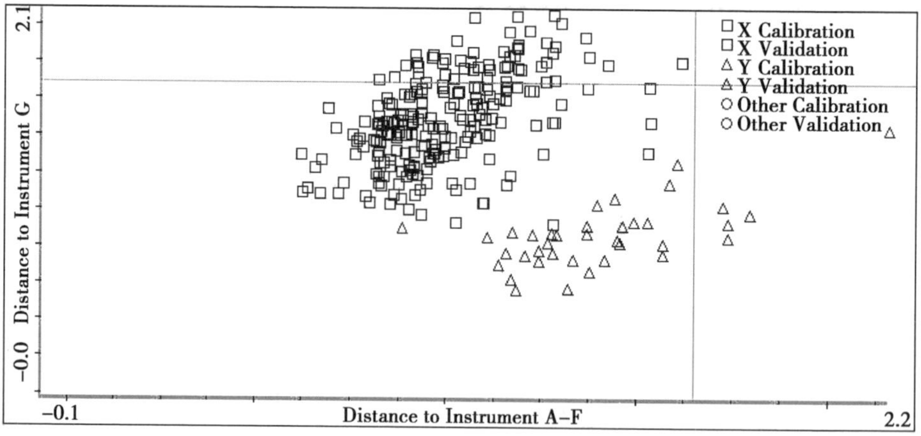

图4-50　一阶微分光谱的距离判别分析

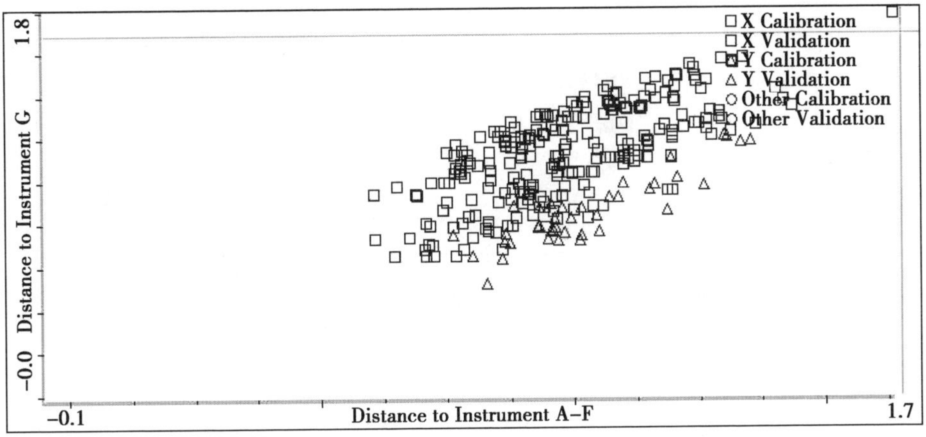

图 4－51　二阶微分光谱的距离判别分析

二阶微分模型直接转移给子仪器 G，pH 值预测的绝对偏差为 0.070，预测均方差为 0.091，F 检验为 1.39，通过了 F 检验，也获得了较好的效果。

三、结论

通过选取具有代表性的模型校正样品、采集并预处理近红外光谱，可建立具有较好准确性的近红外 pH 值预测模型。通过对模型的外部检验发现，近红外 pH 值的预测值与测定值结果较为一致。模型转移实验表明，本实验所建立的 pH 值模型直接转移效果较出色，能满足不同实验室进行大规模烟叶采购和储存养护中快速检测 pH 值的需求。

第八节　烟草中茄尼醇的近红外分析模型研究

一、材料和方法

（一）材料、仪器

2010—2011 年，在我国主要烤烟生产省份（云南、贵州、四川、重庆、湖南、湖北、福建、广西、山东、河南、黑龙江、辽宁、吉林、陕西），分别选取 1～6 个代表产地，每产地选取一套等级（B2F、C3F、C3L、X2F）代表样品，共选取样品 243 份。用其中 80%（193 个）的样品作为建模样品集（校正集），20%（50 个）作为验证样品集（验证集）和转移样品（表 4－47）。

Aataris Ⅱ FT－NIR 光谱仪（Thermo Fisher 公司），配有积分球漫反射采样系统，Result 操作软件，TQ Analyst 8.0 分析软件；超高效液相色谱仪（Waters，H－Class），KQ－500GVDV 型恒温超声器（上海昆山），Sartorius 电子天平（精度 0.000 1g），立鹤牌 302 型烘箱（山东潍坊），SY－Ⅲ型实验用切丝机（河南富邦实业有限公司）。

表 4－47　校正集和验证集茄尼醇含量分布

样品集	样品数	最大值（%）	最小值（%）	平均值（%）
校正集	193	3.48	0.13	1.37
验证集	50	2.99	0.15	1.27

（二）研究方法

1. 样品制备

由外观鉴定专家根据 GB 2623—92《烤烟》对选择样品进行等级平衡、鉴定及品质评价后，选取代表等级烟叶 3～5kg，去筋，切丝（0.9mm ± 0.1mm），混匀，取 100g 烟丝放入烘箱内，60℃烘干后制成粉末（60 目），进行近红外光谱采集。

2. 茄尼醇化学值的测定

称取烟草粉末样品 0.1g（精确至 0.000 1g），放入 20ml 带有聚四氟乙烯密封盖的离心玻璃管中，用移液管加入 1.0ml 的氢氧化钠乙醇（0.1moL/L）溶液及 5.000ml 正己烷溶液，盖上密封盖，振荡，混匀，放入恒温超声提取器中，在超声频率 45kHz，温度 40℃条件下，提取 30min，取出，冷却至室温，旋开密封盖，加入 8ml 去离子水，盖紧瓶盖，充分振荡后，放入离心机，3 000转/min，离心 10min 取出，用移液枪移取 0.500ml 离心管中上层正己烷茄尼醇提取液，流动相稀释至 5.000ml，用 0.22μm 有机滤膜过滤至液相色谱安培瓶中，应用超高效液相色谱（UPLC）进行检测。

色谱条件：色谱柱：BEH C18 1.7μm2.1 * 100mm，流动相：甲醇：乙腈 = 50：50，流速：0.5ml/min，柱温：35℃，检测波长：210nm。茄尼醇液相色谱图见图 4－52。

该方法是本实验室自己开发的（ZL201310282917.0），试验的加标回收率为 93.4%～102.3%，RSD 为 1.61%～2.43%，方法精密度 RSD 为 2.49%，回收率和精密度较高，符合定量分析要求。

3. 近红外光谱采集

取烟叶样品粉末 20g 置石英测量杯中，加上压样器，放在旋转台内进行光谱采集。采集条件：以仪器内置背景为参比，波数：10 000 ~ 3 800cm^{-1}，扫描次数：64 次，分辨率：8cm^{-1}。实验室温度控制在 20 ~ 24℃。

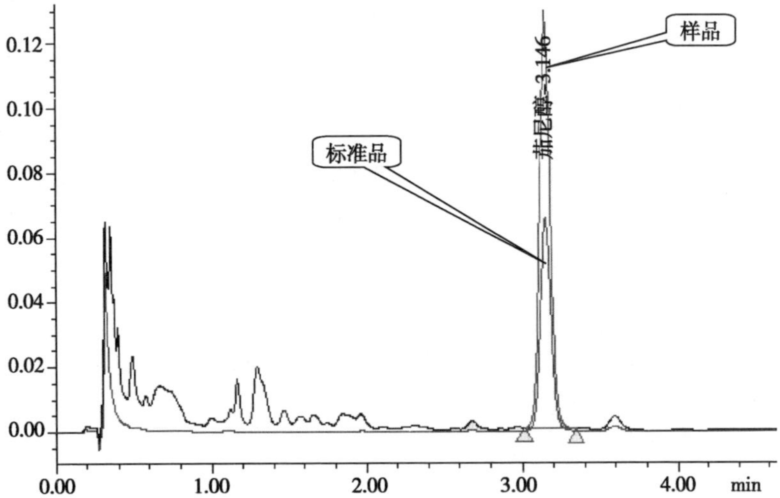

图 4－52　茄尼醇液相色谱图

4. 定量校正模型的建立

应用 TQ Analyst 8.0 分析软件中的偏最小二乘（PLS）回归算法，把采集的近红外漫反射光谱数据与化学方法测定的茄尼醇的化学值，采用留一（leave－one－out）交叉验证法建立校正模型，并进一步优化验证，以校正模型的相关系数（R）、校正均方差（RMSEC）、交叉验证均方差（RMSECV）、预测均方差（RMSEP）等指标来考察模型的建模效果，所有参数的计算方法见文献。通常相关系数越接近 100%，均方差越小，表示模型的预测值越接近化学值，拟合效果越好。模型建立以后，用外部验证来检验模型的预测能力。

5. 模型传递

分别采用无标转移和有标转移两种方法进行模型传递，无标转移是将模型直接传递到其他仪器上；有标转移是先将转移样品的一部分添加在待转移仪器模型上，重新计算模型，得到一个新模型，然后用其他转移样品考察新模型的预测效果。

二、结果与分析

（一）不同预处理方法对校正模型的影响

近红外光谱在采集过程中，为了消除样品的颗粒大小、装样条件、仪器条件等影响而产生的光谱基线漂移和偏移及信噪比降低等问题，通常采用平滑和求导的方法进行数学预处理。表4－48为分别采用原始光谱、一阶导数和二阶导数光谱建立模型时的相关系数（R）、交叉验证均方差（RMSECV）、预测均方差（RMSEP）。结果表明，茄尼醇模型采用一阶导数，Savitzky Golay平滑建模时，得到了较低的交叉验证均方差（RMSECV）。二阶导数虽然取得了较高的相关系数，但交叉验证过程中均方差（RMSECV）和预测均方差（RMSEP）均较高，结合主因子数考察发现模型有“过拟合”现象。因此光谱预处理选择一阶导数，Savitzky Golay平滑建立了茄尼醇的定量校正模型。

表4－48　不同预处理方法对校正模型RMSECV的影响

光谱预处理方法	校正模型 相关系数（R）	校正均方差 （RMSEC）	预测均方差 （RMSEP）	交叉验证均方差 （RMSECV）
原始光谱	0.98849	0.0927	0.115	0.123（19）
一阶导数	0.99359	0.0692	0.0952	0.132（11）
二阶导数	0.99953	0.0188	0.206	0.271（9）

（二）谱区范围选择对校正模型的影响

表4－49为使用不同谱区的光谱信息建立校正模型时的相关系数R和均方差RMSECV值，其中，谱区10 000～4 000cm^{-1}为全谱区，括号内数字为PLS主因子阶数。从表4－49数据可以看出，谱区范围的选择对定量分析精度影响较大。茄尼醇模型采取一阶导数预处理并用不同谱区范围建立的模型中，以7 836.02～3 893.62cm^{-1}建立校正模型的均方差RMSECV（0.121）最小，因此选择7 836.02～3 893.62cm^{-1}谱区作为茄尼醇模型的最佳建模谱区。

表4－49　不同谱区范围对RMSECV的影响

谱区范围 （cm^{-1}）	校正模型 相关系数（R）	校正均方差 （RMSEC）	预测均方差 （RMSEP）	交叉验证均方差 （RMSECV）
4 000～8 000	0.990 40	0.084 7	0.085 2	0.122（12）
7 508.32～3 948.17	0.989 80	0.087 3	0.079 8	0.124（12）

（续表）

谱区范围（cm^{-1}）	校正模型相关系数（R）	校正均方差（RMSEC）	预测均方差（RMSEP）	交叉验证均方差（RMSECV）
7 550.07 ~ 6 637.66 6 333.53 ~ 3 995.87	0.989 50	0.088 5	0.084 1	0.122（12）
7 836.02 ~ 3 893.62	0.991 43	0.080 0	0.081 9	0.121（13）

（三）模型的优化与外部验证

基于前述得到的建模参数，即建立了茄尼醇的定量分析校正模型。然后对模型进一步优化，通过判断和剔除异常样品（Outlier）和强影响点，确定最优主因子，获得了茄尼醇的最佳校正模型，模型交叉验证均方差 RMSECV 为 0.108。优化后模型的各项参数见表 4 - 50，NIR 预测值与化学值的散点图见图 4 - 53。

表 4 - 50　茄尼醇校正模型的数理指标

谱区范围（cm^{-1}）	校正模型相关系数（R）	校正均方差（RMSEC）	预测均方差（RMSEP）	交叉验证均方差（RMSECV）
7 836.02 ~ 3 893.62	0.993 02	0.071 6	0.082 2	0.108（13）

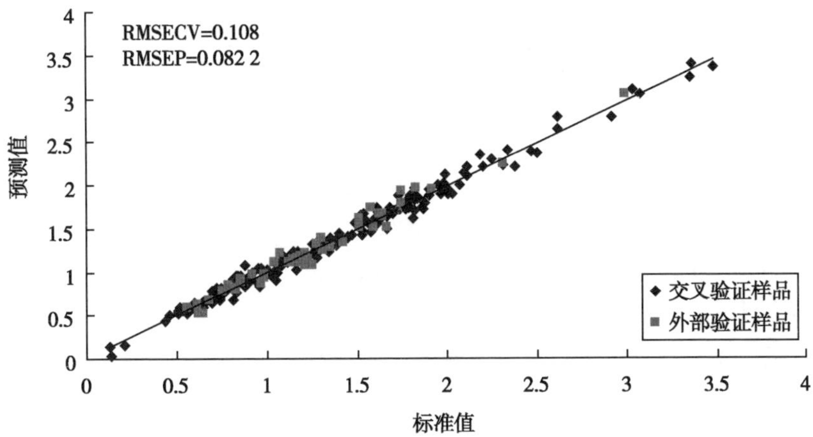

图 4 - 53　茄尼醇的化学值与模型预测值的散点图

为了检验模型的预测能力，通常选用一批未参与建模的样品对模型进行外部验证，本文用前述的 50 个验证集样品对模型进行预测，通过预测值和化学值的内部交叉验证均方差（RMSECV）和预测均方差（RMSEP）检验模型的预测能力。从茄尼醇预测模型的预测值和化学值散点图和相关图（图4－53、图4－54）看出，NIR预测值能够很好地逼近化学值，达到较低的预测均方差和相对偏差，其RMSEP为0.082 2，化学值和NIR预测值的平均相对偏差为5.3%。利用DPS v 7.05统计分析软件，通过配对 t 检验进一步验证发现，P值（双尾）为0.831，大于0.05，说明化学方法和近红外速测两种方法不存在显著差异，即没有系统误差，模型具有很好的预测能力。

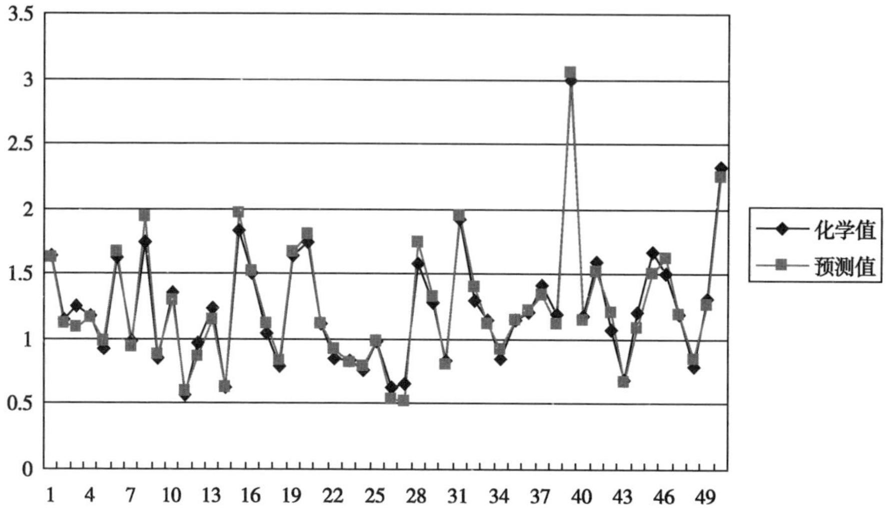

图4－54　模型预测值和化学值的相关图

（四）模型传递

50个转移样品分别用无标转移（即直接转移）和有标转移法将模型转移到另一台近红外仪器（从仪器）上，“从仪器”与“主仪器”型号相同，均为Aataris Ⅱ FT－NIR光谱仪（Thermo Fisher公司）。无标转移和有标转移模型效果图见图4－55。从图4－55看出无标转移法中“从仪器”光谱产生了较大的系统偏差，转移样品产生较大偏离，造成模型的预测均方差较大，无标转移效果不是很理想，因此，考虑采用有标转移法。将50个转移样品中的10个添加到“从仪器”的模型里，重新计算模型，得到了“从仪器”的模型，转移模型的相关系数及预测均方差见表4－51，由表4－51和图4－55可知，虽然两种转移方法“主仪器”和“从仪器”模型的各项参数接近，但有标转移模型的预测均方差RMSEP（0.114）更低，转移效果更佳，模型成功地转移到“从仪器”上。

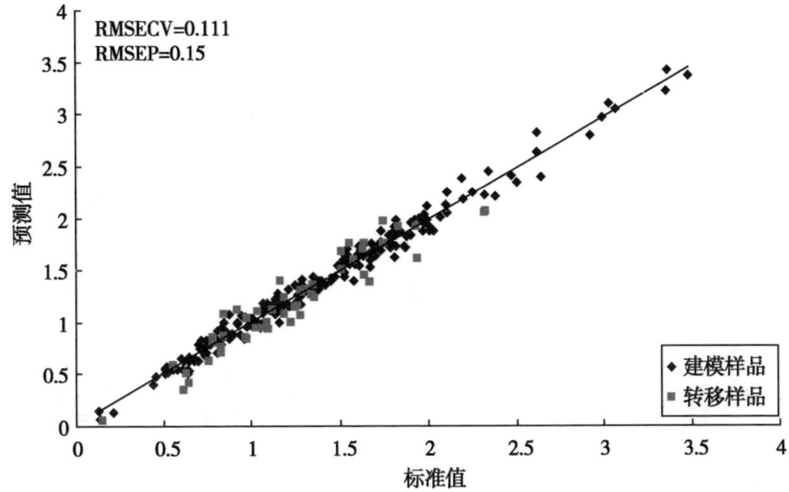

无标转移

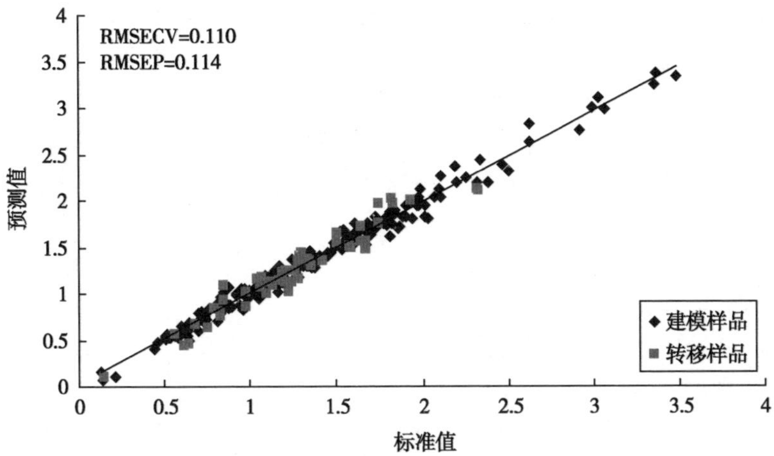

有标转移

图 4－55　模型转移效果图

表 4－51　转移模型无标转移和有标转移的各项参数

方法	校正模型 相关系数（R）	校正均方差 （RMSEC）	预测均方差 （RMSEP）	交叉验证均方差 （RMSECV）
无标转移	0.991 65	0.078 5	0.15	0.111（13）
有标转移	0.991 95	0.076 8	0.114	0.11（13）

三、结论

选取具有代表性的建模样品，采用一阶导数预处理光谱，选择 7 836.02 ~ 3 893.62cm^{-1}谱区建立了较高准确性的茄尼醇近红外预测模型，模型内部交叉验证均方差（RMSECV）为 0.108，外部验证的预测均方差（RMSEP）为 0.0822，平均相对偏差为 5.3%，结果表明近红外预测值与化学值结果较为一致。并通过有标转移法成功地将模型转移到其他仪器上，实现了不同实验室对批量样品的快速检测，同时也为筛选高含量茄尼醇品种提供了快速有效的方法。

第九节　烟草中有机酸的近红外分析模型研究

（一）材料与方法

1. 材料、仪器

2010—2011 年，在我国主要烤烟生产省份（云南、贵州、四川、重庆、湖南、湖北、福建、广西、山东、河南、黑龙江、辽宁、吉林、陕西），分别选取 1 ~ 6 个代表产地，每产地选取一套等级（B2F、C3F、C3L、X2F）代表样品，共选取样品 203 份。用其中 80%（153 个）的样品作为建模样品集（校正集），20%（40 个）作为验证样品集（验证集）。所有样品 60℃烘干后制成粉末（60 目）。

Aataris Ⅱ FT - NIR 光谱仪（美国 Thermo Fisher），气质联用仪 7890A - 5975C（美国 Agilent），电子天平（精度 0.0001g）（德国 Sartorius），立鹤牌 302 型烘箱（山东潍坊），UPLC 液相色谱（美国 Waters）。

2. 方法

化学值的测定：气质联用法（YC/T 288—2009 烟草及烟草制品多元酸的测定）。

光谱采集：取烟叶样品粉末 20g 置石英测量杯中，加上压样器，放在旋转台内进行光谱采集。采集条件：以仪器内置背景为参比，波数：10 000 ~ 3 800cm^{-1}，扫描次数：64 次，分辨率：8cm^{-1}。实验室温度控制在 20 ~ 24℃。

定量校正模型的建立：应用 TQ Analyst 8.0 分析软件中的偏最小二乘（PLS）回归算法，把采集的近红外漫反射光谱数据与化学方法测定的 3 种化合物的化学值，采用留一（leave - one - out）交叉验证法建立校正模型，以校正模型的相关系数（R）、校正均方差（RMSEC）、交叉验证均方差（RM-

SECV）、预测均方差（RMSEP）等指标来考察模型的建模效果，所有参数的计算方法见第二章第五节。通常相关系数越接近100%，均方差越小，表示模型的预测值越接近化学值，拟合效果越好。

（二）结果与讨论

1. 光谱预处理方法

近红外光谱采集过程中，为了消除样品颗粒大小、均匀性、仪器状态等因素影响而产生的光谱基线偏移和漂移及信噪比降低等问题，需要对原始光谱进行预处理。最常用的光谱预处理方法是将原始光谱做导数处理和平滑处理。表4－52为通过多次试验得到的各种有机酸的最佳预处理方法。

2. 光谱范围的选择

近红外光谱谱区范围的选择对定量分析模型的分析精度影响较大，通过选取不同的谱区范围分别进行内部交叉验证，得到有机酸各种化合物模型的最佳谱区范围（表4－52）。

表4－52　有机酸的最佳预处理方法和谱区范围

化合物	光谱预处理方法	最佳谱区范围（cm^{-1}）	最佳主因子数
草酸	一阶导	7 694.21～3 969.26	17
丙二酸	一阶导	7 798.20～3 969.26	18
苹果酸	一阶导	7 722.57～3 969.26	16
柠檬酸	一阶导	7 769.84～3 988.16	19
棕榈酸	一阶导	7 703.66～3 969.26	11
亚油酸	一阶导	7 609.12～3 969.26	14
油酸	一阶导	7 812.46～3 988.16	11
硬脂酸	一阶导	7 695.39～3 950.35	7
饱和脂肪酸	一阶导	7 779.29～3 940.89	13
不饱和脂肪酸	一阶导	7 732.02～3 969.26	15
高级脂肪酸	一阶导	7 798.20～3 959.80	8

3. 模型的优化与外部验证

基于前述得到的建模参数，即建立了烤烟烟叶中草酸、丙二酸、苹果酸、柠檬酸、棕榈酸、亚油酸、油酸、硬脂酸、饱和脂肪酸、不饱和脂肪酸、高级脂肪酸的近红外速测模型。然后对模型进行逐步优化，剔除异常样品（Outlier）和强影响点，确定最优主因子、直到获得最佳预测模型（图4－56，表4－53）。由图4－56和表4－53可知11种有机酸的近红外模型均较好，其相关系数均在0.80以上，预测值和化学值较接近。其中，草酸(0.990 5)、苹果酸（0.997 0）、柠檬酸（0.984 2）、丙二酸（0.975 9）的校正模型的相关系数达到0.95以上，草酸、苹果酸校正模型的相关系数更是达到0.99以上，建模效果最好。

另外选用一批未参与建模的样品对模型进行外部验证，草酸、丙二酸、苹果酸、柠檬酸、棕榈酸、亚油酸、油酸、硬脂酸、饱和脂肪酸、不饱和脂肪酸、高级脂肪酸近红外模型的预测均方差（RMSEP）分别为0.060 6、0.020 4、0.373、0.013 1、0.024 7、0.021 5、0.025 1、0.007 27、0.032 5、0.042 5、0.079 1均较低，说明模型可对这些样品进行较为准确的测定（表4－53，图4－56）。

表4－53　11种有机酸的近红外校正模型的数理指标

	校正模型相关系数（R）	校正均方差（RMSEC）	预测均方差（RMSEP）	交叉验证均方差（RMSECV）
草酸	0.990 5	0.043 8	0.060 6	0.073 4
丙二酸	0.975 9	0.013 2	0.020 4	0.024 8
苹果酸	0.997 0	0.190 0	0.373	0.400 0
柠檬酸	0.984 2	0.007 8	0.013 1	0.015 5
棕榈酸	0.918 6	0.022 3	0.024 7	0.033 3
亚油酸	0.858 0	0.019 2	0.021 5	0.025 3
油酸	0.908 1	0.022 7	0.025 1	0.034 1
硬脂酸	0.840 6	0.007 3	0.007 27	0.008 0
饱和脂肪酸	0.913 7	0.028 0	0.032 5	0.008 0
不饱和脂肪酸	0.892 4	0.039 0	0.042 5	0.055 2
高级脂肪酸	0.823 9	0.081 9	0.079 1	0.097 5

（三）结论

通过选取具有代表性的模型校正样品、采集并预处理近红外光谱，可建立具有较高准确性的草酸、丙二酸、苹果酸、柠檬酸、棕榈酸、亚油酸、油酸、硬脂酸、饱和脂肪酸、不饱和脂肪酸、高级脂肪等11种有机酸的近红外预测模型，其相关系数R分别为0.990 5、0.975 9、0.997 0、0.984 2、0.918 6、0.858 0、0.908 1、0.840 6、0.913 7、0.892 4、0.823 9，交叉验证均方差RMSECV分别为0.073 4、0.024 8、0.4、0.015 5、0.033 3、0.025 3、0.034 1、0.008、0.055 2、0.097 5，外部验证预测均方差RMSEP分别为0.060 6、0.020 4、0.373、0.013 1、0.024 7、0.021 5、0.025 1、0.007 27、0.032 5、0.042 5、0.079 1。其中苹果酸和草酸的近红外模型最好，预测值和化学值的结果差异较小。说明该技术可用于烤烟烟叶批量样品的快速预测。

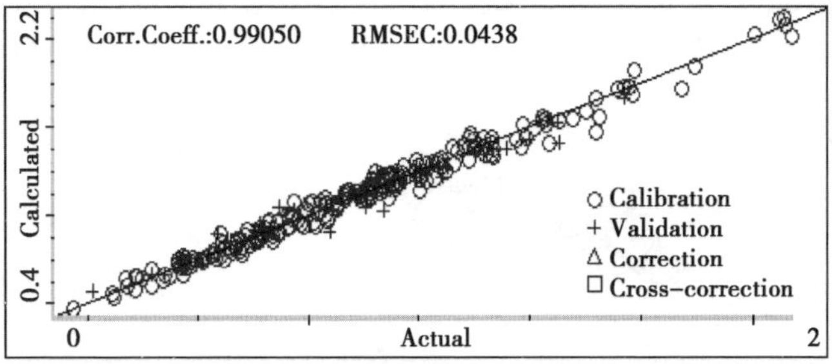

草酸

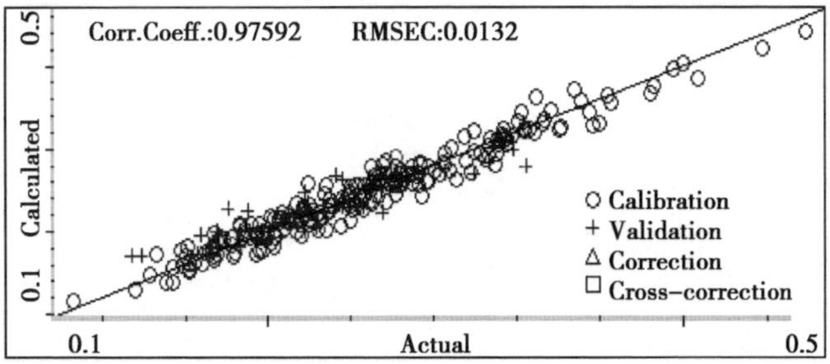

丙二酸

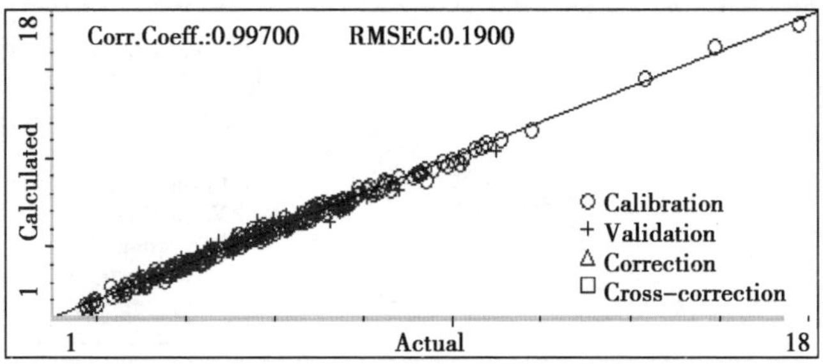

苹果酸

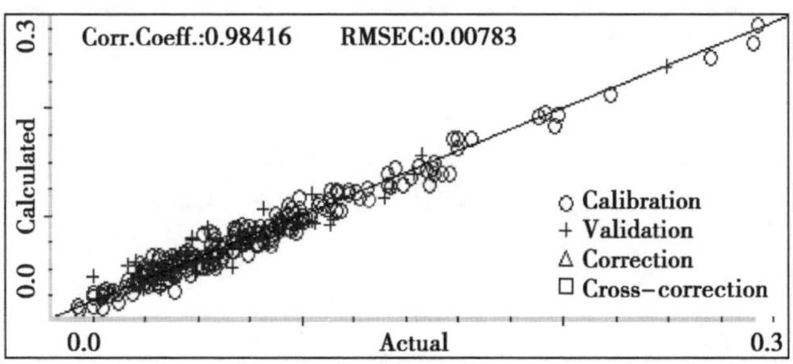

柠檬酸

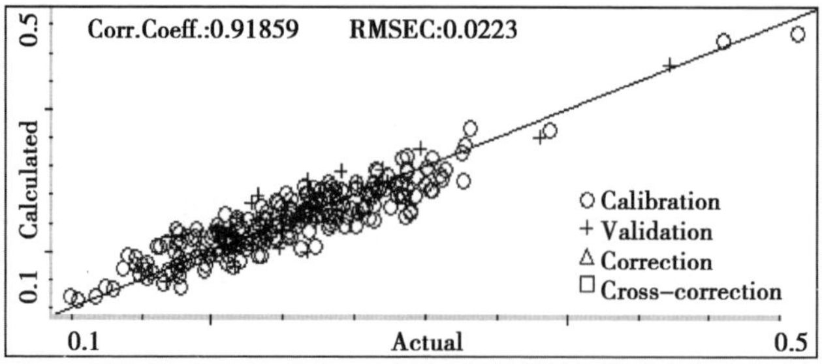

棕榈酸

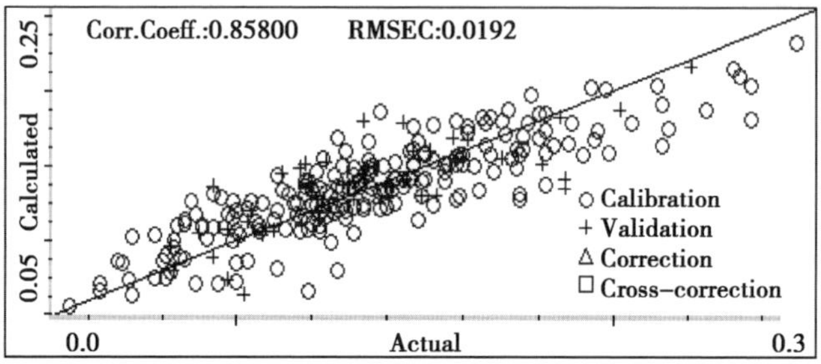

亚油酸

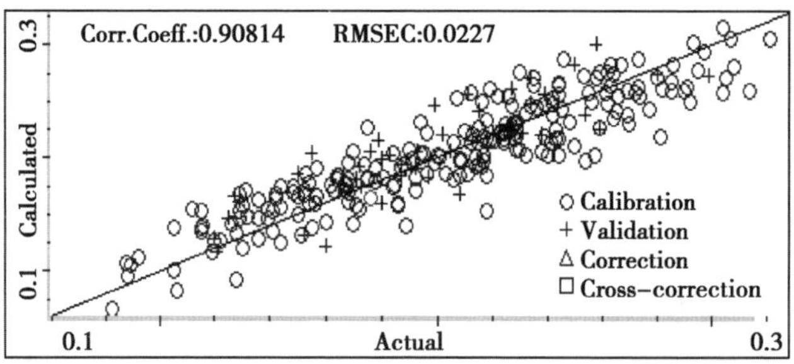

油酸

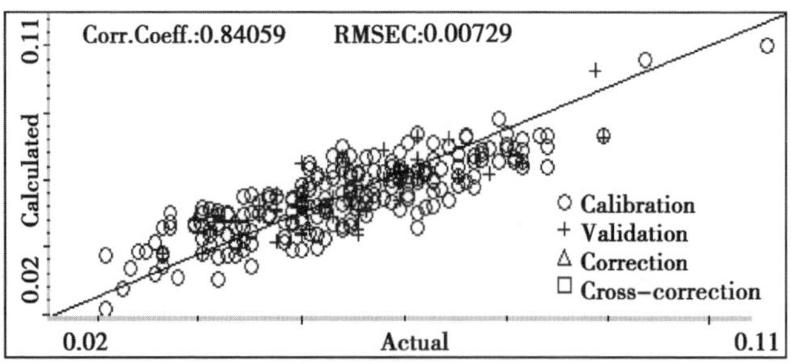

硬脂酸

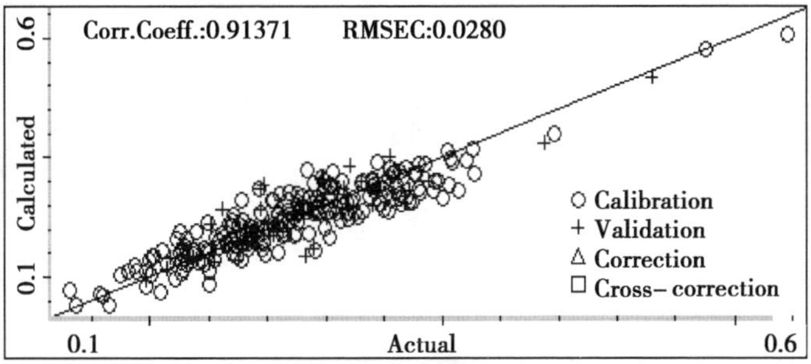

饱和脂肪酸

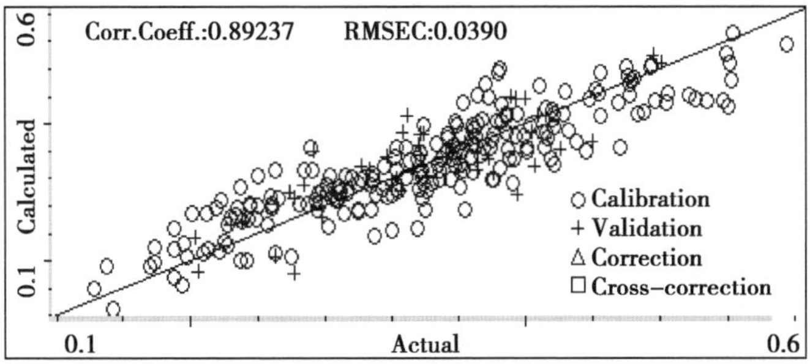

不饱和脂肪酸

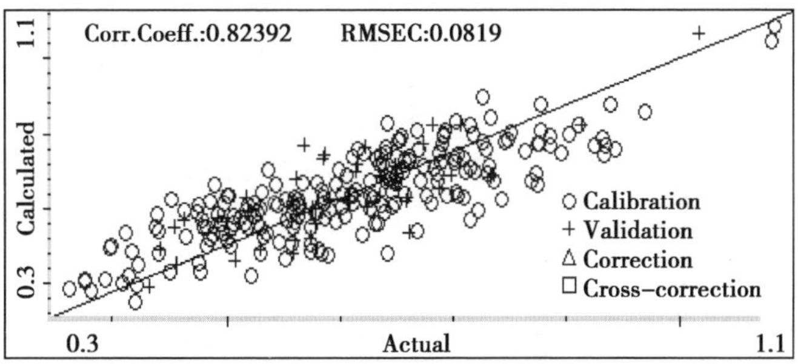

高级脂肪酸

图 4-56　11 种有机酸的近红外预测值和化学值的相关图

第五章　烟叶外观物理指标的近红外光谱分析

第一节　烟叶结构和油分的近红外光谱预测

一、材料与方法

（一）仪器

BRUKER VECTOR 22/N 傅立叶近红外变换光谱仪（德国 Bruker 公司）；配备计算机分析软件 OPUS QUANT 2。

（二）样品

2003 年安徽、福建、广西、贵州、河南、黑龙江、湖北、湖南、吉林、江西、辽宁、陕西、四川、云南、重庆 15 个省（区）市共 77 个县（市）生产的 4～6 叶位、8～11 叶位、14～17 叶位烟叶样品 359 个（其中，250 个作建模样品，109 个作检验样品）。

（三）样品处理

每个样品随机抽取 20 片烟叶，依据 GB 2635—1992《烤烟》标准逐片评价烟叶的叶片结构、油分，并根据郑州烟草研究院烤烟种植区划课题组烟叶外观品质因素质量量化表（表 5－1）对每片烟叶赋值。统计 20 片烟叶外观质量分值，取其平均值作为样品的分值。然后将这 20 片烟叶切丝，混匀，在 22℃、RH65% 环境下平衡 48h，取 100g 烟丝松散均匀置于石英测量杯中，用 540g 的压样器将烟丝压（30s）平实，放入漫反射旋转台内扫描，每个样品扫描 3 次。扫描条件为：扫描次数 64 次，波长为 3 500～12 000 cm^{-1}，分辨率 8cm^{-1}。

表 5－1　烟叶叶片结构和油分质量量化分值

叶片结构	油分	分值
疏松	多	8～10
尚疏松	有	5～8
稍密	稍有	3～5
紧密	少	0～3

注：烟叶外观质量特征如叶片结构疏松是指叶片细胞排列间隙大，是通过叶片的韧性、弹性、色泽以及叶面上粗糙的感觉来判断的，有范围概念，即同为疏松的烟叶其质量是不一样的，故赋予疏松对应的分值为 8～10 分，当品质因素质量档次处于界限时赋予界限分值。

二、结果与分析

（一）光谱预处理方法的选择

选择不同光谱预处理方法，将建模样品的光谱图与叶片结构、油分分值建立模型，计算模型的交叉验证均方差（RMSECV）、决定系数（R^2）。结果（表 5－2）显示，对于叶片结构分值，采用矢量归一法光谱预处理建立的模型的 RMSECV 最小，R^2最大，表明在建立叶片结构模型时，用此法对光谱预处理较适宜，直线差减法次之，乘法散射校正法最差。此外，除乘法散射校正法外，大多数光谱预处理方法均比不进行预处理所建模型的预测结果要好；对于油分，乘法散射校正法所建模型的 RMSECV 最小，R^2最大，最小－最大归一法和直线差减法略次之，表明这 3 种方法预处理建立的油分模型的预测结果均较准确，不预处理所建模型的最差。因此，本实验选用矢量归一法和乘法散射校正法进行光谱预处理，分别建立烟叶结构和油分预测模型。

表 5－2　不同的光谱预处理方法模型的 RMSECV、R^2值

预处理方法	结构		油分	
	RMSECV	R^2	RMSECV	R^2
矢量归一法	0.432	0.622 2	0.606	0.373 0
直线差减法	0.446	0.598 2	0.588	0.410 1
一阶导数＋矢量归一法	0.449	0.591 5	0.616	0.353 2
线性补偿差减法	0.454	0.583 6	0.654	0.276 5
一阶导数＋直线差减法	0.455	0.581 5	0.611	0.363 5
一阶导数法	0.461	0.570 8	0.606	0.374 0
一阶导数＋乘法散射校正法	0.461	0.569 6	0.618	0.348 3
最小－最大归一法	0.465	0.563 3	0.585	0.415 7

（续表）

预处理方法	结构		油分	
	RMSECV	R^2	RMSECV	R^2
二阶导数法	0. 481	0. 532	0. 620	0. 343 8
不处理 No preprocessing	0. 482	0. 530 9	0. 658	0. 260 2
乘法散射校正法	0. 485	0. 524 6	0. 580	0. 425 4

（二）扫描波长范围的确定

改变波长范围进行光谱扫描，分别采用矢量归一法和乘法散射校正法进行光谱预处理，建立叶片结构和油分预测模型，通过内部交叉检验，获得其 RMSECV 和 R^2 值。结果（表 5－3）显示，不同的波长范围所建模型的预测效果不一样，采用全波长光谱建立模型时，包含了仪器噪声和某些信息很弱的谱区，使模型的预测性能变差。缩小波长范围，减少了部分有用的光谱信息，建模信息量不够，导致模型预测性能下降。当叶片结构模型选取的波长范围 4 246 ~ 4 601 cm^{-1} 和 6 098 ~ 9 222 cm^{-1}，油分模型选取的范围 4 246 ~ 5 450 cm^{-1} 和 6 098 ~ 7 502 cm^{-1} 所建模型的预测质量较好。因而，本实验选择这 4 种波长范围建立结构预测模型和油分预测模型。

表 5－3　不同波长选择的模型 RMSECV、R^2 值

叶片结构模型			油分模型		
波长范围（cm^{-1}）	RMSECV	R^2	波长范围（cm^{-1}）	RMSECV	R^2
全波长：3 498 ~ 11 999	0. 506	0. 482 1	全波长：3 498 ~ 11 999	0. 651	0. 310 2
4 246 ~ 4 601，6 098 ~ 9 222	0. 432	0. 622 2	4 246 ~ 5 450，6 098 ~ 7 502	0. 580	0. 425 4
6 098 ~ 9 222	0. 542	0. 402 5	6 098 ~ 7 502	0. 723	0. 300 4
4 246 ~ 4 601	0. 544	0. 400 4	4 246 ~ 5 450	0. 720	0. 300
4 246 ~ 9 222	0. 455	0. 599 8	4 246 ~ 7 502	0. 596	0. 391 9
4 138 ~ 4 713，5 882 ~ 9 238	0. 436	0. 615 9	4 138 ~ 5 320，6 173 ~ 7 416	0. 585	0. 412 3
4 289 ~ 4 513，5 924 ~ 8 898	0. 441	0. 610 3	4 354 ~ 5 613，5 924 ~ 8 437	0. 589	0. 411 1

（三）阶数的确定

所谓阶数（rank），就是建立模型所需的因子数量。一般根据 RMSECV 来确定阶数，选取不同的阶数建立模型，计算模型 RMSECV，结果（图 5－1、图 5－2）显示，结构模型和油分模型的阶数分别为 13 和 16 时，RMSECV 最小，表明模型的预测值与人工赋值越接近，预测的准确性越高。因此，叶片结构模型和油分模型的阶数分别选择 13 和 16。

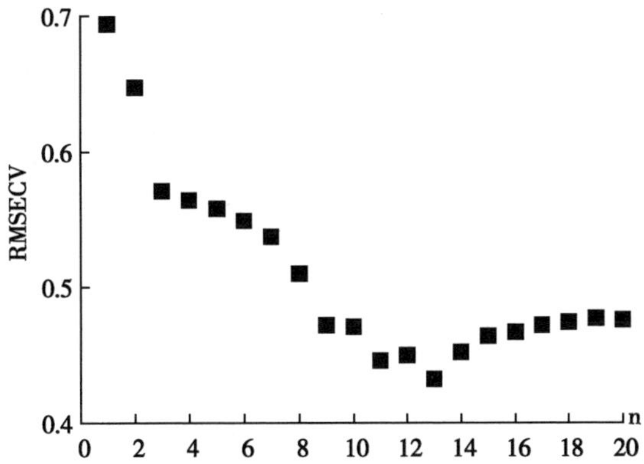

图 5－1 烟叶结构模型的阶数与 RMSECV 的关系

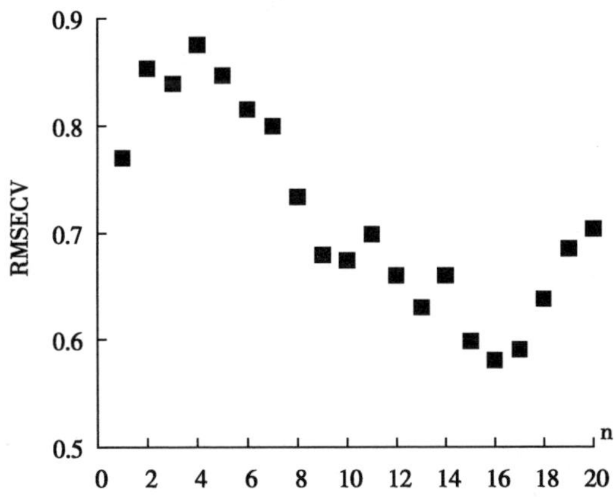

图 5－2 油分模型的阶数与 RMSECV 的关系

（四）模型优化

确定模型的参数后，将 250 个样品建立叶片模型和油分模型，分别进行模型内部交叉检验，得到每个建模样品的预测值，将预测值与人工赋值的残差（预测值－人工赋值）进行比较，结果见表 5－4。表 5－4 显示，叶片结构、油分模型优化后，平均残差、RMSECV、平均相对偏差都降低，R^2增大，模型的预测性能提高。

表 5－4　优化前后结构模型、油分模型残差及平均相对偏差比较

预测模型		平均残差	RMSECV	R^2	平均相对偏差（%）
叶片结构	优化前	0.337	0.432	0.622 2	4.01
	优化后	0.320	0.401	0.660 5	3.78
油分	优化前	0.450	0.580	0.425 4	5.85
	优化后	0.408	0.510	0.506 6	5.22

注：平均残差（%）$=\frac{1}{n}\sum|\hat{y}i-yi|\times 100$；平均相对偏差（%）$=\frac{1}{n}\sum\left|\frac{\hat{y}i-yi}{yi}\right|\times 100$

（五）检验模型

取 109 个未知样品，进行 NIR 扫描，用优化后的 NIR 模型预测其结构和油分分值，同时依据国家标准《GB 2635—92 烤烟》和表 5－1 给出每个样品的叶片结构和油分赋值，并将预测值与人工赋值进行比较，结果见表 5－5。由表 5－5 看出，对于叶片结构模型，除 48 号样品异常外，预测值与人工赋值的相对偏差均在 20% 以内，其中偏差小于 10% 的样品占 90%，平均相对偏差接近 5%。对于油分所有烟叶样品的预测值与人工赋值的相对偏差均在 20% 以内，其中，小于 10% 的样品占 77%，平均相对偏差接近于 7%。烟叶结构、油分是对烟叶外观质量性状的一种定性描述，其分值是根据人的感官评价赋予的，肯定存在一定的偏差，而在烟叶分级中 10% 的偏差是可以接受的，因此可以说，本实验叶片结构和油分模型的预测准确率分别为 90% 和 77%。

表 5－5　2003 年烟叶结构和油分模型预测值与人工赋值比较

编号	叶片结构			油分		
	预测值	测定值	相对偏差（%）	预测值	测定值	相对偏差（%）
1	9.50	9.5	0.00	7.88	8.5	7.29
2	8.74	9.4	7.02	8.16	9.0	9.33
3	9.34	9.0	3.78	8.06	8.9	9.44
4	8.50	9.3	8.60	8.03	9.2	12.72
5	8.00	7.9	1.27	7.90	7.8	1.28
6	8.91	8.7	2.41	8.28	8.1	2.22

（续表）

编号	叶片结构			油分		
	预测值	测定值	相对偏差（%）	预测值	测定值	相对偏差（%）
7	8.78	8.2	7.07	8.15	6.9	18.12
8	8.80	9.2	4.35	8.93	9.1	1.87
9	8.69	9.0	3.44	8.04	8.9	9.44
10	8.37	7.8	7.31	8.17	8.3	1.57
11	8.37	8.5	1.53	7.48	7.8	4.10
12	9.40	8.3	13.25	7.66	8.5	9.88
13	8.99	9.0	0.11	8.51	9.3	8.49
14	8.49	8.0	6.13	8.84	8.5	4.00
15	9.52	9.5	0.21	8.45	7.8	8.33
16	9.20	9.4	2.13	8.11	8.5	4.59
17	9.04	8.8	2.73	7.46	7.8	4.36
18	8.73	8.2	6.46	7.52	8.8	14.55
19	8.12	8.0	1.50	8.03	8.8	8.75
20	8.56	8.9	3.82	7.93	8.4	5.60
21	8.17	7.7	6.10	7.92	7.5	5.60
22	8.16	7.0	16.57	7.88	8.0	1.50
23	8.90	9.5	6.32	7.48	8.0	6.50
24	8.37	9.2	9.02	9.07	8.5	6.71
25	7.37	7.7	4.29	8.79	9.2	4.46
26	8.63	9.2	6.20	7.59	8.2	7.44
27	8.28	8.8	5.91	8.29	8.5	2.47
28	7.69	8.0	3.88	8.39	8.8	4.66
29	9.19	9.5	3.26	8.92	9.5	6.11
30	8.87	9.0	1.44	7.25	9.0	18.89
31	9.94	9.5	4.63	9.48	9.5	0.21
32	9.44	9.1	3.74	7.81	8.1	3.58
33	8.97	9.3	3.55	7.70	9.0	14.44
34	9.68	9.5	1.89	8.51	8.7	2.18
35	9.55	9.5	0.53	7.31	6.8	7.50
36	8.08	6.8	18.82	7.31	7.6	3.82
37	9.42	9.0	4.67	6.46	6.5	0.62
38	8.94	9.3	3.87	7.62	8.0	4.75
39	8.81	9.2	4.24	8.31	8.8	5.57

（续表）

编号	叶片结构			油分		
	预测值	测定值	相对偏差（%）	预测值	测定值	相对偏差（%）
40	9.10	9.1	0.00	7.17	6.5	10.31
41	7.58	7.3	3.84	6.51	7.2	9.03
42	7.88	7.3	7.95	6.59	7.2	8.47
43	9.25	9.5	2.63	7.69	7.3	5.34
44	9.18	9.5	3.37	8.03	7.3	10.00
45	8.63	8.6	0.35	8.07	7.9	2.15
46	8.32	4.5	84.89	6.98	7.0	0.29
47	9.51	9.4	1.17	6.59	5.8	13.62
48	8.97	9.5	5.58	7.70	8.6	10.47
49	7.98	8.3	3.86	7.90	8.1	2.47
50	9.97	9.5	4.95	7.03	6.2	13.39
51	8.42	7.5	12.27	7.98	7.4	7.84
52	9.55	9.3	2.69	5.64	5.8	2.76
53	9.37	9.0	4.11	7.94	7.4	7.30
54	8.78	8.5	3.29	8.71	8.5	2.47
55	8.61	8.2	5.00	8.61	9.0	4.33
56	9.39	9.1	3.19	6.75	6.0	12.50
57	8.99	8.8	2.16	8.28	7.1	16.62
58	8.21	8.3	1.08	7.86	7.5	4.80
59	9.87	9.5	3.89	7.20	7.6	5.26
60	8.29	7.9	4.96	8.75	8.2	6.80
61	8.07	6.9	16.96	7.78	7.0	11.14
62	9.39	9.5	1.16	7.89	8.8	10.34
63	9.58	9.3	3.01	8.37	9.1	8.02
64	8.19	7.2	13.75	8.84	9.3	4.95
65	8.83	9.2	4.02	7.97	8.9	10.45
66	7.96	6.7	18.81	8.69	8.4	3.45
67	9.07	9.0	0.78	8.35	8.7	4.02
68	8.18	7.6	7.63	8.96	7.7	16.36
69	9.09	9.5	4.32	8.10	9.0	10.00
70	6.37	6.7	4.93	8.98	9.0	0.22
71	9.74	9.3	4.73	7.25	7.5	3.33
72	8.65	8.5	1.76	7.81	8.0	2.38

（续表）

编号	叶片结构			油分		
	预测值	测定值	相对偏差（%）	预测值	测定值	相对偏差（%）
73	8.36	8.3	0.72	8.18	7.7	6.23
74	8.69	9.0	3.44	8.41	9.0	6.56
75	9.62	9.5	1.26	7.82	8.3	5.78
76	8.82	9.1	3.08	8.65	8.3	4.22
77	8.40	8.1	3.70	8.83	9.0	1.89
78	9.91	9.5	4.32	8.07	7.5	7.60
79	10.01	9.5	5.37	8.31	7.5	10.80
80	8.98	8.7	3.22	8.44	7.3	15.62
81	8.88	8.7	2.07	8.30	7.3	13.70
82	8.46	8.0	5.75	8.81	8.5	3.65
83	9.77	9.5	2.84	7.98	9.0	11.33
84	8.87	9.5	6.63	8.44	9.5	11.16
85	8.61	9.3	7.42	8.80	9.0	2.22
86	9.48	8.8	7.73	7.95	8.3	4.22
87	8.89	8.8	1.02	7.97	8.3	3.98
88	8.68	7.6	14.21	8.05	8.3	3.01
89	8.75	8.5	2.94	8.44	8.3	1.69
90	8.79	8.5	3.41	8.34	8.3	0.48
91	8.07	7.8	3.46	8.40	8.6	2.33
92	8.59	7.9	8.73	7.84	7.2	8.89
93	9.32	9.5	1.89	8.02	9.0	10.89
94	8.75	9.3	5.91	8.47	9.5	10.84
95	8.89	9.3	4.41	8.58	9.5	9.58
96	10.24	9.5	7.79	7.62	8.2	7.07
97	8.71	8.9	2.13	7.59	8.2	7.44
98	8.62	8.5	1.41	8.82	9.0	2.00
99	8.34	7.0	19.14	7.56	8.1	6.67
100	9.00	8.1	11.11	7.11	6.5	9.38
101	8.29	8.1	2.35	7.05	6.5	8.46
102	8.62	8.8	2.05	8.18	8.4	2.62
103	8.65	8.8	1.70	8.56	8.4	1.90
104	7.83	7.3	7.26	7.99	8.5	6.00
105	7.78	7.3	6.58	7.76	8.5	8.71

（续表）

编号	叶片结构			油分		
	预测值	测定值	相对偏差（%）	预测值	测定值	相对偏差（%）
106	8.65	9.3	6.99	8.53	9.7	12.06
107	8.53	9.0	5.22	8.55	9.0	5.00
108	8.75	9.5	7.89	8.91	8.9	0.11
平均值			4.95			6.81

注：相对偏差（%）$= \left|\frac{预测值-人工赋值}{人工赋值}\right| \times 100$

三、结果与讨论

1. 不同的数据预处理方法影响模型的预测性能。矢量归一法和乘法散射校正法分别适合建立烟叶结构模型和油分预测模型。在建立模型时，首先需要获得建模样品的多张图谱，以确定同一样品图谱的重复性和稳定性，同一样品的多张图谱是有差异的，需要对其 NIR 图谱进行预处理，以消除偏移或不同线形基线的变化，使同一样品的多张图谱相似。本研究结果表明，不管是叶片结构模型，还是油分模型，数据预处理方法不同，其预测性能亦存在很大差异，这与练文柳等（2005）报道相一致。

2. 模型的谱区范围影响模型的预测准确性。NIR 光谱的全谱区为 3 498 ~ 11 999cm^{-1}，样品的光谱信号在某些光谱区域内较弱，在建立模型时应尽可能的排除掉。马翔（2004）报道烟叶烟碱、总糖和总氮模型的光谱谱区范围不一样，通过选择一定的谱区可以提高模型的预测性能。本研究发现，在 4 246 ~4 601 cm^{-1} 和 6 098 ~ 9 222 cm^{-1}、4 246 ~ 5 450 cm^{-1} 和 6 098 ~ 7 502 cm^{-1}波长范围内分别建立的叶片结构模型和油分模型的预测效果较好。

3. 本研究建立的结构模型预测烟叶结构特征的准确性达 90%，可用于烟叶结构特征的预测。但油分模型的预测效果较差，该模型有待进一步改进。

第二节　烟草物理指标的近红外模型研究

一、烟叶物理指标建立近红外预测模型的可行性

烟叶化学成分是决定其物理特性的内在因素，物理特性则是烟叶化学成分的外在表现。近红外光谱分析技术主要是反映物质化学键的信息，因此，为了

研究烟叶物理特性的近红外分析方法，有必要对烤烟物理指标与化学成分的关系进行研究。通过系统测定烤烟各等级的主要物理指标和常规化学成分，运用统计方法，研究了物理指标之间以及与化学成分间的关系，以期为建立物理指标近红外数学模型提供参考依据。

（一）材料与方法

1. 试验材料与仪器

2011—2012 年，在我国主要植烟省市（福建、云南、贵州、四川、重庆、湖南、河南、山东、黑龙江、吉林），分别选取上、中、下 3 个部位代表等级（B2F/B2L、C3F/C3L、X2F/X2L）烟叶样品作为研究材料，共选取烟叶样品 140 份。

Aataris Ⅱ FT－NIR 光谱仪（Thermo Fisher 公司），配有积分球漫反射采样系统，Result 操作软件，TQ Analyst 8.0 分析软件；Progage 100 测厚仪（美国 Thwing－Albert 公司）；3 342 台式材料试验系统（美国 INSTRON）；JDC 双刃裁刀（美国 Thwing－Albert 公司）；DD－60A 密度计（德国）；KBF240 恒温恒湿箱（德国宾得）；立鹤牌 302 型烘箱（山东潍坊精鹰医疗器械有限公司）；SY－Ⅲ型实验用切丝机（河南富邦实业有限公司）。

2. 检测指标与方法

（1）样品的制备　每一样品经外观质量鉴定专家平衡后，选取代表等级烟叶 3～5kg，每个样品选取含水率为（16.5±0.5）% 的完整烟叶 10 片，在每个半叶靠近主脉 1/2处，用 JDC 双刃裁刀裁 1.5cm×15cm 的小长条，共 10 条，用于检测烟叶厚度和拉力；另外一个半叶沿主脉在叶尖、叶中及叶基部等距离取 5 个点，用圆形打孔器打 5 片直径为 1.5cm 的圆形小片，共 50 片，用于检测叶质重；然后将剩余的烟叶去梗后切成（0.9±0.1）mm 宽的烟丝，混匀，用于检测烟丝填充值、平衡含水率和自由燃烧速率；从烟丝中取 50g 烟丝烘干，磨成粉末（60 目）用于检测常规化学成分。

（2）物理指标标准值的测定　根据相关行业标准或行业内普遍采用的方法检测各项物理指标：厚度、叶质重、拉力、填充值、平衡含水率、自由燃烧速率。

厚度：将小长条放在温度为（22±1）℃、相对湿度为（65±5）% 的环境条件下平衡 3～4d，用 Progage 100 测厚仪分别测量每个小长条叶尖、叶中及叶基 3 个点的厚度，结果取 10 条烟叶 30 个点的烟叶厚度的平均值。

拉力：将小长条放在温度为（22±1）℃、相对湿度为（65±5）% 的环境条件下平衡 3～4d，用 3 342台式材料试验系统测定每个小长条的拉力，结果取10条烟叶拉力的平均值。

叶质重：圆形小片放入铝盒中，在100℃条件下烘2h，冷却30min后称重（g），根据下列公式计算叶质重。

$$叶质重（mg/cm^2）=\frac{圆形小片烘后重量}{5\times叶片数\times\pi\times(1.5/2)^2}\times1\ 000 \quad (2.1)$$

其中，5是指每片叶的5个点（5个圆片），“5×叶片数”是指总的圆片数（下同）。

填充值：取50g烟丝，按行业标准YC/T 152—2001检测该样品的填充值，并将检测完成的烟丝样品分别放入水分盒中。

平衡含水率：将上述填充值检测完成的水分盒和烟丝样品放入烘箱中，在100℃条件下烘2h，在干燥器内冷却30min后称重（g）。按下列公式计算烟叶含水率。

$$烟叶含水率（\%）=\frac{试样重量-烘后重量}{试样重量}\times100 \quad (2.2)$$

烟叶自由燃烧速率的测定：取烟丝50g，用手动卷烟器卷制，每个样品卷制10支，确保烟支重量、密度均匀一致，在标准空气条件［温度（22±1）℃，相对湿度（60±3）%］下平衡3~4d，用卷烟自由燃烧速度测定仪JRV-3测定每支单料烟样品自由燃烧40mm所用的时间，然后，计算其线性燃烧速率（mm/min）和质量燃烧速率（g/min）。

（二）结果与讨论

1. 烤烟各物理指标的基本统计量

从样品的正态性检验（图5-3）和描述性统计（表5-6）可以看出，各项物理指标的检测数据均存在较大变异，数据分布均接近正态分布，能够代表一定范围内物理指标的实际情况和分布范围。

2. 烤烟主要物理指标之间的相关关系

简单相关分析表明（表5-7），烤烟主要物理指标之间存在较为密切的相关关系。单叶重、叶片厚度和叶质重之间呈极显著正相关关系，尤其是叶片厚度与叶质重之间的关系极为显著，相关系数R=0.808。含梗率与叶质重、单叶重、厚度均呈极显著负相关。平衡含水率与填充值间呈极显著负相关，平衡含水率与其他物理指标间的关系不显著。燃烧速率与其他物理指标间的关系显著，与单叶重、叶片厚度及叶质重呈极显著负相关关系，而与含梗率呈极显著正相关关系。拉力与其他物理指标间的关系不显著。

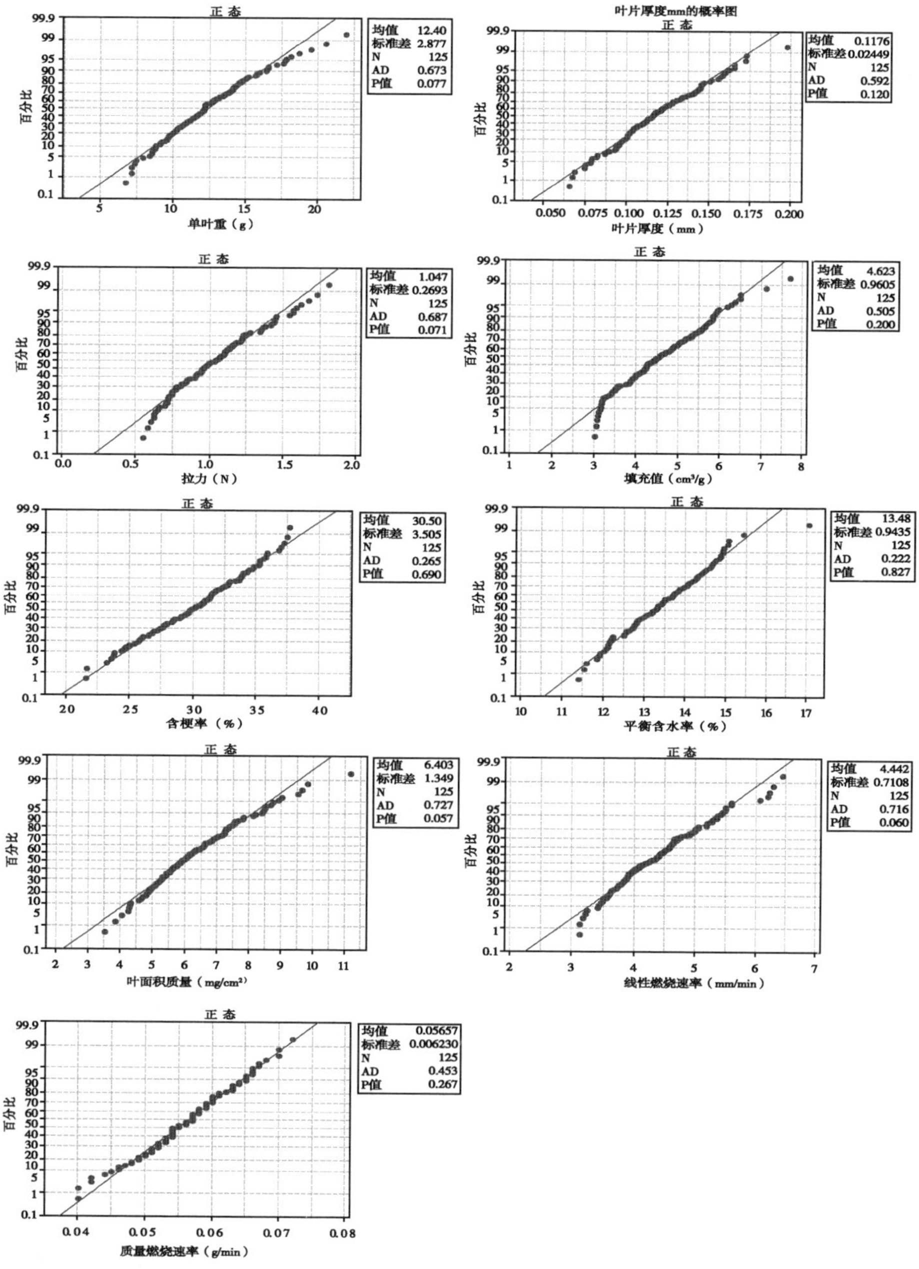
正态
均值 12.40
标准差 2.877
N 125
AD 0.673
P值 0.077
百分比
单叶重（g）
叶片厚度mm的概率图
正态
均值 0.1176
标准差 0.02449
N 125
AD 0.592
P值 0.120
百分比
叶片厚度（mm）
正态
均值 1.047
标准差 0.2693
N 125
AD 0.687
P值 0.071
百分比
拉力（N）
正态
均值 4.623
标准差 0.9605
N 125
AD 0.505
P值 0.200
百分比
填充值（cm³/g）
正态
均值 30.50
标准差 3.505
N 125
AD 0.265
P值 0.690
百分比
含梗率（%）
正态
均值 13.48
标准差 0.9435
N 125
AD 0.222
P值 0.827
百分比
平衡含水率（%）
正态
均值 6.403
标准差 1.349
N 125
AD 0.727
P值 0.057
百分比
叶面积质量（mg/cm²）
正态
均值 4.442
标准差 0.7108
N 125
AD 0.716
P值 0.060
百分比
线性燃烧速率（mm/min）
正态
均值 0.05657
标准差 0.006230
N 125
AD 0.453
P值 0.267
百分比
质量燃烧速率（g/min）

图5-3　正态概率图

表 5-6 烤烟物理特性统计量描述 (n = 125)

统计量	单叶重 (g)	厚度 (mm)	拉力 (N)	填充值 (cm^3/g)	含梗率 (%)	平衡含水率 (%)	叶质重 (mg/cm^2)	线性燃烧速率 (mm/min)	质量燃烧速率 (g/min)
平 均	12.40	0.118	1.05	4.62	30.50	13.48	6.40	4.44	0.057
中位数	12.13	0.115	1.04	4.55	30.84	13.44	6.23	4.41	0.057
标准差	2.88	0.024	0.27	0.96	3.51	0.94	1.35	0.71	0.006
峰 度	0.58	0.217	-0.10	-0.10	-0.28	0.61	0.66	0.07	0.247
偏 度	0.62	0.412	0.50	0.38	-0.25	0.28	0.64	0.52	-0.184
最小值	6.74	0.065	0.55	3.02	21.56	11.39	3.53	3.13	0.040
最大值	21.93	0.198	1.81	7.72	37.68	17.06	11.17	6.45	0.072

表 5-7 烤烟主要物理指标之间的简单相关系数

变量	单叶重 (g)	厚度 (mm)	拉力 (N)	填充值 (cm^3/g)	含梗率 (%)	平衡含水率 (%)	叶质重 (mg/cm^2)	线性燃烧速率(mm/min)	质量燃烧速率 (g/min)
单叶重 (g)	1.000								
厚度 (mm)	0.406**	1.000							
拉力 (N)	0.246**	0.116	1.000						
填充值(cm^3/g)	-0.040	-0.064	-0.169	1.000					
含梗率 (%)	-0.258**	-0.637**	-0.246**	0.237**	1.000				
平衡含水率(%)	0.178**	0.060	-0.024	-0.663**	-0.056	1.000			
叶质重 (mg/cm^2)	0.382**	0.808**	0.162	-0.301**	-0.714**	0.172	1.000		
线性燃烧速率 (mm/min)	-0.275**	-0.458**	-0.101	0.335**	0.422**	-0.281**	-0.530**	1.000	
质量燃烧速率 (g/min)	-0.391**	-0.429**	-0.114	-0.006	0.360**	-0.097	-0.453**	0.690**	1.000

注：*，** 分别代表 5% 和 1% 的显著水平。下同

3. 烤烟主要物理指标与常规化学成分之间的相关关系

由表 5-8 看出，烤烟主要物理指标与化学成分间存在密切的相关关系，叶片厚度、叶质重和质量燃烧速率与常规化学成分及其派生值间的相关性最显著，叶片厚度和叶质重与总钾、糖碱比、氮碱比和钾氯比均呈极显著负相关关系，尤其与总钾的相关系数最高，而与总氮、烟碱和氯离子含量呈极显著正相关。质量燃烧速率则正好相反，与总钾含量、糖碱比、氮碱比、钾氯比呈极显著正相关关系，与烟碱、总氮和氯离子含量呈极显著负相关关系。本试验中有 4 个样品在燃烧过程中熄火，其氯离子含量均超过 1%，甚至有两个超过 2%，

说明氯离子含量是影响烟叶燃烧性的重要因素。填充值和平衡含水率与总糖、还原糖呈极显著相关性。拉力与常规化学成分及派生值间的关系不显著。

表 5-8　烤烟主要物理指标与常规化学成分间的简单相关系数

变量	单叶重 (g)	厚度 (mm)	拉力 (N)	填充值 (cm^3/g)	含梗率 (%)	平衡含水率 (%)	叶质重 (mg/cm^2)	线性燃烧速率(mm/min)	质量燃烧速率 (g/min)
烟碱 (%)	0.228 *	0.399 **	0.032	0.159	-0.199 *	-0.023	0.366 **	-0.212 *	-0.350 **
总糖 (%)	0.015	-0.148	-0.152	-0.428 **	0.010	0.417 **	-0.080	-0.093	0.139
还原糖 (%)	0.059	-0.097	-0.051	-0.528 **	-0.106	0.469 **	-0.002	-0.184 *	0.055
总氮 (%)	0.031	0.277 **	0.012	0.245 **	-0.147	-0.123	0.262 **	-0.118	-0.284 **
总钾 (%)	-0.340 **	-0.540 **	0.121	0.061	0.354 **	-0.195 *	-0.540 **	0.376 **	0.374 **
总氯 (%)	0.273 **	0.187 *	0.212 *	0.019	-0.223 *	0.079	0.192 *	-0.137	-0.294 **
糖碱比	-0.193 *	-0.348 **	-0.091	-0.274 **	0.147	0.164	-0.273 **	0.115	0.307 **
氮碱比	-0.309 **	-0.348 **	-0.007	-0.070	0.157	-0.060	-0.296 **	0.212 *	0.302 **
钾氯比	-0.121	-0.270 **	-0.177 *	0.039	0.285 **	-0.012	-0.286 **	0.155	0.249 **

为进一步明确烤烟主要物理指标与化学成分间的关系，在相关分析的基础上进行了通径分析（表 5-9），结果表明对烟碱起直接作用的物理指标是叶质重、填充值和质量燃烧速率；对总糖、还原糖及总氮起直接作用的是叶质重和填充值；对总钾起直接作用的是叶质重、拉力及厚度；对总氯起直接作用的是质量燃烧速率；对糖碱比起直接作用的是填充值、叶质重、质量燃烧速率和厚度；对氮碱比起直接作用的是厚度、填充值、单叶重、质量燃烧速率；对钾氯比起直接作用的是质量燃烧速率、线性燃烧速率及拉力。总之，通过通径分析可知，叶质重、填充值及质量燃烧速率三项物理指标对烟叶化学成分的影响最大。

表 5-9　烤烟主要物理指标与常规化学成分的通径系数

变量	烟碱 (%)	总糖 (%)	还原糖(%)	总氮 (%)	总钾 (%)	总氯 (%)	糖碱比	氮碱比	钾氯比
单叶重 (g)	-0.012 4	0.157 9	0.154	-0.203 6	-0.120 5	0.115 7	0.024 1	-0.145 5	0.074 1
厚度 (mm)	0.166 1	-0.089 8	-0.108	0.051 7	-0.199 5	-0.039	-0.211 7	-0.205 1	-0.087 9
拉力 (N)	0.030 1	-0.224 1	-0.159 6	0.064 5	0.206 2	0.159 2	-0.106 7	0.032 7	-0.129 3
填充值 (cm^3/g)	0.298 5	-0.333 8	-0.416	0.386 5	-0.164 2	0.148 2	-0.316	-0.158 7	-0.010 8
含梗率 (%)	0.136 7	-0.181 6	-0.278 7	0.088 8	-0.008 3	-0.165 2	-0.143 8	-0.112 1	0.118 1
平衡含水率 (%)	0.113 3	0.180 4	0.176 1	0.108 2	-0.184 7	0.168 2	-0.015	-0.098 1	-0.025
叶质重 (mg/cm^2)	0.337 8	-0.290 5	-0.331 3	0.388 2	-0.329 9	0.009 3	-0.244 3	-0.132 8	-0.111 4
线性燃烧速率 (mm/min)	0.056 9	-0.166	-0.166 6	0.091 9	0.067 7	0.153 2	-0.110 4	-0.014 6	-0.152 9
质量燃烧速率 (g/min)	-0.203	0.2	0.130 1	-0.240 9	0.052 6	-0.272	0.227 6	0.141 3	0.235 8

4. 讨论

烤烟物理指标中的叶质重和叶片厚度与烟叶化学成分的关系极为显著，这与前人的研究结果一致（闫克玉，1999；于川芳，2005；孙建锋，2005；付秋娟，2009）。叶质重在很大程度上体现了叶片厚度（王玉军等，1997），有利于客观地评价烟叶质量。因此，在评价烟叶质量时，可以考虑用叶质重代替叶片厚度，从样品检测角度看更简单方便。

含梗率与叶质重、单叶重、叶片厚度均呈极显著负相关关系，可见含梗率对打叶质量有重要的影响，含梗率高的烟叶，其有效利用率较低，反之，则较高。而单叶重、叶质重和叶片厚度又与烟碱呈极显著正相关，因此烟叶的含梗率并不是越低越好。所以在生产上既要提高烟叶利用率，又要控制烟碱含量，需要综合考虑，维持烟叶质量和经济效益的相对平衡。

填充值与平衡含水率呈极显著负相关，随含水率的升高，烟丝填充值呈极显著降低趋势。填充值和平衡含水率与总糖、还原糖关系密切，说明水溶性糖含量对填充值的影响较大，随总糖含量的提高，填充值显著降低，而平衡含水率则正好相反。这与杨庆民等（2013）的结论相反，而与刘新民等（2012）、王冬等（2010）、李永正（2012）的结论均一致，

烟叶拉力在一定程度上反映了叶片的弹性，当烟叶承受的外部拉力越强，其弹性越好，抗破碎能力越高。有研究表明，在一定范围内，拉力与烟碱含量呈极显著负相关，与氮碱比呈极显著正相关（刘丽等，2007）。而本研究中拉力与其他化学成分间没有显著相关性，可能与检测方法不一致有关，因为至目前烟叶拉力仍没有标准方法可依，而我们在研究中发现，每一片烟叶由于所切部位的不同，其拉力的检测值也不同。因此，拉力的检测方法及其与化学成分间的关系还有待深入研究和探讨。

燃烧性与其他物理指标间的关系显著，与单叶重、叶片厚度及叶质重呈极显著负相关关系，说明叶片厚重、密度大的烟叶其燃烧速率较慢，而叶片轻薄、密度小的烟叶其燃烧速率较快。而质量燃烧速率较之线性燃烧速率与化学成分间的关系更为密切，因此在检测燃烧性时优先考虑测定质量燃烧速率。

（三）结论

烤烟物理指标之间及与化学成分间存在密切的相关关系。物理指标之间以叶片厚度和叶质重关系最为密切，叶质重、填充值和质量燃烧速率与常规化学成分及其派生值间的相关性最显著。叶片厚度、叶质重与总钾、糖碱比、氮碱比和钾氯比均呈极显著负相关关系，且都与钾的相关性最高，再一次证明了钾可能是影响烟叶厚度和叶质重的重要因素，而质量燃烧速率则相反。平衡含水

率与填充值间呈极显著负相关。烟叶拉力与化学成分间的关系不显著。

由此可见，用近红外方法研究烟叶物理指标是完全可行的。

二、烟草主要物理指标的近红外分析模型研究

（一）材料与方法

1. 试验材料、仪器同上节。

2. 检测指标与方法

（1）物理指标标准值的测定 同上节。

（2）光谱采集 使用 Aataris Ⅱ傅立叶变换光谱仪（FT－NIR），扫描各项指标不同样品状态的近红外光谱图（图 5－4）。

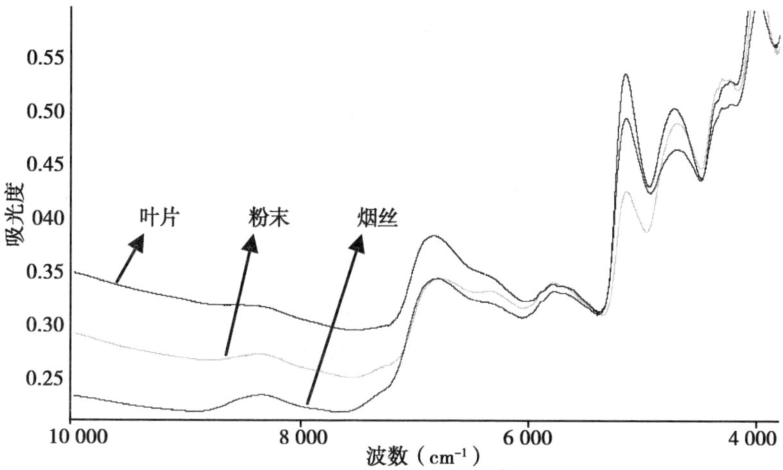

图 5－4 原始光谱图

①烟叶光谱：取检测完厚度，拉力检测前的小长条叶片，在（22±1）℃、相对湿度为（65±5）% 的环境条件下平衡 3～4d，用近红外漫反射系统，取点扫描近红外光谱，扫描时在样品上面压一不透光的铜块，每个小长条均匀取 3 个点，10 条叶片共 30 个点的平均光谱作为该样品的厚度、拉力、叶质重的近红外烟叶光谱。

②烟丝光谱：取烟丝样品放入恒温恒湿箱内，在温度（22±1）℃，相对湿度（60±2）% 的环境下平衡 3～4d 取出。称取 4g 烟丝，装入样品杯中，并用压样器压平，利用积分球漫反射采样系统采集其 NIR 光谱，每个样品做 3 次平行实验，取平均光谱，得到该样品的烟丝光谱。制作的粉末样品用同样的

方法扫描近红外光谱，得到填充值和平衡含水率的烟末近红外光谱图，同时用近红外检测其化学成分。

③烟末光谱：称取烟末样品15g，装入样品杯中，并用压样器压平，利用积分球漫反射采样系统采集NIR光谱，作为厚度、拉力、叶质重的近红外粉末光谱。

④采集条件：以仪器内置背景为参比，波数范围：10 000 ~ 3 800 cm^{-1}，扫描次数：64次，分辨率：8 cm^{-1}。实验室温度控制在20 ~ 24℃。

建立模型时用全部样品的80%作为校正集，20%作验证集。

(3) 近红外模型的建立　采用TQ Analyst 8.0化学计量学分析软件，把上述①②③获得的检测数据和近红外光谱用化学计量学的方法，建立各项物理指标的数学模型，并通过光谱数据的预处理（一阶导、二阶导及平滑等），光程选择（恒定、已知、多元信号修正和标准正则变换等），数据算法（偏最小二乘法、主成分分析、人工神经网络等），谱区范围选择，最优主因子的确定等，选择合适的建模参数，对模型逐步优化，直到获得最佳模型。

(4) 验证模型，模型传递　采用外部验证法对模型进行验证，即重新收集一批未参与建模的样品，按建模时同样的方法采集近红外光谱图，用所建立的模型预测未知样品的结果，评价模型的预测能力。

模型传递试验采用有标转移和无标转移两种方法。

(5) 统计分析　利用DPS 9.50版软件和Minitab 16进行简单相关分析、通径分析及方差分析等方法对物理指标和化学成分间的关系进行分析。

（二）结果与讨论

1. 烤烟烟叶厚度模型

厚度模型采用烟叶和烟末两种样品状态建立模型，建模样品为120个，验证样品30个。

(1) 光谱数据的预处理　固体样品在近红外光谱采集过程中，由于样品颗粒度、均匀性等因素的影响，经常会带来光谱基线的偏移，通过导数处理可以对其加以校正。另外导数处理的时候可放大光谱信号，噪声信号也被放大，因此在对原始光谱求导之前，一般需对其进行平滑处理。表5 - 10为分别采用原始光谱、一阶导数光谱和二阶导数光谱进行建模时的相关系数R和均方差RMSECV值，结果表明烟叶厚度模型采用一阶导数，Savitzky Golay平滑建模时效果较好；而烟末模型虽然采用二阶导数得到了较高的相关系数，但交叉验证均方差也较高，模型有“过拟合”现象，因此光谱预处理选择一阶导数建立模型。

表 5－10　导数处理对校正模型 RMSECV 的影响

样品状态	光谱预处理方法	R	RMSEC	RMSECV
烟叶	原始光谱	0.923 40	0.015 7	0.020 5（11）
	一阶导数	0.940 19	0.014 3	0.019 7（11）
	二阶导数	0.912 86	0.017 1	0.022 2（7）
烟末	原始光谱	0.837 23	0.024 0	0.027 3（8）
	一阶导数	0.895 34	0.019 5	0.024 1（7）
	二阶导数	0.970 75	0.010 5	0.031 1（5）

注：表中括号内为 PLS 主因子阶数

（2）光谱范围选择　表 5－11 为使用不同谱区的光谱信息建立校正模型时的相关系数 R 和均方差 RMSECV 值，其中谱区 10 000～4 000 cm^{-1} 为全谱区，括号内数字为 PLS 主因子阶数。从表 5－11 数据可以看出，谱区范围的选择对定量分析精度影响较大。烟叶模型采取一阶导数预处理并用不同谱区范围建立的模型中，以 7 985.40～3 989.91 cm^{-1} 建立校正模型的均方差 RMSECV（0.019 5）最小，而烟末采取一阶导数预处理光谱选择 10 000～4 000 cm^{-1} 建立模型的 RMSECV（0.022 1）最小，因此，分别选择这两段谱区作为烟叶和烟末模型的最佳谱区。

表 5－11　光谱范围对分析模型的影响

样品状态	光谱（cm^{-1}）	R	RMSEC	RMSECV
烟叶	10 000～4 000	0.940 19	0.014 3	0.020 0（11）
	6 369.31～3 995.87，7 615.66～6 579.93	0.939 55	0.014 4	0.019 6（11）
	8 933.58～3 944.59	0.941 71	0.014 1	0.019 8（11）
	7 985.40～3 989.91	0.940 44	0.014 3	0.019 5（11）
烟末	10 000～4 000	0.922 93	0.016 4	0.022 1（7）
	3 972.64～7 460.62	0.905 55	0.018 1	0.022 4（7）
	6 136.74～4 025.69，7 496.40～6 816.57	0.910 31	0.017 7	0.022 4（8）
	7 919.80～3 959.92	0.905 46	0.018 1	0.022 3（7）

（3）模型的优化及外部验证　基于前述得到的建模参数，即可以建立厚度的定量分析校正模型。然后对模型进行逐步优化，剔除异常样品（Outlier）

和强影响点，确定最优主因子，直到获得最佳模型。通常采用样品杠杆值与学生化残差的方法进行异常样品的剔除，用杠杆值和学生化残差值的平均值的3倍作为异常判定的阈值，即样品同时具备较高的杠杆值和学生化残差值的样品将被判定为异常样品，进行剔除。另外，还可通过Mahalanobis距离法（马氏距离）（王家俊等，2005）来剔除异常样品。图5－5中较高，垂直灰线之外的2个数据可以考虑剔除。

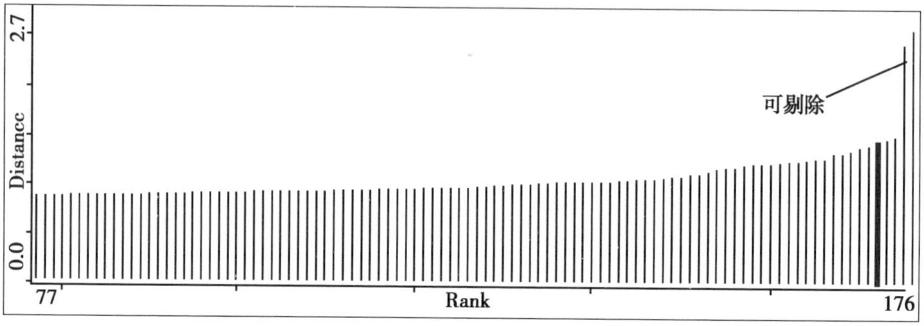

图5－5　样本（光谱数据）秩序与马氏距离对应图

模型进一步优化后，其各项参数得到进一步改进，通常通过预测值和标准值的相关系数（R）、内部交叉验证均方差（RMSECV）和预测均方差（RMSEP）检验模型的预测能力。由表5－12可知，烟叶厚度模型的交叉验证相关系数R为0.886 71，RMSECV为0.019 5，烟末模型的交叉验证相关系数R为0.855 46，RMSECV为0.022 1，结合NIR模型的预测值和标准值的对比图（图5－6），可以看出，用烟叶建立的厚度模型略好于用烟末建立的模型，其NIR预测值能够很好地逼近标准值，达到了较高的相关系数和较低的预测均方差。

表5－12　厚度烟叶和烟末校正模型的数理指标

模型	烟叶状态	相关系数（R）	校正均方差（RMSEC）	交叉验证相关系数（R）	交叉验证均方差（RMSECV）	预测均方差（RMSEP）	预测范围（mm）
厚度	烟叶	0.940 44	0.014 3	0.886 71	0.019 5	0.017 4	0.116～0.320
	烟末	0.923 13	0.016 4	0.855 46	0.022 1	0.021 7	0.116～0.320

另外选用一批未参与建模的样品对模型进行外部验证，厚度烟叶和烟末模型的预测均方差（RMSEP）分别为0.017 4、0.021 7（表5－12），标准值和NIR预测值的平均相对偏差烟叶厚度模型为8.802%，烟末厚度模型为9.96%（表5－13），说明两个模型可对这些样品进行较为准确的测定。

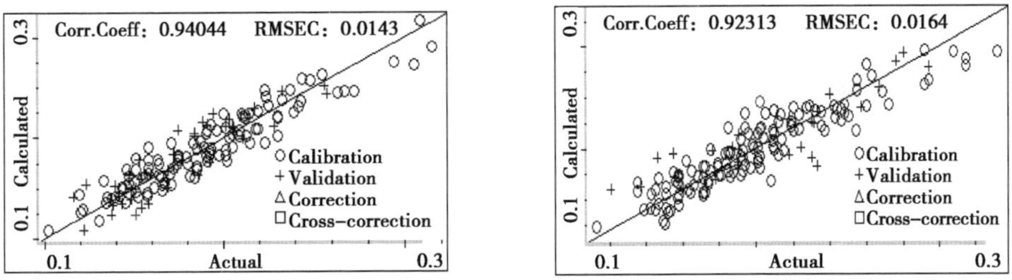

烟叶　　　　烟末

图 5－6　校正集样品与预测样品标准值和预测值相关图

通过配对 t 检验进一步验证发现，显著水平大于 0.05 时，常规检测方法和近红外预测方法不存在显著差异，即没有系统误差。烟叶和烟末模型 t 检验的 P 值分别为 0.221 和 0.549。可见 2 个模型都具有较好的预测能力。

表 5－13　两个模型预测值和标准值的比较

编号	烟叶			烟末		
	标准值(mm)	预测值(mm)	相对偏差(%)	标准值(mm)	预测值(mm)	相对偏差(%)
1	0.151	0.134	17.88	0.176	0.205	16.48
2	0.194	0.224	15.46	0.19	0.174	8.42
3	0.257	0.243	5.45	0.231	0.237	2.60
4	0.154	0.160	3.90	0.211	0.225	6.64
5	0.184	0.202	9.78	0.187	0.195	4.28
6	0.147	0.165	12.24	0.191	0.202	5.76
7	0.151	0.139	1.32	0.182	0.232	27.47
8	0.233	0.247	6.01	0.294	0.299	1.70
9	0.277	0.303	9.39	0.16	0.167	4.38
10	0.188	0.216	14.89	0.158	0.162	2.53
11	0.206	0.223	0.00	0.23	0.207	10.00
12	0.169	0.151	10.65	0.257	0.233	9.34
13	0.139	0.152	9.35	0.191	0.156	18.32
14	0.138	0.133	3.62	0.218	0.224	2.75
15	0.228	0.212	7.02	0.24	0.238	0.83
16	0.206	0.211	2.43	0.218	0.214	1.83

（续表）

编号	烟叶			烟末		
	标准值(mm)	预测值(mm)	相对偏差(%)	标准值(mm)	预测值(mm)	相对偏差(%)
17	0.217	0.229	5.53	0.28	0.29	3.57
18	0.203	0.218	7.39	0.276	0.283	2.54
19	0.175	0.208	18.86	0.233	0.2	14.16
20	0.192	0.175	8.85	0.23	0.194	15.65
21	0.169	0.158	0.59	0.146	0.188	28.77
22	0.143	0.134	6.29	0.267	0.248	7.12
23	0.168	0.158	5.95	0.121	0.157	29.75
24	0.148	0.138	6.76	0.224	0.198	11.61
25	0.137	0.123	10.22	0.233	0.224	3.86
26	0.116	0.131	21.55	0.176	0.221	25.57
27	0.154	0.130	15.58	0.178	0.163	8.43
28	0.153	0.170	16.99	0.191	0.213	11.52
29	0.172	0.184	6.98	0.137	0.154	12.41
30	0.159	0.164	3.14	0.191	0.192	0.52
平均值		8.80			9.96	

（4）结果与讨论

①本研究采用 NIR 漫反射光谱法建立了快速测定烤烟烟叶厚度的分析方法，并进行了外部验证。结果表明厚度烟叶模型，采用一阶导数处理方法，选择 7 985.40 ~ 3 989.91 cm^{-1} 谱区，烟末模型采用一阶导数预处理，选择 10 000 ~4 000cm^{-1}谱区，所建立的定量校正模型较好，其预测均方差（RMSECV）分别为 0.019 5、0.022 1（表 5 – 12）。外部验证烟叶和烟末模型的平均相对偏差分别为 8.802%、9.96%。说明两个模型可对这些样品进行较为准确的测定。

②从两个模型的建模参数与外部验证结果来看，烟叶模型略好于烟末模型，而从建模过程来看，烟末模型的建模及分析方法更简单、方便、实用。

③在建模过程中同时也发现，用常规方法检测样品标准值时，同一片烟叶因检测位置不同，其厚度结果也不同，即无法准确测定烟叶厚度的标准值；近红外扫描光谱时，每一个样品的光谱均是扫描 30 个点计算得到的平均光谱，平均光谱也同样存在不确定性。那么，建立准确的烟叶厚度定量模型就较为困难。因此，研究并制定物理指标标准检测方法是今后研究的重要内容。

2. 烤烟烟叶叶质重模型

叶质重模型采用烟叶和烟末两种样品状态建立模型，建模样品为 120 个，验证样品 30 个。

（1）光谱数据预处理　对采集到的原始光谱，进行必要的平滑和求导等数学预处理，其目的是过滤噪声、提高信噪比，消除基线漂移等的干扰。从建模效果看（表 5－14），叶质重烟叶模型采用 Savitzky－Golay 平滑滤波要优于 Norris 导数平滑滤波（Norris Derivative Filter）；烟末模型则用 Norris 导数平滑滤波优于 Savitzky－Golay 平滑滤波。两个模型均选用一阶导数建模效果较好，得到较高的相关系数和较低的均方差。

表 5－14　导数处理对校正模型 RMSECV 的影响

样品状态	光谱预处理方法	*R*	RMSEC	RMSECV
烟叶	原始光谱	0.941 61	0.534	0.598（5）
	一阶导数	0.942 94	0.528	0.593（4）
	二阶导数	0.984 47	0.260	0.605（9）
烟末	原始光谱	0.901 57	0.746	0.817（8）
	一阶导数	0.961 54	0.474	0.689（10）
	二阶导数	0.960 46	0.480	0.909（6）

注：表中括号内为 PLS 主因子阶数

（2）光谱范围选择　表 5－15 为使用不同谱区的光谱信息建立校正模型时的相关系数 R 和均方差 RMSECV 值，其中谱区 10 000～4 000 cm^{-1} 为全谱区，括号内数字为 PLS 主因子阶数。从表 5－15 数据可以看出，谱区范围的选择对定量分析模型精度影响较大。烟叶模型采取一阶导数处理并选择谱区 7 800.53～3 942.20 cm^{-1}，建立校正模型的均方差 RMSECV 最小，而烟末采取一阶导数处理并选择谱区 7 848.24～3 948.24 cm^{-1}，建立模型的 RMSECV 最小，因此分别选择这两段谱区作为烟叶和烟末的最佳谱区。

表 5－15　光谱范围对分析模型的影响

样品状态	光谱范围（cm^{-1}）	*R*	RMSEC	RMSECV
烟叶	10 000～4 000	0.942 89	0.529	0.593（4）
	7 800.53～3 942.20	0.960 83	0.440	0.561（8）
	7 490.43～3 983.95	0.942 90	0.529	0.592（4）
	6 130.77～3 983.00，7 591.81～6 816.57	0.942 92	0.529	0.591（4）

（续表）

样品状态	光谱范围（cm^{-1}）	R	RMSEC	RMSECV
烟末	10 000～4 000	0.961 54	0.474	0.689（10）
	7 505.12～3 972.02	0.960 12	0.482	0.686（9）
	7 848.24～3 948.24	0.960 60	0.479	0.685（9）
	6 178.48～3 972.02，7 454.65～6 840.42	0.946 82	0.555	0.690（10）

（3）交叉验证及外部验证结果　基于前述优化得到的参数，即建立了叶质重的定量分析校正模型。试验采用上述厚度建模的方法剔除异常样品，优化主因子数，对模型进一步优化，即得到了叶质重的烟叶和烟末的最佳预测模型，其数理指标见表5－16。然后用20%的验证集（30个样品）分别进行预测，通过预测值和标准值的相关系数（R）、内部交叉验证均方差（RMSECV）和预测均方差（RMSEP）来检验模型的预测能力。从叶质重烟叶和烟末校正模型的数理指标（表5－16）和模型的预测值与标准值的对比图（图5－7），可以看出，用烟叶和烟末均建立了较好的叶质重数学模型，模型达到了较高的相关系数和较低的预测均方差，用烟叶建立的模型略好于烟末模型，其RMSECV为0.561，RMSEP为0.491。从表5－17看出，烟叶模型预测值和标准值的平均相对偏差为5.66%，烟末模型为6.77%，烟叶模型的预测效果稍好一些。

表5－16　叶质重烟叶和烟末校正模型的数理指标

模型	烟叶状态	相关系数（R）	校正均方差（RMSEC）	交叉验证相关系数（R）	交叉验证均方差（RMSECV）	预测均方差（RMSEP）	预测范围（mg/cm^2）
叶质重	烟叶	0.960 83	0.440	0.935 47	0.561	0.491	3.22～12.22
	烟末	0.956 95	0.498	0.923 58	0.660	0.628	3.22～12.22

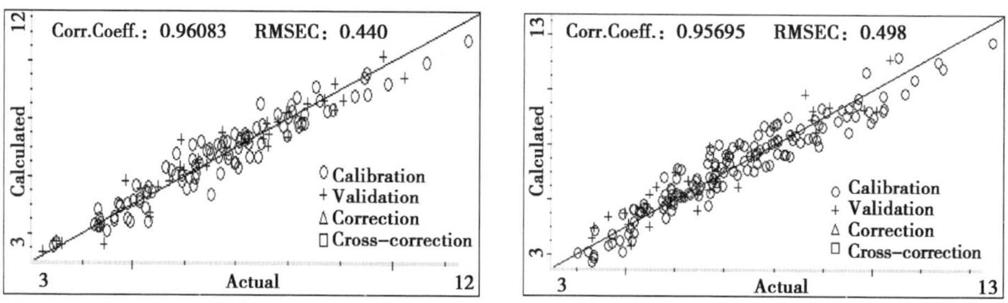

图5－7　校正集样品与预测样品标准值和预测值相关图

表 5－17　两个模型预测值和标准值的比较

编号	烟叶			烟末		
	标准值（mg/cm²）	预测值（mg/cm²）	相对偏差（%）	标准值（mg/cm²）	预测值（mg/cm²）	相对偏差（%）
1	5.91	6.33	7.11	7.27	7.98	9.77
2	4.44	3.65	17.79	7.20	6.95	3.47
3	6.26	6.57	4.95	9.17	8.82	3.82
4	7.96	8.20	3.02	10.08	9.23	8.43
5	6.26	6.50	3.83	8.79	9.26	5.35
6	5.34	4.60	13.86	7.07	7.70	8.91
7	5.34	4.76	10.86	6.22	6.13	1.45
8	5.49	5.63	2.55	8.76	8.92	1.83
9	9.06	8.63	4.75	5.49	6.19	12.75
10	5.16	5.57	7.95	6.27	6.69	6.70
11	10.22	9.41	7.93	9.11	9.37	2.85
12	7.60	7.83	3.03	6.70	6.39	4.63
13	9.82	10.13	3.16	6.84	6.69	2.19
14	6.73	7.28	8.17	6.46	5.60	13.31
15	8.90	9.22	3.60	5.07	5.10	0.59
16	8.90	8.30	6.74	9.82	9.29	5.40
17	5.98	6.20	3.68	4.35	4.96	14.02
18	7.84	7.48	4.59	4.32	4.62	6.94
19	8.00	7.36	8.00	5.63	6.47	14.92
20	3.60	3.66	1.670	4.99	5.30	6.21
21	3.24	3.34	3.09	7.28	6.48	10.99
22	3.50	3.72	6.29	5.48	5.02	8.39
23	6.90	6.73	2.46	5.11	5.32	4.11
24	7.53	7.33	2.66	6.46	6.21	3.87
25	6.74	7.53	11.72	4.65	5.38	15.70
26	5.45	5.85	7.34	7.54	7.61	0.93
27	5.70	5.82	2.11	8.64	9.82	13.66
28	7.80	7.92	1.540	8.85	8.46	4.41
29	4.35	4.21	3.22	8.36	8.37	0.12
30	8.36	8.54	2.15	10.34	11.11	7.45
平均值			5.66			6.77

通过配对 t 检验进一步验证发现，显著水平大于 0.05 时，烟叶叶质重常规方法检测和 NIR 预测法两种方法不存在显著差异，即没有系统误差。烟叶和烟末模型 t 检验的 P 值分别为 0.752 和 0.463。可见 2 个模型都具有较好的预测能力。

（4）结果与讨论

①通过选取具有代表性的模型校正样品，采集并预处理近红外光谱，建立了烟叶和烟末两种样品状态叶质重的近红外数学模型。烟叶模型采取一阶导数预处理并选择谱区 7 800.53 ~ 3 942.20cm^{-1}，建立了校正模型，烟末模型采取一阶导数预处理并选择谱区 7 848.24 ~ 3 948.24cm^{-1}，建立了校正模型，两个模型外部验证预测值和标准值的平均相对偏差均较小，表明两种样品状态建立的模型均较好。

②用烟叶建立的模型略优于烟末建立的模型，且比周汉平等（2009）所建模型的效果要好。但烟叶模型的缺点也是明显的，同厚度模型一样其建模过程复杂、费力，而烟末模型则简单的多，因此在预测样品时，可优先选择烟末模型，用于大批量样品的检测。

3. 烤烟烟叶拉力模型

烟叶拉力模型采用烟叶和烟末两种样品状态建立模型，建模样品为 120 个，验证样品 30 个。

（1）光谱数据预处理　对采集到的原始光谱，进行必要的平滑和求导等数学预处理。从建模效果看（表 5 - 18），拉力烟叶和烟末模型均采用 Savitzky - Golay 平滑滤波优于 Norris 导数平滑滤波。从导数处理看烟叶模型选用二阶导数建模效果较好，得到较高的相关系数和较低的均方差，而烟末模型用三种处理方法得到的相关系数和均方差均较低。

表 5 - 18　导数处理对校正模型 RMSECV 的影响

样品状态	光谱预处理方法	R	RMSEC	RMSECV
烟叶	原始光谱	0.862 12	0.151	0.203（7）
	一阶导数	0.860 06	0.152	0.216（10）
	二阶导数	0.900 12	0.130	0.203（7）
烟末	原始光谱	0.451 47	0.237	0.243（2）
	一阶导数	0.576 10	0.226	0.233（4）
	二阶导数	0.580 47	0.220	0.232（2）

注：表中括号内为 PLS 主因子阶数

（2）光谱范围选择　表 5 - 19 为使用不同谱区的光谱信息建立校正模型

时的相关系数 R 和均方差 RMSECV 值，其中，谱区 10 000 ~ 4 000cm^{-1}为全谱区，括号内数字为 PLS 主因子阶数。从表 5－19 数据可以看出，烟叶模型采取二阶导数预处理，用 7 633.55 ~ 3 972.02cm^{-1}建立校正模型的均方差 RMSECV 最小，而烟末采取二阶导数预处理，选择全谱区(10 000 ~ 4 000cm^{-1}) 建立模型的 RMSECV 最小，因此，分别选择这两段谱区作为烟叶和烟末的最佳谱区。

表 5－19　光谱范围对分析模型的影响

样品状态	光谱（cm^{-1}）	*R*	RMSEC	RMSECV
烟叶	10 000 ~ 4 000	0.828 63	0.167	0.216（7）
	7 520.25 ~ 3 966.06	0.897 61	0.131	0.202（7）
	7 514.29 ~ 6 721.15，5 922.05 ~ 3 966.06	0.901 97	0.129	0.203（7）
	7 633.55 ~ 3 972.02	0.890 29	0.131	0.201（7）
烟末	10 000 ~ 4 000	0.641 51	0.204	0.231（2）
	7 550.07 ~ 3 972.02	0.585 33	0.215	0.231（2）
	8 015.21 ~ 3 980.00	0.587 75	0.215	0.232（2）
	6 053.25 ~ 3 980.00，7 466.58 ~ 6 631.70	0.582 80	0.216	0.232（2）

（3）交叉验证及外部验证结果　基于前述优化得到的参数，即建立了拉力的定量分析校正模型。然后用 20% 的验证集样品分别进行预测，通过预测值和标准值的相关系数（R）、内部交叉验证均方差（RMSECV）和预测均方差（RMSEP）来检验模型的预测能力（严衍禄，2005）。从拉力烟叶和烟末校正模型的数理指标（表 5－20）及模型的预测值和标准值的对比图（图 5－8），可以看出，用烟叶建立的拉力模型明显好于用烟末建立的模型，其 RMSECV 为 0.201，RMSEP 为 0.141，但均不如烟叶厚度和叶质重的模型好。从烟末建立的模型参数看，无论是从光谱预处理及谱区范围选择等都很难有效改善模型的建模效果，因此认为，拉力模型不适宜用烟末建立模型。仅对烟叶模型进行外部验证（表 5－21），预测值和标准值的平均相对偏差为 8.33%。

表 5－20　拉力烟叶和烟末校正模型的数理指标

模型	烟叶状态	相关系数（*R*）	校正均方差（RMSEC）	交叉验证相关系数（*R*）	交叉验证均方差(RMSECV)	预测均方差（RMSEP）	预测范围（mg/cm^2）
拉力	烟叶	0.898 35	0.131	0.750 14	0.201	0.141	1.04 ~ 2.02
	烟末	0.651 51	0.204	0.511 58	0.230	0.220	1.04 ~ 2.02

通过配对 t 检验进一步验证发现，烟叶拉力模型显著水平大于 0.05 时，标准检测方法和近红外预测方法，两种方法不存在显著差异，即没有系统误差。模型 t 检验的 P 值为 0.97。

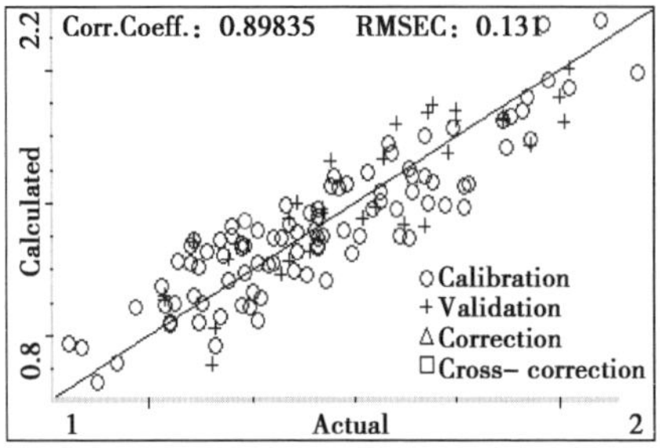

烟叶

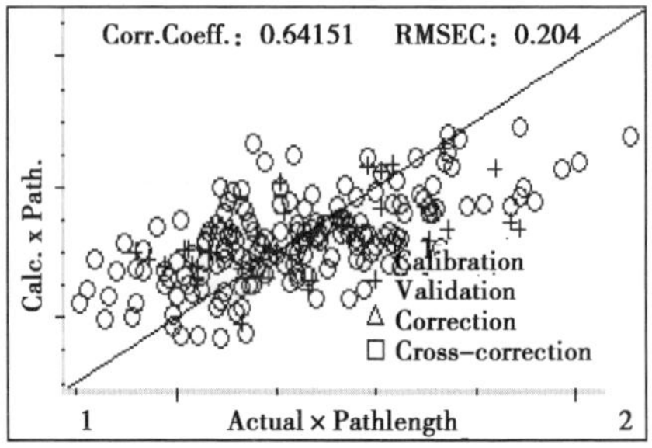

烟末

图 5－8　校正集样品与预测样品标准值和预测值相关图

表 5－21　烟叶拉力模型预测值和标准值的比较

编号	标准值（N）	预测值（N）	相对偏差（%）
1	1.19	1.29	8.40
2	1.04	1.14	9.62
3	1.16	1.03	11.21
4	1.34	1.28	4.48
5	1.62	1.42	12.35
6	1.68	1.84	9.52
7	1.60	1.79	11.88
8	2.01	1.80	10.45
9	1.75	1.85	5.71
10	1.39	1.32	5.04
11	2.02	2.01	0.50
12	2.00	1.90	5.00
13	1.75	1.81	3.43
14	1.57	1.67	6.37
15	1.36	1.50	10.29
16	1.73	1.69	2.31
17	1.44	1.66	15.28
18	1.86	1.81	2.69
19	1.42	1.46	2.82

（续表）

编号	标准值（N）	预测值（N）	相对偏差（%）
20	1.42	1.48	4.23
21	1.04	1.15	10.58
22	1.32	1.23	6.82
23	1.34	1.44	7.46
24	1.55	1.49	3.87
25	1.15	0.89	22.61
26	1.86	1.81	2.69
27	1.52	1.44	5.26
28	1.11	1.36	22.52
29	1.67	1.41	15.57
30	1.93	1.72	10.88
平均值			8.33

（4）结果与讨论　分别用烟末和烟叶建立了烤烟拉力的近红外数学模型，烟叶模型采取二阶导数预处理，选用谱区为7 633.55～3 972.02cm^{-1}，得到了较好的校正模型，均方差RMSECV为0.201，外部验证预测值和标准值的平均相对偏差8.33%。烟末模型则不论从数据预处理的调整、谱区范围的选择等方面均没有得到理想的校正模型。各项参数表明，拉力更适宜用烟叶建立模型，而不适合用烟末建立模型。

从建立的烟叶模型看，模型的各项参数均低于烟叶厚度和叶质重的模型，正对应了前面研究的烟叶拉力与化学成分间的关系不显著，NIR建模效果不理想。另外，该模型的各项参数也低于奚家勤等（2009）的研究，分析可能的原因主要有两个，一是建模标准值的检测方法不同；二是近红外光谱扫描的方法不同，这有待今后进一步验证。

4. 烤烟填充值模型

填充值模型采用烟丝和烟末两种样品状态建立模型，建模样品为140个，验证样品30个。

（1）光谱数据预处理　对采集到的原始光谱，进行必要的平滑和求导等数学预处理。从建模效果看（表5－22），填充值烟丝模型Savitzky－Golay导数平滑滤波优于Norris（Norris Derivative Filter）平滑滤波；烟末模型则不用平滑处理较好。两个模型均选用一阶导数建模效果较好，得到较高的相关系数和较低的预测均方差。

表 5－22　导数处理对校正模型 RMSECV 的影响

样品状态	光谱预处理方法	R	RMSEC	RMSECV
烟丝	原始光谱	0.938 48	0.220	0.235（5）
	一阶导数	0.965 28	0.166	0.233（10）
	二阶导数	0.972 19	0.149	0.283（5）
烟末	原始光谱	0.914 50	0.170	0.235（15）
	一阶导数	0.927 63	0.157	0.223（10）
	二阶导数	0.852 25	0.220	0.261（3）

注：表中括号内为 PLS 主因子阶数

（2）光谱范围选择　表 5－23 为使用不同谱区的光谱信息建立校正模型时的相关系数 R 和均方差 RMSECV 值，其中谱区 10 000～4 000cm^{-1} 为全谱区，括号内数字为 PLS 主因子阶数。从表 5－23 数据可以看出，烟丝和烟末模型均采取一阶导数预处理，并选择谱区 8 000～4 000cm^{-1}，主因子数分别为 9 和 10，建立的校正模型的相关系数 R 较高，均方差 RMSECV 最小，建立的模型较好。

表 5－23　光谱范围对分析模型的影响

样品状态	光谱范围（cm^{-1}）	R	RMSEC	RMSECV
烟丝	10 000～4 000	0.979 43	0.128	0.236（10）
	8 000.00～4 000.00	0.969 58	0.156	0.229（9）
	7 450.00～7 980.00	0.964 04	0.169	0.231（9）
	6 178.48～3 989.91，7 591.81～6 685.37	0.963 68	0.170	0.231（9）
烟末	10 000～4 000	0.927 46	0.157	0.232（8）
	4 000.00～8 000.00	0.928 91	0.156	0.220（10）
	7 434.01～3 983.95	0.919 893	0.166	0.226（10）
	6 160.59～3 983.95，7 556.03～6 160.59	0.919 39	0.166	0.227（10）

（3）交叉验证及外部验证结果　基于前述优化得到的参数，即建立了填充值的定量分析校正模型。然后用 20% 的验证集样品分别进行预测，通过预测值和标准值的相关系数（R）、内部交叉验证均方差（RMSECV）和预测均方差（RMSEP），检验模型的预测能力（严衍禄，2005）。从填充值烟丝和烟

末校正模型的数理指标（表 5 - 24）及模型的预测值和标准值的对比图（图 5 - 9），可以看出，尽管烟末模型的预测均方差 RMSECV（0.225）低于烟丝填充值模型的 RMSECV（0.229），而烟丝填充值模型的相关系数 R（0.933 56）却明显高于烟末填充值模型的 R（0.853 93），且预测均方差 RMSEP 更低一些，因此综合考虑各项指标，用烟丝建立的模型效果较好。从两个模型的预测值和标准值的偏差看（表 5 - 25），烟丝模型的平均相对偏差为 3.96%，烟末模型平均相对偏差为 3.71%，两个模型预测效果均不错。

表 5 - 24　填充值烟丝和烟末校正模型的数理指标

模型	烟叶状态	相关系数（R）	校正均方差（RMSEC）	交叉验证相关系数（R）	交叉验证均方差（RMSECV）	预测均方差（RMSEP）	预测范围（mg/cm^2）
填充值	烟丝	0.969 58	0.156	0.933 56	0.229	0.206	1.94 ~ 4.83
	烟末	0.946 00	0.144	0.864 54	0.225	0.211	2.64 ~ 4.70

通过配对 t 检验进一步验证发现，显著水平大于 0.05 时，常规检测方法和 NIR 预测两种方法不存在显著差异，即没有系统误差。烟丝模型和烟末模型标准值和预测值 t 检验的 P 值分别为 0.911，0.168。2 个模型都具有较好的预测能力。

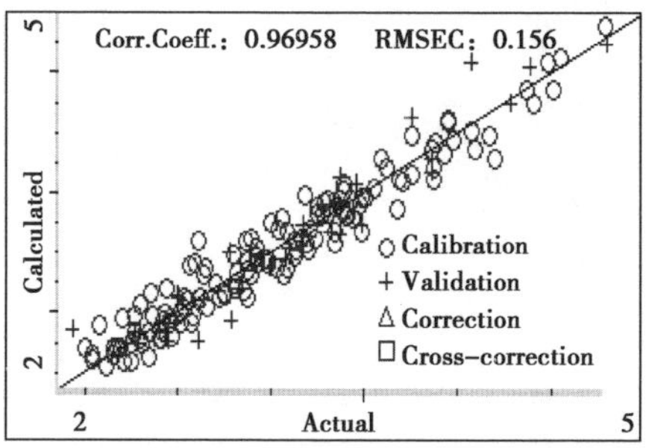

烟丝

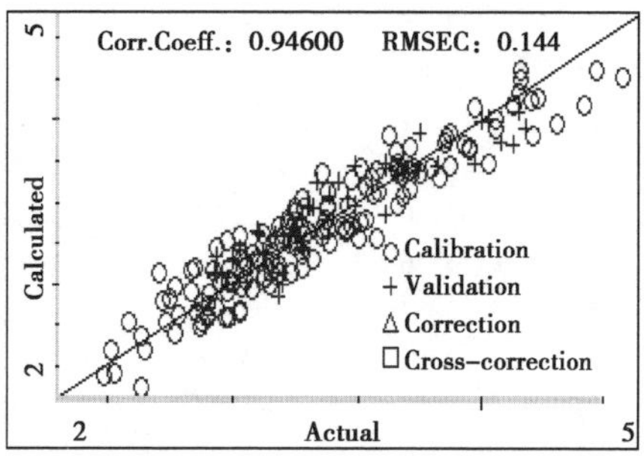

烟末

图 5 - 9　校正集样品与预测样品标准值和预测值相关图

（4）结果与讨论　通过选取具有代表性的样品，采集并预处理近红外光谱，建立了填充值烟丝和烟末两种样品状态的近红外数学模型。通过建模参数的选择，两个模型均选取一阶导数预处理，选择谱区为 8 000 ~ 4 000cm^{-1}，建立的模型均较好，外部验证烟丝模型的平均相对偏差为 3.96%，烟末模型平均相对偏差为 3.71%，而且烟末模型的 NIR 分析方法优于和智君等（2012）的方法。以上结果表明两个校正模型的预测结果准确可靠。

从模型的建模参数看，烟丝模型略好于烟末模型，但检测过程却比烟末模型复杂些。因此，对于实验室等的离线检测可选择烟末建立 NIR 模型，而对于不需要对样品进行前处理的卷烟企业，可选择烟丝建立 NIR 模型，实现在线检测。

表 5－25　两个模型预测值和标准值的比较

编号	烟丝			烟末		
	标准值（mg/cm^2）	预测值（mg/cm^2）	相对偏差（%）	标准值（mg/cm^2）	预测值（mg/cm^2）	相对偏差（%）
1	2.43	2.56	5.35	2.93	3.07	4.78
2	2.77	2.83	2.17	3.26	3.35	2.76
3	3.58	3.44	3.91	2.94	3.17	7.82
4	3.11	2.97	4.50	3.46	3.52	1.73
5	2.79	2.75	1.43	3.32	3.46	4.22
6	3.00	3.14	4.67	3.30	3.47	5.15
7	2.90	2.83	2.41	3.10	3.32	7.10
8	4.36	4.29	1.61	2.94	3.06	4.08
9	3.49	3.37	3.44	3.74	3.69	1.34
10	3.67	3.66	0.27	3.24	3.31	2.16
11	2.95	2.75	6.78	4.00	3.99	0.25
12	3.14	3.10	1.27	3.82	3.72	2.62
13	3.28	3.50	6.71	3.70	3.67	0.81
14	4.89	5.04	3.07	3.61	3.73	3.32
15	3.01	3.12	3.65	3.75	3.92	4.53
16	2.99	2.92	2.34	3.20	3.00	6.25
17	5.30	5.23	1.32	4.13	3.86	6.54
18	4.26	4.63	8.69	3.61	3.70	2.49
19	3.83	3.68	3.92	3.29	3.21	2.43
20	3.87	4.13	6.72	3.39	3.53	4.13
21	4.57	5.02	9.85	3.31	3.46	4.53
22	3.99	3.73	6.52	3.14	3.18	1.27
23	3.96	4.08	3.03	3.25	3.30	1.54
24	4.36	4.17	4.36	4.08	3.87	5.15
25	3.75	3.73	0.53	3.12	3.18	1.92
26	3.67	3.73	1.63	3.06	3.00	1.96
27	3.60	3.55	1.39	3.03	3.20	5.61
28	3.87	3.65	5.68	3.00	3.14	4.67
29	4.78	4.75	0.63	3.17	3.29	3.79
30	3.29	2.94	10.64	3.11	3.31	6.43
平均值			3.96			3.71

5. 烤烟平衡含水率模型

平衡含水率模型采用烟丝和烟末两种样品状态建立模型，建模样品为140个，验证样品30个。

（1）光谱数据预处理 对采集到的原始光谱，进行必要的平滑和求导等数学预处理。从建模效果看（表5－26），平衡含水率烟丝和烟末模型采用Savitzky－Golay导数平滑滤波均优于Norris（Norris Derivative Filter）平滑滤波，两个模型均选用一阶导数建模效果较好。

表5－26 导数处理对校正模型RMSECV的影响

样品状态	光谱预处理方法	R	RMSEC	RMSECV
烟丝	原始光谱	0.801 93	0.421	0.451（5）
	一阶导数	0.825 09	0.398	0.443（5）
	二阶导数	0.855 50	0.364	0.474（5）
烟末	原始光谱	0.561 04	0.475	0.523（9）
	一阶导数	0.606 02	0.456	0.506（5）
	二阶导数	0.522 42	0.489	0.543（2）

注：表中括号内为PLS主因子阶数

（2）光谱范围选择 表5－27为使用不同谱区的光谱信息建立校正模型时的相关系数R和均方差RMSECV值，其中，谱区10 000～4 000cm^{-1}为全谱区，括号内数字为PLS主因子阶数。从表5－27数据可以看出，谱区范围的选择对定量分析精度影响较大。烟丝模型采取一阶导数预处理，光谱范围选择8 000.00～4 000.00cm^{-1}时，建立的模型预测均方差RMSECV最小，而烟末采取一阶导数预处理，光谱范围选择3 995.87～7 466.58cm^{-1}时，建立的模型的RMSECV最小，因此，分别选择这两段谱区作为烟丝模型和烟末模型的最佳谱区。

（3）交叉验证及外部验证结果 基于前述优化得到的参数，即建立了平衡含水率的定量分析校正模型。然后用20%的验证集样品分别进行预测，通过预测值和标准值的相关系数（R）、内部交叉验证均方差（RMSECV）和预测均方差（RMSEP），检验模型的预测能力（严衍禄，2005）。从表5－28平衡含水率烟丝和烟末校正模型的数理指标及模型的预测值和标准值的对比图（图5－10），可以看出，烟丝平衡含水率模型的相关系数R（0.80532）、RMSECV（0.421）及RMSEP（0.445）均好于烟末模型，烟末模型各项参数指标均较差。因此综合考虑平衡含水率模型及外部验证结果，平衡含水率用烟丝建立近红外模型较好。表 5－29为烟丝模型外部验证的预测值和标准值的偏差，其平均相对偏差为3.01%，模型的稳定性较好。通过配对 t－检验进一步验证发现，显著水平大于0.05 时，近红外分析方法及标准方法检测不存在显著差异，即没有系统误差。烟丝模型 t－检验的 P 值分别为 0.79。可见烟丝模型具有较好的预测能力。

表 5－27　光谱范围对分析模型的影响

样品状态	光谱（cm^{-1}）	R	RMSEC	RMSECV
烟丝	10 000～4 000	0.835 67	0.387	0.446（5）
	8 000.00～4 000.00	0.871 71	0.345	0.421（6）
	3977.98－7538.02	0.824 92	0.484	0.443（5）
	7 639.52～6 721.15，3 977.98～6 190.41	0.823 57	0.398	0.443（5）
烟末	10 000～4 000	0.657 69	0.432	0.516（5）
	4 000.00～8 000.00	0.613 93	0.453	0.507（5）
	3 995.87～7 466.58	0.609 89	0.454	0.506（5）
	6 882.16～7 466.58，6 065.18～3 995.87	0.602 04	0.458	0.507（5）

表 5－28　平衡含水率烟丝和烟末校正模型的数理指标

模型	烟叶状态	相关系数（R）	校正均方差（RMSEC）	交叉验证相关系数（R）	交叉验证均方差（RMSECV）	预测均方差（RMSEP）	预测范围（%）
平衡含水率	烟丝	0.871 71	0.345	0.805 32	0.421	0.445	11.5～14.7
	烟末	0.609 89	0.454	0.486 47	0.506	0.622	12.1～14.7

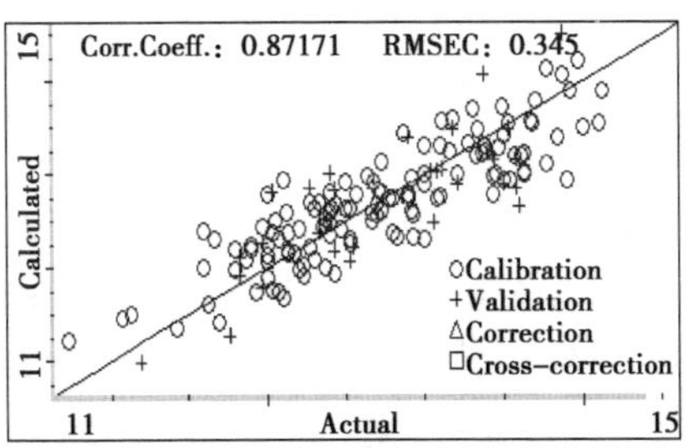

烟丝

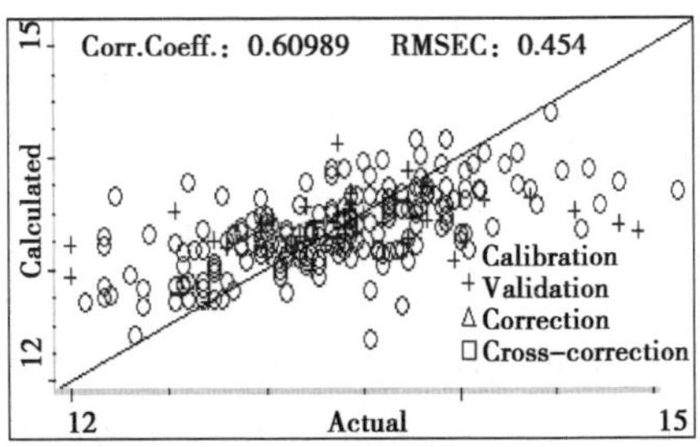

烟末

图 5－10　校正集样品与预测样品标准值和预测值相关图

表 5－29 烟丝模型预测值和标准值的比较

编号	标准值（%）	预测值（%）	相对偏差（%）
1	13. 44	13. 16	2. 08
2	13. 10	13. 06	0. 31
3	12. 68	12. 85	1. 34
4	13. 05	12. 48	4. 37
5	12. 40	13. 01	4. 92
6	13. 58	13. 16	3. 09
7	13. 58	12. 85	5. 38
8	12. 43	12. 83	3. 22
9	12. 33	12. 38	0. 41
10	13. 87	14. 50	4. 54
11	12. 03	12. 81	6. 48
12	13. 37	14. 07	5. 24
13	13. 60	12. 66	6. 91
14	13. 17	13. 49	2. 43
15	13. 07	13. 04	0. 23
16	13. 53	13. 48	0. 37
17	13. 43	13. 20	1. 71
18	13. 20	12. 90	2. 27
19	11. 20	10. 98	1. 96
20	11. 97	11. 78	1. 59
21	11. 83	11. 93	0. 85
22	11. 97	12. 28	2. 59
23	12. 43	12. 17	2. 09
24	12. 53	12. 08	3. 59
25	12. 27	12. 85	4. 73
26	11. 83	12. 12	2. 45
27	12. 55	12. 22	2. 63
28	13. 50	12. 91	4. 37
29	11. 77	11. 28	4. 16
30	12. 90	13. 40	3. 88
平均值			3. 01

（4）结果与讨论 通过选取具有代表性的模型校正样品，采集并预处理近红外光谱，建立了平衡含水率烟丝和烟末的近红外校正模型。结果表明烟丝

模型采取一阶导数预处理，光谱为 8 000.00 ~ 4 000.00 cm^{-1}，建立的模型较好，模型的相关系数 R（0.805 32）、RMSECV（0.421）及 RMSEP（0.445），外部验证预测值和标准值平均相对偏差为 3.01%。烟末模型则较差。因此平衡含水率更适宜用烟丝建立近红外模型，不建议使用烟末建立模型。

常规方法检测平衡含水率或扫描近红外光谱时，由于样品水分或环境温湿度难以控制等原因，对模型的建立和检测分析造成一定影响，因此，烟丝模型可用于环境温湿度变化不大且不需前处理的在线检测。另外，卷烟企业目前还常用“红外水分仪”检测烟叶或烟丝中的水分，因此可对近红外模型继续研究，与红外技术进行比对。

（三）结论

从以上建立的 5 项物理指标的近红外模型发现，与常规检测方法一致的样品状态所建立的校正模型略好于用烟末建立的模型，但其缺点也是明显的，建模过程更复杂、费力。如烟叶厚度、叶质重及拉力模型，其每条光谱均是由 30 个点的光谱计算出的平均光谱，工作量大，这也是本次建模校正样品集较少的原因，而用校正模型预测样品时，同样也需要检测多点并计算平均值，这样反而远不如常规方法检测的效率高，因此，用这种方法推广近红外预测模型难度较大。填充值和平衡含水率的烟丝模型也同样需要检测多次取平均光谱，而且检测过程易受环境温湿度的影响，更适用于在线检测。因此，对于实验室离线检测来说，利用烟末建立模型和检测分析却简单的多，而且可以与目前的烟叶化学成分模型检测同步，一次分析可以实现物理指标和化学成分的同时检测。对比以上 5 项物理指标模型，只有叶片厚度、叶质重和填充值三项指标建立了烟末近红外模型，而厚度模型的预测效果稍差，因此进一步对预测效果较好、实用性强的叶质重和填充值模型进行模型传递试验。

三、烟叶物理指标的模型传递研究

模型传递试验是将上节建模效果较好的叶质重和填充值的烟末模型（主模型），转移到另外一台近红外仪器（从仪器）上。

（一）材料与方法

选用未参与建模的 50 个样品作为转移样品，分别用有标转移方法和无标转移方法进行模型传递。

（二）结果与讨论

首先将模型用无标转移法，直接将模型转移到“从仪器”上，结果显示

（图 5－11），“从仪器”光谱产生了较大的系统偏差，尤其是填充值模型的转移样品均集中在模型的偏下方，而叶面密度模型效果稍好，但绝大多数样品集中在模型的上方，模型直接转移效果不够理想，因此考虑采用有标转移法。将 50 个转移样品中的 10 个添加到“从仪器”的模型里，重新计算模型，得到了“从仪器”的两个模型（图 5－12），结果很好，其相关系数及均方差等均与“主仪器”的参数接近，而且从图 5－13 两个模型的主成分分布图上也可以看出，40 个样品全部均匀地分布在建模样品集中，由此可见两个模型转移是成功的。

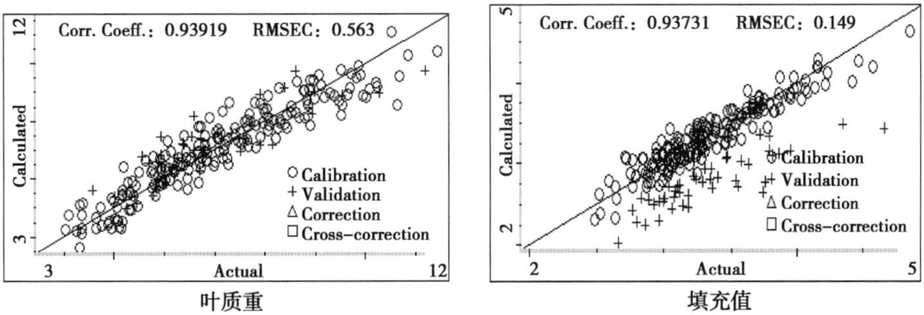

图 5－11　模型无标转移效果图

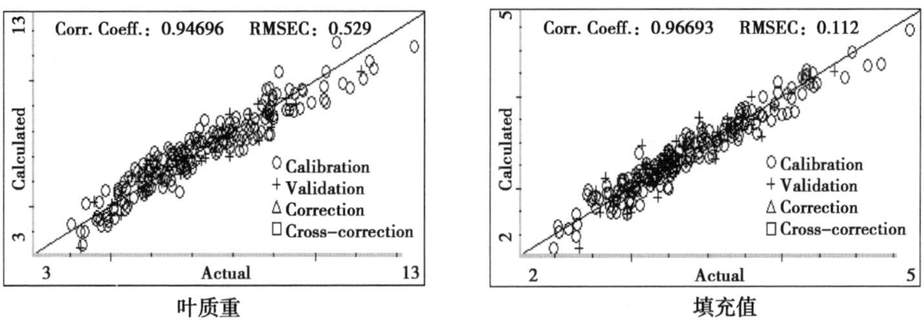

图 5－12　模型有标转移效果图

将剩余的 40 个转移样品作验证集来检验模型的预测能力（图 5－14），从图中可见，“从仪器”两个模型的预测值很好地逼近标准值，其平均绝对偏差分别为 0.42mg/cm^2 和 0.13mg/cm^2，平均相对偏差分别为 6.24% 和 4.15%，均接近“主仪器”。通过配对 t－检验进一步验证发现，t－检验的 P 值分别为 0.61 和 0.647，均大于 0.05，说明转移后的模型预测值与标准方法之间不在显著差异，即没有系统误差。

（三）结论

通过模型传递试验，成功地将叶质重和填充值的 NIR 模型从“主仪器”转移到了“从仪器”上。外部验证及 t 检验结果均表明预测值和标准值之间没有显著性差异，模型转移效果较好，可以用于不同实验室进行大规模样品的快速检测。

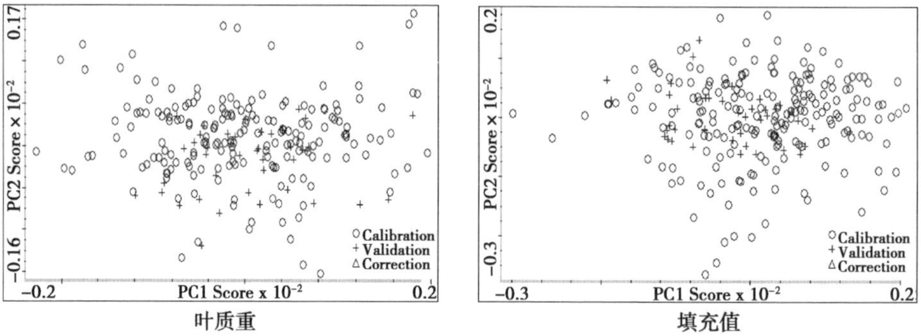

图 5－13　模型有标转移主成分分布图

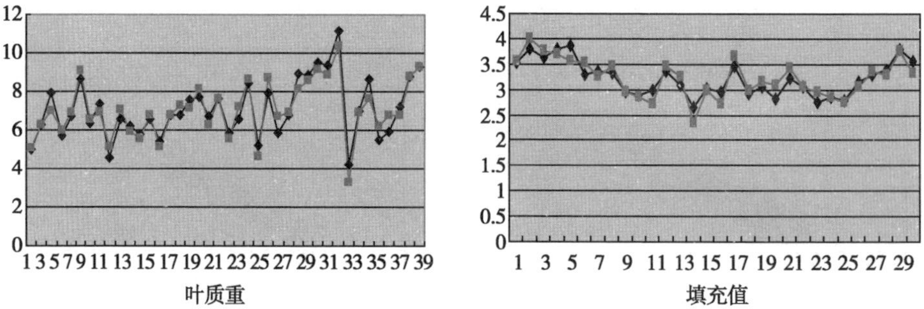

图 5－14　转移模型的预测值与标准值的相关图

第六章　卷烟烟气成分的近红外光谱分析

第一节　近红外法预测原烟卷烟主流烟气中的焦油和烟碱

一、材料与方法

（一）材料、仪器

2010—2011 年，在我国主要植烟省市（福建、云南、贵州、四川、重庆、湖南、河南、山东、黑龙江、吉林），分别选取上、中、下 3 个部位代表等级（X2F、C3F、B2F）烟叶样品作为研究材料，共选取烟叶样品 254 份。

Aataris Ⅱ FT－NIR 光谱仪（Thermo Fisher 公司），配有积分球漫反射采样系统，Result 操作软件，TQ Analyst 8.0 分析软件；KBF240 恒温恒湿箱（德国宾得）；SY－Ⅲ型实验用切丝机（河南富邦）；HANUI BABY 型卷烟机（德国 HANUI 公司）；RM20/CS 型 20 孔道旋转吸烟机（德国 HB 公司）；HP6890N 型气相色谱仪（美国安捷伦公司）。

（二）方法

1. 卷烟样品制备

每一样品经外观质量鉴定专家平衡后，选取代表等级烟叶 3～5kg，将烟叶去除烟梗后，用切丝机切成（0.9±0.1）mm 宽的烟丝，取 100g 烟丝烘干后制成 60 目粉末，其余烟丝用卷烟机卷制成单料卷烟，卷烟基本参数为：醋酸纤维滤嘴（无激光打孔），烟支规格（25＋59）mm×24.4mm，烟纸［中烟摩迪（江门）纸业有限公司生产］定量 29g/m^2，透气度 60cu。卷制过程中，烟支单支重根据其烟丝填充值（根据行业标准 YC/T 152—2001）进行调整。

2. 主流烟气焦油和烟碱标准值的测定

烟气焦油和烟碱释放量测定分别根据 GB/T 19609—2004、GB/T 23355—2009 测定。

3. 光谱采集

(1) 烟丝光谱　将上述卷制单料烟的烟丝样品，放入恒温恒湿箱内，温度（22 ±1）℃，相对湿度（60 ±2）% 的环境下平衡 48h 取出。称取 4g 烟丝，装入样品杯中，并用压样器压平，利用积分球漫反射采样系统采集其 NIR 光谱，每个样品做三次平行实验，取平均光谱，得到该样品的烟丝光谱。

(2) 烟末光谱　称取烟末样品 15g，装入样品杯中，并用压样器压平，利用积分球漫反射采样系统采集 NIR 光谱，得到各样品的烟末光谱。

(3) 采集条件　以仪器内置背景为参比，波数：10 000 ~ 3 800 cm^{-1}，扫描次数：64 次，分辨率：8 cm^{-1}。实验室温度控制在 20 ~ 24℃。

烟末建模样品 204 个，验证样品 50 个；烟丝建模样品 111 个。

4. 建立校正模型

应用 TQ Analyst 8.0 分析软件中的偏最小二乘（PLS）回归算法，把采集的近红外漫反射光谱数据与标准方法测定的烟气焦油和烟碱释放量的标准值，采用留一（leave – one – out）交叉验证法进行建模，并以校正集样品的交叉验证相关系数（R）和均方差（RMSECV）为指标优化光谱预处理方法和模型参数，确定最佳预测模型，相关系数（R）越接近 100%，均方差（RMSECV）越小，表示预测值越接近标准值，拟合效果更好，越有利于模型的预测。相关系数 R、均方估计残差（RMSEC）及预测均方差 RMSECV 的计算方法见文献。

二、结果与分析

（一）谱区范围的选择及光谱数据预处理

从烟丝和烟末原始光谱图（图 6 – 1）来看，烟草近红外吸收光谱在 4 000 ~ 8 000 cm^{-1} 区域信号较强，信息量丰富。由于 C – H、N – H、O – H、C – O键在不同的谱区吸收峰不同，因此建模时针对不同化学成分选取不同的谱区范围，优化选择有效信息量高的建模谱区，并通过光谱求导和平滑的方式消除基线漂移和随机噪声等的干扰，从而更细致地反映样品的光谱特征，提高光谱分辨率和灵敏度。

（二）校正模型的优化

模型初步建立以后，需要剔除建模样品中的异常样品，提高建模数据的有效信息率，修改建模的谱区与其他参数，以提高模型的稳定性和可靠性，在剔除异常值的过程中进一步优化模型。另外，在建立定量校正模型过程中，为了充分利用光谱信号的有效信息，同时避免“过拟合”现象，需对主因子数进行合理选择。同时应用交互验证方法，通过最佳主因子数的选择，优化模型，直到获得最佳预测模型。表 6-1 为焦油和烟碱模型经 TQ Analyst 软件优化得到的谱区范围、光谱预处理方法和 PLS 最佳主因子数。

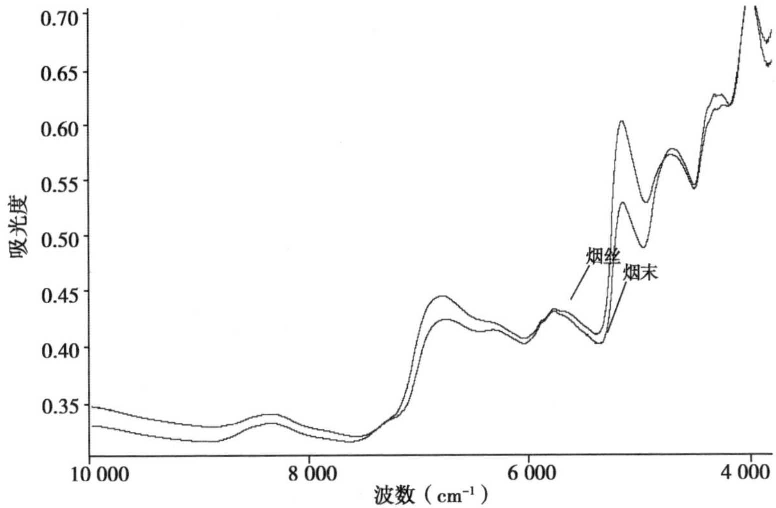

图 6-1 近红外原始光谱图

表 6-1 烟气中焦油和烟碱模型优化所选参数

指标	烟叶状态	光谱预处理方法	谱区范围（cm^{-1}）	最佳主因子数
烟碱	烟末	一阶导数	7 544.10 ~ 3 952.04	9
	烟丝	一阶导数	8 927.62 ~ 3 972.02	10
焦油	烟末	一阶导数	7 450.05 ~ 3 981.74	10
	烟丝	一阶导数	7 639.74 ~ 6 807.59，6 153.26 ~ 3 820.42	10

（三）交叉验证结果

基于前述优化得到的参数，即可以建立焦油和烟碱的定量分析校正模型，然后分别对各个模型进行交叉验证，通过考察交叉验证相关系数（R）和交叉验证均方差（RMSECV），检验模型的预测能力。交叉验证时，模型校正均方差（RMSEC）和交叉验证均方差（RMSECV）的值越接近，模型的预测能力越好。从表6－2焦油和烟碱校正模型的数理指标和图6－2模型的预测值和标准值的对比图，可以看出，烟气中焦油和烟碱均建立了较好的预测模型，得到了较高的相关系数和较低的均方差，其中，烟碱的校正模型要好于焦油的校正模型，其烟末模型的交叉验证相关系数（R）为0.970 06，均方差（RMSECV）为0.211，烟丝模型R为0.954 24，RMSECV为0.257；焦油烟末模型的交叉验证均方差（RMSECV）为1.90，烟丝为2.04。

表6－2　焦油和烟碱校正模型的数理指标

模型	烟叶状态	相关系数（R）	校正均方差（RMSEC）	交叉验证相关系数（R）	交叉验证均方差（RMSECV）	预测范围（mg/cm^2）
烟碱	烟末	0.980 34	0.192	0.970 06	0.211	0.6～4.7
	烟丝	0.984 40	0.239	0.954 24	0.257	0.6～5.0
焦油	烟末	0.967 84	1.68	0.897 46	1.90	13.0～40.0
	烟丝	0.958 52	1.84	0.862 95	2.04	14.2～31.5

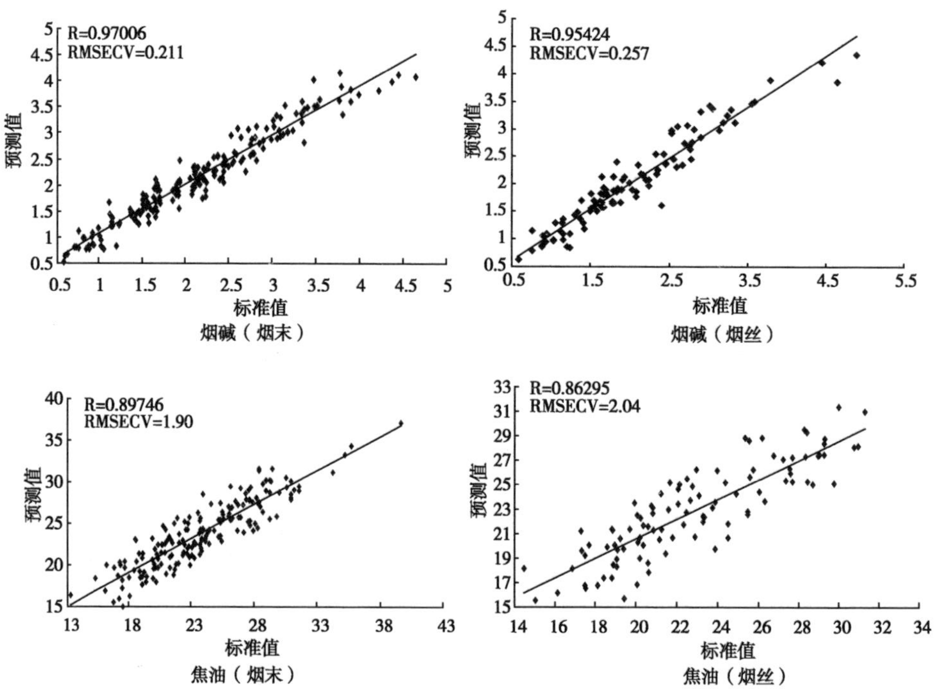

图6－2　焦油和烟碱交叉验证模型标准值和预测值对比图

从烟叶状态来看，用烟末建立的焦油和烟碱的校正模型要好于用烟丝建立的模型，可见颗粒度大小对近红外建模有一定影响，样品粒径越大，其光学表面越粗糙，从而影响检测系统对样品表面的反应，影响检测的灵敏度及准确度。

（四）外部验证

本次试验粉末的样品量较大，因此选用未参与建模的50个样品对粉末模型作外部验证。结果显示，焦油和烟碱的烟末模型，其外部验证样品预测值与标准值之间的平均相对偏差分别为5.13和5.93（表6-3）。两个模型的预测效果较好。

表6-3　模型外部验证预测值与标准值的比较

	烟碱（mg/g）			焦油（mg/g）		
	标准值	预测值	相对偏差(%)	标准值	预测值	相对偏差(%)
1	1.55	1.49	3.87	25.59	23.83	6.88
2	1.79	1.63	8.94	20.82	23.08	10.85
3	2.00	1.96	2.00	20.19	21.72	7.58
4	1.80	1.94	7.78	20.77	21.26	2.36
5	1.14	1.20	5.26	16.14	16.33	1.18
6	1.55	1.37	11.61	20.61	19.87	3.59
7	3.58	3.32	7.26	19.69	17.52	11.02
8	1.84	1.97	7.07	19.46	19.19	1.39
9	2.69	2.88	7.06	27.22	25.55	6.14
10	1.80	1.75	2.78	31.30	29.84	4.66
11	1.80	1.91	6.11	22.11	23.92	8.19
12	2.04	1.91	6.37	14.48	15.08	4.14
13	1.79	1.70	5.03	22.64	23.75	4.90
14	1.84	1.88	2.17	27.36	25.74	5.92
15	1.24	1.14	8.06	26.05	25.42	2.42
16	1.34	1.37	2.24	29.03	30.16	3.89
17	1.26	1.27	0.79	28.29	31.94	12.90
18	1.75	1.78	1.71	23.29	21.85	6.18
19	1.95	1.99	2.05	23.82	27.33	14.74
20	1.82	1.65	9.34	25.49	21.76	14.63
21	3.64	3.54	2.75	15.04	15.91	5.78
22	2.03	2.04	0.49	18.82	18.94	0.64

（续表）

	烟碱（mg/g）			焦油（mg/g）		
	标准值	预测值	相对偏差(%)	标准值	预测值	相对偏差(%)
23	2.01	1.99	1.00	20.84	22.40	7.49
24	1.82	2.02	10.99	25.74	26.24	1.94
25	3.61	3.72	3.05	18.51	18.72	1.13
26	1.35	1.27	5.93	20.82	20.28	2.59
27	3.70	3.52	4.86	25.37	24.16	4.77
28	1.96	2.19	11.73	23.22	21.42	7.75
29	3.59	3.38	5.85	24.96	24.10	3.45
30	2.04	1.84	9.80	26.64	25.53	4.17
31	1.32	1.29	2.27	21.47	18.55	13.60
32	1.84	1.94	5.43	24.55	27.33	11.32
33	1.95	1.97	1.03	25.53	25.25	1.10
34	3.56	3.57	0.28	19.17	20.06	4.64
35	3.58	3.88	8.38	34.89	34.20	1.98
36	2.00	2.12	6.00	22.97	20.92	8.92
37	1.77	1.96	10.73	27.53	24.07	12.57
38	1.97	1.93	2.03	27.93	29.50	5.62
39	1.28	1.32	3.13	31.70	29.09	8.23
40	1.80	1.83	1.67	24.57	27.06	10.13
41	1.35	1.43	5.93	31.84	33.26	4.46
42	2.85	2.99	4.91	26.33	26.45	0.46
43	1.96	1.86	5.10	18.95	20.48	8.07
44	1.83	1.97	7.65	28.38	26.65	6.10
45	1.82	1.88	3.30	26.54	24.25	8.63
46	1.96	2.09	6.63	29.43	31.51	7.07
47	1.34	1.38	2.99	23.22	24.40	5.08
48	1.98	2.00	1.01	20.61	19.77	4.08
49	2.03	1.98	2.46	30.36	30.12	0.79
50	2.03	2.27	11.82	28.59	28.54	0.17
平均值			5.13			5.93

利用 DPS v7.05 统计分析软件，通过配对 t 检验进一步验证发现，焦油和烟碱模型的 P 值（双尾）分别为 0.420 和 0.714，均大于 0.05，说明两种方法不存在显著差异，即没有系统误差，模型都具有良好的预测能力。

（五）精密度实验

任取一份待测样品按一、（二）3. 重复扫描 10 次 NIR 光谱，每次扫描都重新装样。结果表明（表 6－4），烟气中焦油和烟碱的系统精密度 RSD 分别为 0.72% 和 1.35%，均小于 5%，可见精密度良好。

表 6－4　精密度实验结果（$n=10$）

	烟碱（%）	焦油（%）
1	2.49	23.61
2	2.48	24.25
3	2.46	24.17
4	2.45	24.11
5	2.46	23.65
6	2.46	24.13
7	2.45	23.45
8	2.43	23.63
9	2.45	23.38
10	2.44	23.87
平均值	2.46	23.83
标准偏差	0.02	0.32
RSD（%）	0.72	1.35

三、讨论与结论

1. 通过偏最小二乘法（PLS）分别建立了原烟卷烟烟气中焦油和烟碱的 NIR 预测模型，说明烟丝和烟末两种样品状态均能建立较好的预测模型，且达到了较高的预测精度，相关系数均高于邱军（2006）、何智慧（2008，2009）的结果。烟丝和烟末两种样品状态建立的模型可根据实际生产的需要，烟丝模型用于卷烟企业的在线检测，无须对样品进行再次处理，为开发卷烟新产品提供科学依据。而烟末模型则可用于实验室检测，建立模型更方便，预测结果更准确。

2. 根据模型相关系数、交叉验证相关系数及外部验证结果，烟气焦油的烟末及烟丝 NIR 模型预测效果虽然相对烟碱略低，但对于一些焦油测定数量大的研究工作，近红外模型可以发挥其效率高的优势，作为烟气焦油释放量初步筛选的方法。

3. 样品的粒径大小及均匀度对光的漫反射强度影响较大，由于样品的粒度影响光对样品的穿透特性和反射特性，粒度变化使在样品粒子中的光程发生变化，从而影响样品对光的吸收系数和散射系数。一般而言，随样品粒径的增加，其漫反射吸光度［log（1/Rx）］增加，粒度越小，在分析范围内样品颗粒越多，从而产生的随机误差可能也就越小。本文采用烟末和烟丝两种样品状态研究表明，颗粒度的大小对NIR模型的预测精度还是有一定影响的。

以上结果表明，用烟丝和烟末均能建立原烟卷烟烟气中焦油和烟碱释放量的近红外速测模型，用烟末建立的模型略好于用烟丝建立的模型，方法操作简便，结果准确、可靠。用烟丝建立的模型，由于本试验样品量相对较少，给模型的优化带来一定的限制，但通过建模的成功，今后进一步添加样品，优化模型，可进一步提高模型的预测准确性、稳定性和实用性，并有望在卷烟企业实现在线检测。

第二节　近红外光谱法快速测定烤烟苯并［a］芘释放量

一、材料与方法

（一）仪器

Thermo Fisher AntarisⅡ傅立叶变换近红外光谱仪，配有积分球漫反射采样系统，InGaAs检测器，Result和TQ操作分析软件；Sartorius电子天平（精度为0.0001g）；烘箱Precision Oven625；安捷伦GC－MS 6890＋5973；博格瓦特RM200A吸烟机。

（二）方法

1. 样品

国内C3F等级烤烟样品183个，其中，建模集167个，外部验证样品集16个。

2. 样品NIR光谱采集

将烤烟样品抽梗切丝，取50g烟丝置于40℃烘箱内，排风干燥2h，取出磨碎过245μm筛。取烟末20g置于石英测量杯中，压平，于旋转器上扫描近红外漫反射光谱。扫描条件：光谱为3 800～10 000cm^{-1}，分辨率8cm^{-1}，扫描次数64次。实验室温度控制在20～24℃。

3. 样品的卷烟制作

相同烤烟样品烟叶去除烟梗后，用切丝机切成 0.9mm ± 0.1mm 宽的烟丝，用卷烟机卷制成单料卷烟（烟支长 84mm，滤嘴长 25mm，接装纸长 30mm，圆周 24.5mm）。

4. 烤烟 BaP 释放量测试

样品烟叶主流烟气 BaP 释放量测试采用 GB/T 21130—2007 卷烟烟气总粒相物中苯并［a］芘的测定方法，标准曲线为（2.55 ~ 25.5）、检测限为 0.70ng/支、定量限为 2.35ng/支。烟叶 BaP 释放量以单位烟支克重计，即：

$$\text{BaP 释放量} = \frac{\text{BaP 测定值（ng/支）}}{\text{烟支质量（g/支）}}$$

167 个国内 C3F 等级烤烟样品主流烟气的 BaP 释放量为 7.36 ~ 20.36ng/g。

二、结果与讨论

（一）模型建立

根据烟末光谱图及其预处理图（图 6 - 3）的特征，选择吸收较强，噪音较小的（7 500 ~ 4 000）cm^{-1}谱区，利用 PLS 方法建立烤烟 BaP 释放量模型。为了过滤噪声、提高信噪比并消除基线漂移，采用 TQ analyst 7.1 的一阶微分和二阶微分预处理光谱，并采用 Savitzky - Golay filter 进行平滑处理。

建模过程中结合建模集光谱的马氏距离、真实值/拟合值（Ture/Fit）散点图、杠杆值、主成分布图等逐步判断，找出异常数据点，让模型逐步得到优化。

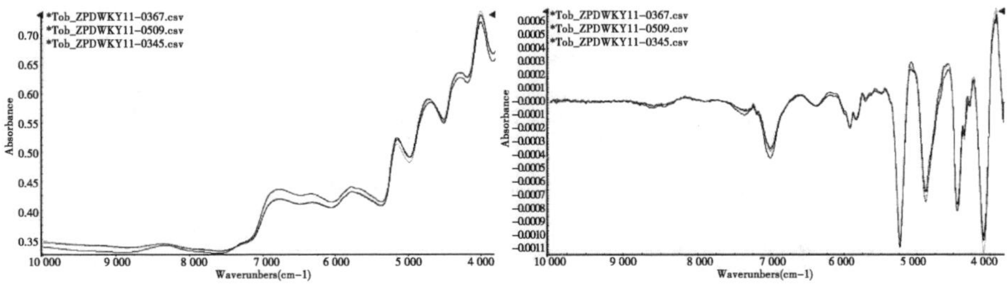

图 6 - 3　近红外烟草粉末漫反射光谱图和一阶微分 SG 平滑后光谱图

经过优化，建立了基于一阶微分和二阶微分的两个 BaP 预测模型。通过模型的相关系数 R、RMSEC（校正均方差）、RMSEP（预测均方差）、RM-

SECV（交叉校正均方差）等指标对模型的预测能力进行综合评价（表6－5）。如表6－5所示，一阶微分模型RMSEC、RMSEP、RMSECV数据之间的差值较二阶微分模型要小，一阶微分的RMSEP/RMSEC值为1.01，二阶微分RMSEP/RMSEC值为1.22。有文献要求RMSEP不宜大于1.2倍的RMSEC，即RMSEP/RMSEC≤1.2（2011），因此，一阶微分模型较二阶微分模型更理想。一阶微分模型的BaP释放量测定值与预测值的比较图如图6－4所示，RMSECV随主成分数变化图如图6－5所示。

表6－5　BaP模型的建模参数统计

BaP模型	因子数	建模样品数	验证样品数	相关系数（R）	校正均方差	RMSEP	RMSEP/RMSEC	RMSECV
一阶微分模型	10	167	16	0.814	1.40	1.42	1.01	1.68
二阶微分模型	8	167	16	0.800	1.45	1.77	1.22	1.99

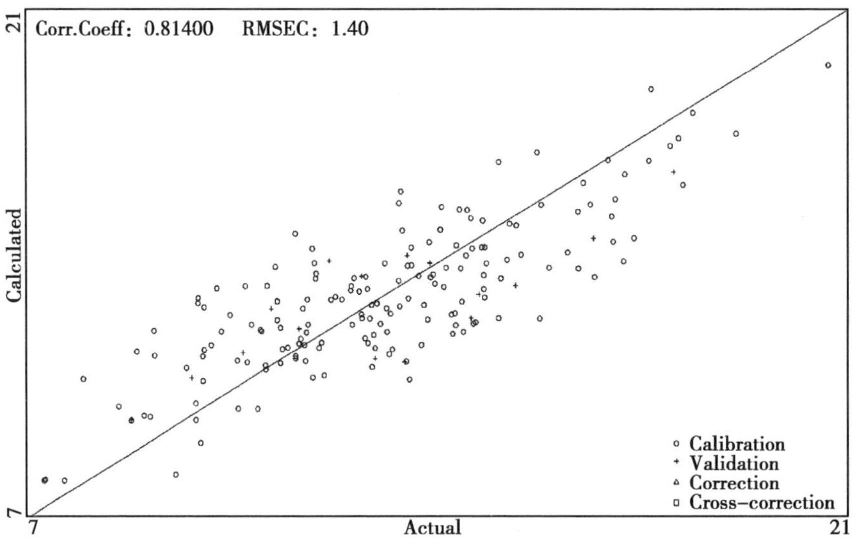

图6－4　一阶微分模型的测定值与预测值比较图

（二）验证集样品代表性

根据烟叶样品BaP释放量范围选取了16个样品作为外部验证样品集。所选取的验证样品集在数据分布上按比例涵盖建模集样品的BaP释放量范围（表6－6）。

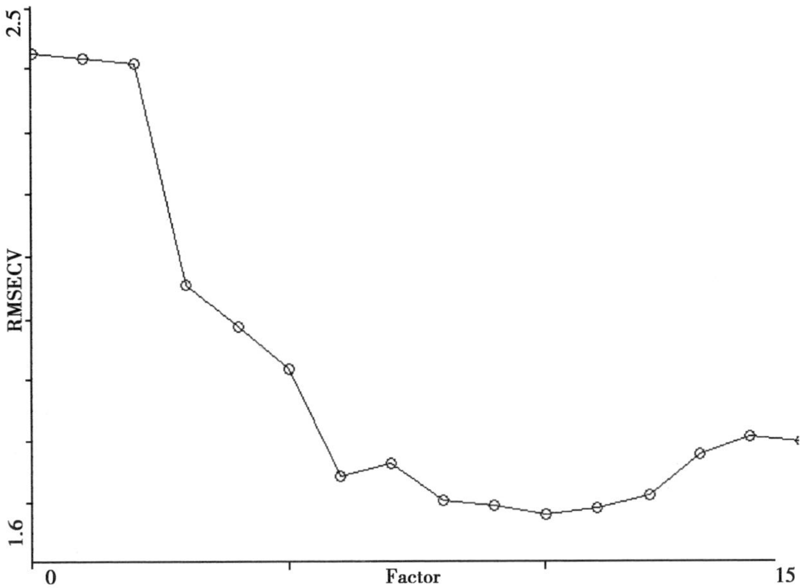

图 6 –5　RMSECV 随主成分数变化图

表 6 –6　建模样品和验证样品 BaP 分布

BaP 释放量（ng/g）	建模样品数量	验证样品数量
7.0≤BaP<10	18	2
10≤BaP<12	45	3
12≤BaP<14	50	6
14≤BaP<16	36	3
16≤BaP<18	19	2
18≤BaP<21	3	0

验证样品近红外光谱的一阶微分在光谱特性上是否具有普遍性和代表性也是样品集选取的重要依据之一。通过考察建模集、验证集样品近红外漫反射光谱的第 1、第 2 主成分空间分布（图 6 –6），图中“ +”为验证集样品，“○”为建模集样品。如图 6 –6 所示选取的验证集样品基本均匀分布在建模集样品光谱主成分分布范围内。结果表明验证集样品在数值和光谱都具有良好的代表性。

（三）模型验证

实验选用 16 个烤烟样品作外部验证样品，对一阶微分模型进行验证。通

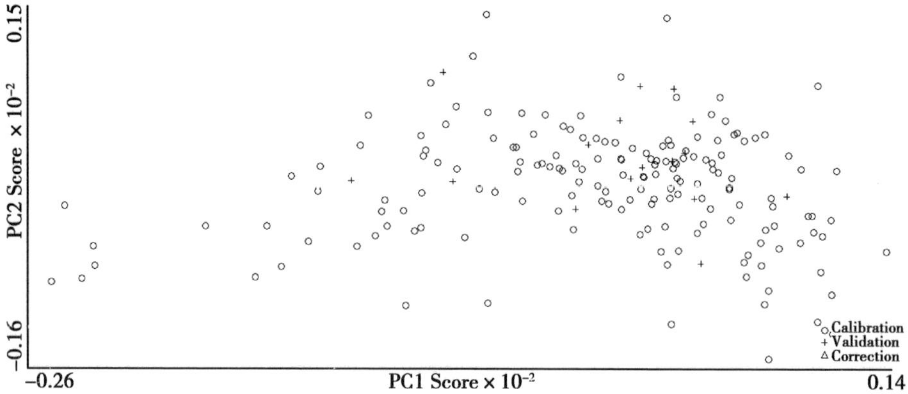

图 6-6　建模、验证样品近红外漫反射光谱的第 1、第 2 主成分空间分布图

过比较验证集样品的参考方法测定值与近红外预测值的差异来判断模型的预测准确性，其拟合散点图如图 6-7 所示。图中可见，该模型验证样品 NIR 光谱的预测值与参考方法测定值有较高的相关性。

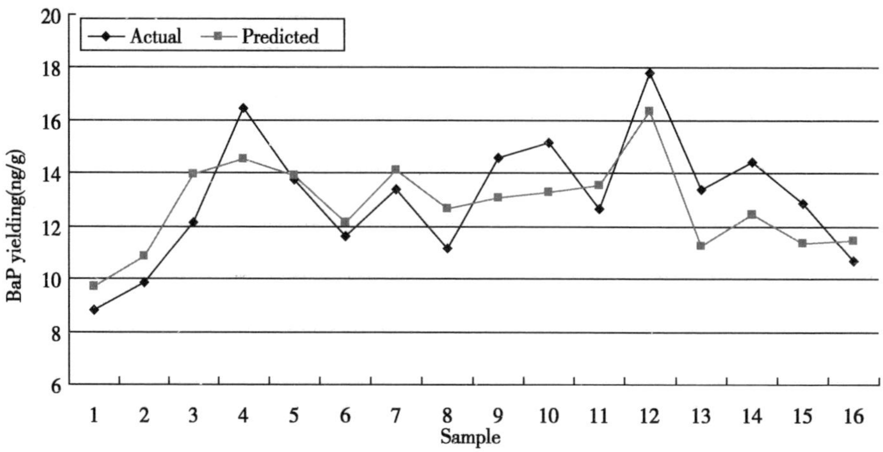

图 6-7　方法测定值与近红外预测值的拟合散点图

其外部验证样品 BaP 释放量的预测值与参考方法测定值之间的平均绝对偏差为 1.29ng/g，绝对偏差为 0.1～2.1ng/g，平均相对偏差为 9.88%，相对偏差为 0.8%～15.8%。其中，有 11 个样品预测值与化学值之间的绝对偏差小于 1.6ng/g，占验证样品百分比为 68.75%。只有 2 个样品绝对偏差大于 2.0ng/g，占验证样品百分比为 12.5%。模型预测到达较好效果，数据见表 6-7。

表 6-7　一阶微分模型验证样品预测效果

释放量预测值与化学值之间绝对偏差（AAD）范围	验证样品数量	占验证样品百分比（%）
0.1≤AAD<0.6	2	12.5
0.6≤AAD<1.1	5	31.25
1.1≤AAD<1.6	4	25
1.6≤AAD<2.0	3	18.75
AAD≥2.0	2	12.5

通过对验证样品 BaP 释放量的预测值和实际值配对 t 检验进一步验证发现，在显著性水平大于 0.05 时，一阶微分模型的预测结果对比不存在显著性差异，t 检验值 1.553 6（查 t 分布表，当自由度 $f=15$ 时，$t_{0.05,15}<2.131$），即没有显著性差异。可见以上所建立的一阶微分模型具有良好的 BaP 释放量预测能力。

三、结论

通过选取具有代表性的模型校正样品、采集并预处理近红外光谱，可建立具有较好准确性的烟叶 BaP 释放量近红外预测模型，其相关系数 R 为 0.814，交叉校正均方差（RMSCV）为 1.68。通过对一阶微分模型的外部检验发现，预测均方差（RMSEP）为 1.42。在显著水平 0.05 时，该模型 BaP 释放量的预测值与测定值结果较为一致，不存在显著性差异，表明模型准确可靠。该技术不需复杂的烟气收集和色谱分离测试过程，适于大批量样品的快速测定，可将其应用于烤烟烟叶中 BaP 释放量的测定，满足卷烟生产配方对安全性指标 BaP 释放量快速测定的需求。

第三节　近红外光谱法预测烟气中氰化氢（HCN）、氨、苯酚

一、材料和方法

（一）样品的选择

2010—2011 年，在我国主要烤烟生产省市（云南、贵州、四川、广西、福建、山东、重庆、湖南、湖北、内蒙古、河南、黑龙江、吉林、辽宁），分

别选取1~6个代表产地，共选取37个产地，每年每产地选取一套B2F、C3F、C3L、X2F等级代表样品。2010年、2011年分别选取样品136、130份，共选取样品266份，每份样品10kg。

（二）研究样品制备

经外观专家品质评价完成后，每份样品选取50片烟叶，去筋，切丝（0.9±0.1）mm，烟丝用于：①测定烟丝填充值、平衡水分；②卷制成卷烟（烟支长84cm，醋纤滤嘴长24cm，外包纸长30cm，圆周24cm），并根据不同样品烟丝填充值调整其卷制烟支烟丝重量（烟支容积/烟丝填充值），另一部分根据YC/T 31—1996制备化学成分分析实验室样品。

（三）方法

样品四项检测指标化学标准值的测定方法详见表6-8。

表6-8　检测指标及测定方法

分析项目	测定方法	标准
苯酚	高效液相色谱法	YC/T 255—2008
氰化氢	离子色谱法	YC/T 403—2011
氨	离子色谱法	YC/T 377—2010

（四）近红外图谱扫描与数据处理

近红外图谱扫描采用Thermo Fisher Antaris Ⅱ傅立叶变换近红外光谱仪，配有积分球漫反射采样系统，InGaAs检测器。

取检测化学成分用的烟末20g置于石英测量杯中，压平，于旋转器上扫描近红外漫反射光谱。扫描条件：光谱为3 800~10 000 cm^{-1}，分辨率8cm^{-1}，扫描次数64次。实验室温度控制在20~24℃。将扫描所得近红外光谱分为2组，其中建模集233个，外部验证样品集15个。运用仪器匹配的Result和TQ8.0版操作分析软件，进行建模和验证工作。

二、结果与分析

（一）氰化氢（HCN）

根据烟末光谱图的特征选择吸收较强的(7 500~4 000) cm^{-1}谱区。为了过滤噪声、提高信噪比并消除基线漂移，并对其原始光谱数据进行一阶微分、二阶微分预处理，用PLS（偏最小二乘法）方法建立相对应烤烟烟气中单位重量

HCN 释放量预测模型（图 6－8）。氰化氢最佳近红外预测模型的相关系数 R 为 0.864，校正均方差（RMSEC）为 8.27（表 6－9）。

表 6－9　烟气有害成分氰化氢（HCN）预测模型验证结果

主流烟气有害成分	建模方法	数据预处理方法	相关系数 R	校正均方差（RMSEC）	预测准确率	
					绝对偏差	相对偏差
HCN	PLS	一阶微分	0.864	8.27	9.69μg/g	10.07%

模型建立后，根据光谱主成分分布和 HCN 释放量分布选取 12 个样品作为验证集，验证集样品的 HCN 预测与实际测量值的平均绝对偏差为 9.69μg/g，平均相对偏差为 10.1%（表 6－10）。

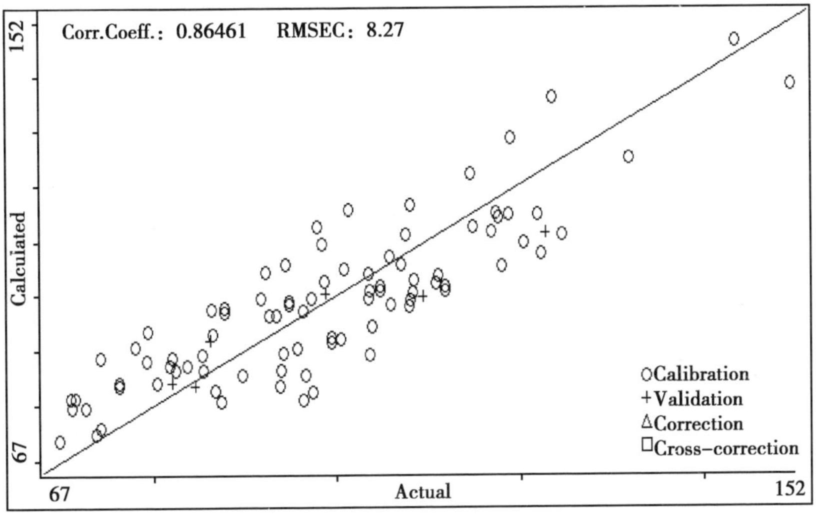

图 6－8　烟气氰化氢（HCN）校正集和预测集样品标准值与预测值相关图

利用 DPS v9.05 统计分析软件，通过配对 t 检验进一步验证发现，HCN 模型的 P 值（双尾）为 0.054，略大于 0.05。从图 6－8 和表 6－9、表 6－10 的结果表明，HCN 的近红外预测模型稍差，有待进一步添加样品，优化模型，提高模型的预测能力。

表 6－10　HCN 一阶微分模型验证样品预测效果

样品	实际值（μg/g）	预测值（μg/g）	绝对偏差（μg/g）	相对偏差（%）
1	103.4	107.2	3.8	3.5

（续表）

样品	实际值（μg/g）	预测值（μg/g）	绝对偏差（μg/g）	相对偏差（%）
2	82.3	91.4	9.1	9.9
3	94.0	81.4	12.6	15.4
4	87.2	99.4	12.1	12.2
5	100.3	105.8	5.5	5.2
6	95.0	109.3	14.2	13.0
7	83.1	103.0	19.9	19.3
8	84.4	106.5	22.1	20.7
9	101.2	101.8	0.6	0.6
10	92.7	98.0	5.3	5.4
11	79.8	72.1	7.7	10.6
12	68.5	72.0	3.6	4.9
平均值	89.3	95.7	9.69（绝对值）	10.1

（二）氨（NH_3）

根据烟末光谱图的特征选择吸收较强的7 500～4 000cm^{-1}谱区。为了过滤噪声、提高信噪比并消除基线漂移，并对其原始光谱数据进行一阶微分预处理，用PLS（偏最小二乘法）方法建立相对应烤烟烟气中NH_3单位重量释放量预测模型（图6－9）。组分最佳PLS预测模型的相关系数R为0.906，校正均方差（RMSEC）为1.62（表6－11）。

表6－11　烟气有害成分氨（NH_3）预测模型验证结果

主流烟气有害成分	建模方法	数据预处理方法	相关系数（*R*）	校正均方差（RMSEC）	预测均方差（RMSEP）	预测准确率	
						绝对偏差	相对偏差
NH_3	PLS	一阶微分	0.906	1.62	3.42	1.23μg/g	12.04%

模型建立以后，根据光谱主成分分布和NH_3释放量分布选取15个样品作为验证集，验证集预测均方差（RMSEP）为3.42，验证集样品的NH_3预测与实际测量值的平均绝对偏差为1.23μg/g，平均相对偏差为12.04%，其外部验证样品NH_3释放量的预测值与化学值之间的平均绝对偏差为1.23μg/g，绝对偏差范围为（0.07～5.32）μg/g，平均相对偏差为12.04%，剔除差异特别大的10号样品后的平均相对偏差为8.70%。其中有13个样品预测值与化学值之间的绝对偏差小于2.0μg/g，占验证样品的86.7%，只有2个样品绝对偏差大于3.0μg/g。模型具有较好预测效果，数据见表6－12。

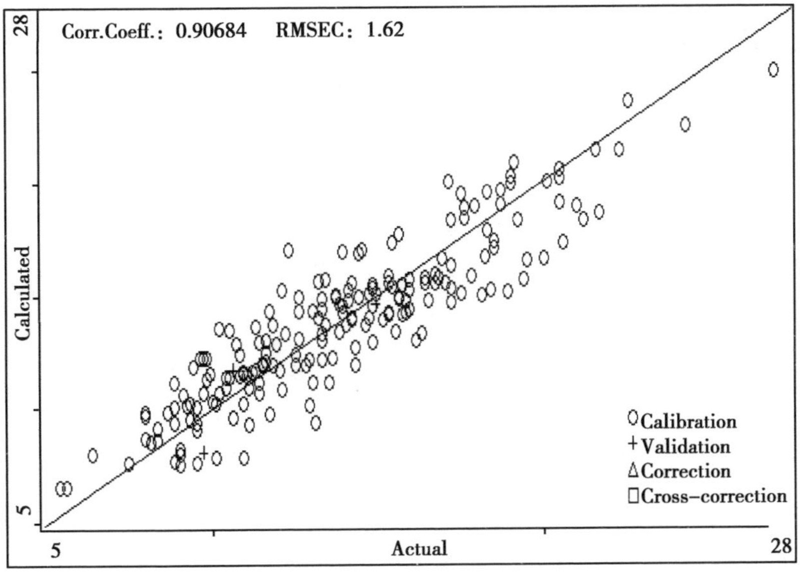

图 6－9　烟气 NH_3 校正集和预测集样品标准值与预测值相关图

表 6－12　氨一阶微分模型验证样品预测效果

样品	实际值（μg/g）	预测值（μg/g）	绝对偏差（μg/g）	相对偏差（%）
1	19.82	16.40	－3.42	17.27
2	7.77	9.58	1.81	23.29
3	17.20	16.49	－0.71	4.14
4	14.68	14.61	－0.07	0.46
5	15.03	16.86	1.83	12.17
6	16.34	15.31	－1.03	6.30
7	14.78	14.48	－0.30	2.03
8	14.77	14.89	0.12	0.80
9	9.06	9.94	0.88	9.67
10	7.54	12.86	5.32	70.67
11	7.81	8.84	1.03	13.14
12	8.26	8.98	0.72	8.71
13	10.06	9.82	－0.24	2.35
14	10.89	11.15	0.26	2.34
15	9.56	8.87	－0.69	7.21
平均值	12.24	12.61	1.23（绝对值）	12.04（8.70）

利用 DPS v9.05 统计分析软件，通过配对 t 检验进一步验证发现氨模型的

P值（双尾）为0.461，大于0.05，说明两种方法不存在显著差异，即没有系统误差，模型具有良好的预测能力。

（三）苯酚

根据烟末光谱图的特征选择吸收较强的7 500～4 000cm^{-1}谱区。为了过滤噪声、提高信噪比并消除基线漂移，并对其原始光谱数据进行一阶微分预处理，用PLS（偏最小二乘法）方法建立相对应烤烟烟气中单位重量苯酚释放量预测模型（图6－10）。组分最佳PLS预测模型的相关系数R为0.938，校正均方差（RMSEC）为3.33（表6－13）。

表6－13 烟气有害成分苯酚预测模型验证结果

主流烟气有害成分	建模方法	数据预处理方法	相关系数（R）	校正均方差（RMSEC）	预测均方差（RMSEP）	预测准确率	
						绝对偏差	相对偏差
苯酚	PLS	一阶微分	0.938	3.33	3.90	3.40μg/g	11.87%

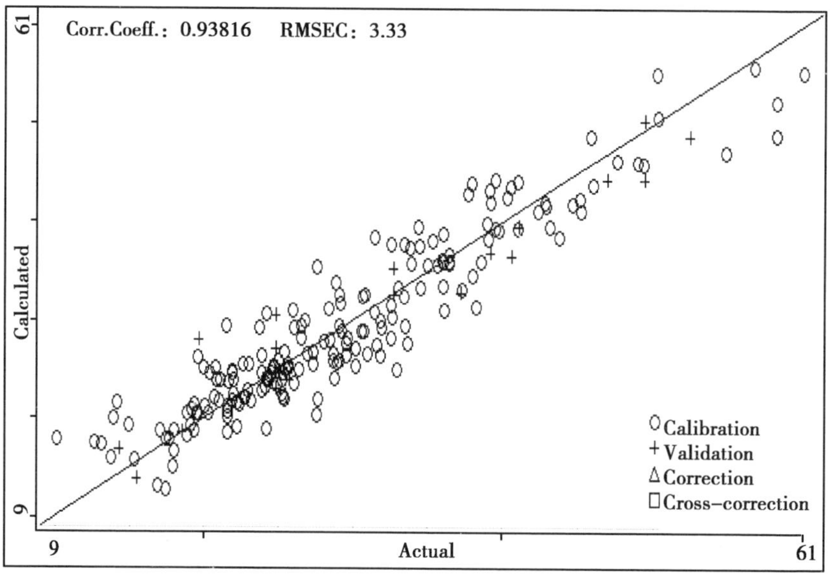

图6－10 烟气中苯酚校正集和预测集样品标准值与预测值相关图

模型建立后，根据光谱主成分分布和苯酚释放量分布选取15个样品作为验证集，验证集预测均方差（RMSEP）为3.90，验证集样品的苯酚预测与实际测量值的平均绝对偏差为3.40μg/g，平均相对偏差为11.87%。其外部验证样品苯酚释放量的预测值与化学值绝对偏差为0.40~7.30μg/g，其中，有12个样品预测值与化学值之间的绝对偏差小于5.0μg/g，占全部验证样品的80.00%，只有1个样品绝对偏差大于7.0μg/g（表6-14）。

表6-14 苯酚一阶微分模型验证样品预测效果

样品	实际值（μg/g）	预测值（μg/g）	绝对偏差（μg/g）	相对偏差（%）
1	23.31	26.33	3.02	12.9
2	26.07	30.30	4.23	16.2
3	42.99	36.67	-6.32	14.7
4	21.94	26.22	4.28	19.5
5	25.60	27.48	1.88	7.3
6	42.40	37.20	-5.20	12.3
7	54.56	47.26	-7.30	13.4
8	17.79	20.82	3.03	17.0
9	25.52	25.92	0.40	1.6
10	32.53	37.47	4.94	15.2
11	18.36	17.25	-1.11	6.0
12	19.83	20.64	0.81	4.1
13	23.78	21.09	-2.69	11.3
14	18.78	16.15	2.63	14.0
15	24.80	21.69	-3.11	12.5
平均值	27.88	27.50	3.40（绝对值）	11.9

利用DPS v9.05统计分析软件，通过配对t检验进一步验证发现氨模型的P值（双尾）为0.717，大于0.05，说明两种方法不存在显著差异，即没有系统误差，模型具有良好的预测能力。

三、结论

本研究采用Thermo Fisher Antaris Ⅱ傅立叶变换近红外光谱仪对烟末样品进行扫描。根据烟末光谱图的特征选择吸收较强的（7 500~4 000）cm^{-1}谱区，对其原始光谱数据进行一阶导数预处理，过滤噪声、提高信噪比并消除基线漂移，运用仪器匹配的Result和TQ8.0版操作分析软件，并用PLS（偏最小二乘法）方法建立了氰化氢、氨和苯酚等3种烟气成分快速预测模型，取得较好效果，能够满足烟气快速测定的需要。

本研究建立了3项烟气中有害成分的近红外速测模型，尽管个别指标并不是很满意，但通过建模的成功，今后进一步添加样品，优化模型，可进一步提高模型的预测能力。

第七章　近红外在烟草判别分析中的研究与应用

第一节　近红外技术鉴别中华牌卷烟真伪

一、材料和方法

（一）材料

VECTOR MPA 型傅立叶近红外光谱仪及 OPUS 应用软件（德国 BRUKER 公司）；70 个 2004 年 8 月至 2006 年 4 月上海烟草（集团）公司生产的品牌 A、B、C、D、E 成品卷烟烟丝样品（标样集）；98 个真、伪 A 牌卷烟烟丝样品（预测集，上海市烟草质量监督检测站提供）；80 个国产烤烟型卷烟［包括上海烟草（集团）公司产品］样品（预测集，购自上海市卷烟零售市场）。

（二）方法

1. 样品的光谱扫描

取 30g 烟丝（约 2 包 20 支装卷烟），置于石英测量杯中，用砝码式压样器从杯口自由下落在一秒内压平样品（压强 1.1 N/mm^2），放在旋转器中进行漫反射光谱扫描，每个样品连续扫描 3 次，取其平均光谱。扫描范围：3 800 ~ 10 000cm^{-1}，分辨率：8cm^{-1}，扫描次数：64 次。

2. 鉴别模型的建立

采用 OPUS 应用软件中的 Identity test 鉴定测试定性分析模块中的因子法（Factorization）对标准样品的光谱子集合进行处理，建立品牌 A 的鉴别模型库。建模时，模型内将样品集划为若干子集以提高定性模型的预测准确性，本实验卷烟标准样品光谱子集合（Group A ~ T）安排见图 7 - 1，比如，Group A 由 2 个月份的样品组成，每个月份有 3 ~ 4 个样品，每个样品除了在当年取样后采集光谱，还分别采集同一样品存放到 2005 年和 2006 年的光谱。

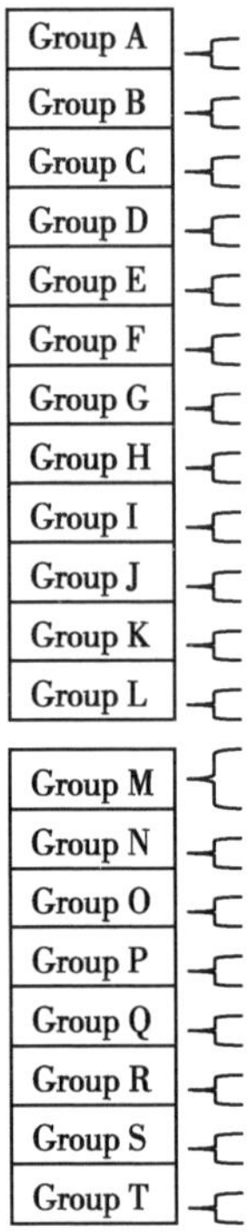

A牌样品生产时间（年–月）	样品扫描时间（年）		
	2004	2005	2006
2004–08	+	+	+
2004–09	+	+	+
2004–10	+	+	+
2004–11	+	+	+
2004–12	+	+	+
2005–01		+	+
2005–02		+	+
2005–03		+	+
2005–04		+	+
2005–05		+	+
2005–06		+	+
2005–07		+	+
2005–08		+	+
2005–09		+	+
2005–10		+	+
2005–11		+	+
2005–12			+
2006–01			+
2006–02			+
2006–03			+
2006–04			+

注：“+”表示在该时段采集该样品的光谱

图 7–1　卷烟标准样品子集合的组合图

3. 样品的真伪鉴别

本鉴别模型采用因子法分析预测光谱，主要是根据光谱匹配度大小来表示不同样品之间的相似程度或匹配性，鉴别时计算待测样品光谱与模型库中标样光谱之间的匹配度（Hit quality），匹配度的数值越小匹配性越好。在建立鉴别模型时，模型内部会给每个标样光谱子集合（group）一个阈值（threshold）：Threshold = Maximum Hit + x SDMaximum Hit——每个标样组中最大的 hit quality；*SD*——每个标样子集合中光谱差的标准偏差；*x*——*SD* 的系数。

若待测样品与标样组之间的光谱匹配度都小于各个标准组的阈值或 Hit quality/ Threshold 比值小于 1，其均值亦小于 1，则可判定待测样品和模型中的标样为同类，若否，则视为非同类产品或者伪品。

二、结果与讨论

（一）模型鉴别效果

1. 模型内部

由表7－1可见，A牌卷烟样品模型内部各子集合的光谱匹配度均较小，而且其光谱匹配度与阈值的比值也都小于1，说明这些样品同属一类，或者说均是A牌卷烟。

表7－1　A牌卷烟的某样品光谱鉴别模型定性分析结果

编号	标样组	光谱匹配度	阈值	光谱匹配度/阈值
1	Group K	0.19	0.48	0.39
2	Group J	0.19	0.47	0.41
3	Group L	0.22	0.38	0.57
4	Group M	0.22	0.37	0.60
5	Group R	0.22	0.38	0.59
6	Group C	0.22	0.40	0.57
7	Group E	0.23	0.43	0.53
8	Group N	0.23	0.37	0.63
9	Group O	0.23	0.34	0.69
10	Group B	0.23	0.38	0.61
11	Group Q	0.24	0.38	0.61
12	Group F	0.24	0.33	0.71
13	Group D	0.24	0.40	0.59
14	Group I	0.24	0.38	0.64
15	Group G	0.24	0.41	0.59
16	Group H	0.24	0.44	0.55
17	Group P	0.26	0.36	0.71
18	Group A	0.26	0.42	0.60
19	Group S	0.28	0.36	0.79
20	Group T	0.31	0.43	0.73
平均值				0.60

2. 模型外部

采用因子法对其他沪产品牌 A、B、C、D、E 卷烟，若干外地产一、二类成品卷烟烟丝和假冒 A 牌卷烟烟丝的光谱进行处理，并用 A 牌卷烟鉴别模型定性，结果见表 7－2。由表 7－2 可见，根据正常 A 牌卷烟的光谱匹配度/阈值比值的平均值小于 1，其他牌号卷烟或假冒卷烟光谱匹配度/阈值比值的平均值大于 1，本模型能准确地区分 A 牌与非 A 牌的沪产卷烟产品以及其他厂家的卷烟产品，同时也能准确区分假 A 牌卷烟。

表 7－2　品牌 A 卷烟的鉴别模型鉴别结果

卷烟样品－生产时间	光谱匹配度/阈值[①]	比值 <1	判断结果
品牌 D－2004－10	2.65	NO	非品牌 A
品牌 E－2005－02	3.91	NO	非品牌 A
品牌 B－2004－08	1.51	NO	非品牌 A
品牌 C－2005－04	1.89	NO	非品牌 A
品牌 A－2005－04	0.62	YES	品牌 A
品牌 A－2005－08	0.55	YES	品牌 A
品牌 A－2006－03	0.84	YES	品牌 A
品牌 B－2006－02	1.79	NO	非品牌 A
品牌 C－2005－11	2.17	NO	非品牌 A
品牌 D－2005－10	2.82	NO	非品牌 A
品牌 E－2006－04	3.79	NO	非品牌 A
假品牌 A－1	1.74	NO	非品牌 A
假品牌 A－2	3.78	NO	非品牌 A
假品牌 A－3	1.87	NO	非品牌 A
假品牌 A－4	2.22	NO	非品牌 A
假品牌 A－5	1.86	NO	非品牌 A
假品牌 A－6	1.96	NO	非品牌 A
假品牌 A－7	1.79	NO	非品牌 A
“白沙”（白）	2.84	NO	非品牌 A
“白沙”（绿）	2.12	NO	非品牌 A
“大红鹰”15mg	1.65	NO	非品牌 A
“福”	2.71	NO	非品牌 A
“红双喜”（广二）	1.99	NO	非品牌 A
“红河”	2.47	NO	非品牌 A
“红梅”	2.08	NO	非品牌 A
“红塔山”（15mg）	1.97	NO	非品牌 A
“江山”	1.87	NO	非品牌 A

（续表）

卷烟样品 - 生产时间	光谱匹配度/阈值[1]	比值 <1	判断结果
“利群”	1.28	NO	非品牌 A
“南京”（黄）	1.54	NO	非品牌 A
“南京”（软）	1.74	NO	非品牌 A
“苏烟”	2.18	NO	非品牌 A
“小熊猫”（红）珍品	1.89	NO	非品牌 A
“玉溪”（11mg 红）	2.00	NO	非品牌 A
“玉溪”（15mg）	2.05	NO	非品牌 A
“芙蓉王”（黄）	2.12	NO	非品牌 A
“芙蓉王”（10mg）	2.62	NO	非品牌 A

注：①所有子集合的光谱匹配度/阈值的平均值

（二）鉴别准确率

预测结果显示，A 牌（样品数 88 个）、非 A 牌（样品数 80 个）和假冒 A 牌卷烟（样品数 10 个）的预测准确率（不同样品集下预测正确的样本数与总样本数之比）分别为 92.0%、96.3% 和 100.0%，平均 94.4%，说明本模型鉴别的准确性较高，适合卷烟的真伪鉴别。然而，需要注意的是，虽然本方法是基于光谱数据的因子法鉴别，能定量描述预测样品离模型内部校正集样品的位置，但由于不同年度间烟叶的差异及其成品卷烟在存放、运输和销售过程中的变化，同一品牌卷烟生产年度不同、存放期不同其烟丝的 NIR 光谱可能存在一定的差异，因此本实验在不同间隔时间段中重新扫描卷烟标样，并用其 NIR 光谱进行建模，而且预测样品也应是在建模标样的生产时间和存放时间的范围内，这样才能保证本模型的准确识别。

三、结论

1. 采用光谱因子定性分析方法可以较好地分离、提取卷烟烟丝 NIR 光谱中的有效信息作为评判卷烟的依据。

2. 采用有一定存储时间跨度的品牌卷烟烟丝 NIR 光谱建立的鉴别模型能较好地识别卷烟真伪。

3. 本法可作为判断卷烟真伪的一种辅助手段，对于提高鉴别的效率和准确性都有一定的帮助，尤其是对那些包装仿制非常逼真的假冒卷烟的鉴别。

第二节　基于近红外信息的烟叶分析

一、近红外烟叶外观质量评价的可行性研究

（一）烟叶质量风格评价现状

烟草业是一个集粗放和精细管理、生产于一体的典型行业。其粗放的特点体现在烟草产业链中多个关键环节都是在天然的、开放的环节中进行，虽然当今科技发展日新月异，但烟叶生长的地理、生态、气候等条件仍无法控制，即无法达到工业化生产的控制精度。因而造成了其原料—烟叶质量和风格的千差万别（随产地、部位、等级发生变化）。其精细之处体现在对其终端产品—卷烟评吸的高度敏感，对包装、重量、烟丝密度等方面的严格控制和精细管理。

中式卷烟具有独特的香气风格与口味特征，其中中式烤烟型卷烟是中式卷烟的主流产品。各品牌中式烤烟型卷烟是通过将不同产地风格的烤烟烟叶混合卷制，生产出具有特定香气风格特征的品牌卷烟。而环境、气候及国际形势的变化，造成某些原料烟叶产量的变化和短缺，选择、设计这些原料烟叶的替代品也成为烟草企业面临的一大难题。因此，无论是卷烟烟叶配方设计还是原料烟叶的替代都需要能够量化地评价、描述烤烟烟叶的品质和风格，以在此基础上把握与控制成品烟的质量与风格。

我国目前对烟叶的质量评价和管理主要依赖色泽、尺寸、脉络等外观因素及一些大类成分的化学指标（如总糖、总氮、烟碱、还原糖等）。根据外观直观的评价、分类操作简单，不需要复杂的样品前处理，但不同人员评价结果可能不同，不易量化且很难形成一套统一的、客观公正的烟叶质量评价体系，因此在实际采购时给企业带来了一定的难度。化学指标可以量化，但用于描述烟叶、卷烟风格特征却存在较大偏差，即使化学成分与评吸得分很接近，其内在质量，特别是香味、余味上尚有差距，还不能替代。这也说明了烟草的主要化学成分对质量有影响，但还不能完全用化学成分的含量来表示烟草在“吃味”“香气”方面的特性。因此，要完全依赖化学指标来描述、评价烟叶的风格特征有一定的难度。

烟叶的差异主要体现在产地，因此，能良好体现产地差异的指标才能作为烟叶风格的特征。而烟叶因产地差异造成的特有风味是因为其内在化学成分的比例不同造成的，不同产地烟叶中所含物质是相同的，不同的是其组成。烟叶中目前已经知道的组分就有3 800余种，从理论上讲，如果能检测出烟叶中所有

化学成分的含量，然后对其进行因子分析，采用若干主因子应能良好表征烟叶的质量与风格特征，但在实际上是无法完成如此庞大的化学组分测试工作的。

迄今为止，对于烟叶风格的描述和把握主要还是依赖评吸，根据评吸人员的文字与语言描述去了解烟叶及成品烟的风格。因此可以说，烟叶（卷烟）的风格特征处于只能意会，难以言传的现状。如能数字化地描述不同产地烟叶的风格特征，则可望依据这些数字特征进行烟叶、成品烟风格质量的控制与管理。

基于这一思想，采集了我国 2002、2003、2004 年不同产地的烤烟烟叶并进行 NIRS 测试，希望通过分析这些烟叶样品的近红外光谱，抽提能够体现不同产地烟叶风格的量化特征并进行其模式识别，进一步探索以这些量化特征进行烟叶配方设计的可行性，为成品烟的配方设计及叶组替代方案提供理论依据和基础数据。

（二）烟叶质量的评价、管理体系及相关研究

由于采购时产区的信息是已知的，所以，对烟叶一般只进行部位和等级的区分，目前分组分级标准主要还是依据外观来进行的。就烤烟而言，拿到一批烟叶首先依叶片在烟株上生长的位置分：下部、中部、上部；依颜色深、浅分：柠檬黄、橘黄、红棕。即下部柠檬黄、橘黄色组；中部柠檬黄、橘黄；上部柠檬黄、橘黄、红棕色组；另分一个完熟叶组共八个正组；副组包括中下部杂色、上部杂色、光滑叶、微带青、青黄色五个副组。部位分组特征见表 7－3。

表 7－3 烟叶部位分组特征

组别	部位特征			颜色
	脉相	叶形	厚度	
下部	较细	较宽圆	薄至稍薄	多柠檬黄色
中部	适中，遮盖至微露，叶尖处稍弯曲	宽至较宽，叶尖部较钝	稍薄至中等	多橘黄色
上部	较粗到粗，较显露至突起	较宽，叶尖部较锐	中等至厚	多桔黄、红棕色

根据烟叶的成熟度、叶片结构、身份、油分、色度、长度、伤残等七个外观品级因素区分级别（等级）。分为下部柠檬黄色四个级、橘黄色四个级；中部柠檬黄色四个级、橘黄色四个级；上部柠檬黄色四个级、橘黄色四个级、红棕色三个级；完熟叶两个级；中下部杂色两个级、上部杂色三个级；光滑叶两

个级；微带青四个级、青黄色两个级，共42个级。具体等级见表7－4。

表7－4　烟叶42级分级标准

组别		级别	代号	成熟度	叶片结构	身份	油分	色度
下部X	柠檬黄L	1	X1L	成熟	疏松	稍薄	有	强
		2	X2L	成熟	疏松	薄	稍有	中
		3	X3L	成熟	疏松	薄	稍有	弱
		4	X4L	成熟	疏松	薄	少	淡
	桔黄F	1	X1F	成熟	疏松	稍薄	有	强
		2	X2F	成熟	疏松	稍薄	稍有	中
		3	X3F	成熟	疏松	稍薄	稍有	弱
		4	X4F	成熟	疏松	薄	少	淡
中部C	柠檬黄L	1	C1L	成熟	疏松	中等	多	浓
		2	C2L	成熟	疏松	中等	有	强
		3	C3L	成熟	疏松	稍薄	有	中
		4	C4L	成熟	疏松	稍薄	稍有	中
	橘黄F	1	C1F	成熟	疏松	中等	多	浓
		2	C2F	成熟	疏松	中等	有	强
		3	C3F	成熟	疏松	中等	有	中
		4	C4F	成熟	疏松	稍薄	稍有	中
上部B	柠檬黄L	1	B1L	成熟	尚疏松	中等	多	浓
		2	B2L	成熟	稍密	中等	有	强
		3	B3L	成熟	稍密	中等	稍有	中
		4	B4L	成熟	紧密	稍厚	稍有	弱
	橘黄F	1	B1F	成熟	尚疏松	稍厚	多	浓
		2	B2F	成熟	尚疏松	稍厚	有	强
		3	B3F	成熟	稍密	稍厚	有	中
		4	B4F	成熟	稍密	厚	稍有	弱
	红棕R	1	B1R	成熟	尚疏松	稍厚	有	浓
		2	B2R	成熟	稍密	稍厚	有	强
		3	B3R	成熟	稍密	厚	稍有	中

（续表）

组别		级别	代号	成熟度	叶片结构	身份	油分	色度
完熟叶 H		1	H1F	完熟	疏松	中等	稍有	强
		2	H2F	完熟	疏松	中等	稍有	中
杂色 K	中下部 CX	1	CX1K	尚熟	疏松	稍薄	有	–
		2	CX2K	欠熟	尚疏松	薄	少	–
	上部 B	1	B1K	尚熟	稍密	稍厚	有	–
		2	B2K	欠熟	紧密	厚	稍有	–
		3	B3K	欠熟	紧密	厚	少	–
光滑叶 S		1	S1	欠熟	紧密	稍薄、稍厚	有	–
		2	S2	欠熟	紧密	–	少	–
微带青 V	下二棚 X	2	X2V	尚熟	疏松	稍薄	稍有	中
	中部 C	3	C3V	尚熟	疏松	中等	有	强
	上部 B	2	B2V	尚熟	稍密	稍厚	有	强
		3	B3V	尚熟	稍密	稍厚	稍有	中
青带黄 GY		1	GY1	尚熟	尚疏松至稍密	稍薄、稍厚	有	–
		2	GY2	欠熟	稍密至紧密	稍薄、稍厚	稍有	–

现行的原料烟叶的分级主要还是依靠外观来判定的，虽然在一定程度上可以反映烟叶本身的质量，但是不够全面，尤其对劲头、香气、杂气等一些评判烟叶质量的主要生理指标很难把握。这就需要在采购分级时加入一些常规化学指标来加以判定。王允白等（1998）参考烟叶的主要化学成分指标结合评吸分类，评价烟叶优劣，结果表明质量好的样品还原糖、氧化钾含量较高，两糖差值较小，烟碱含量适中，蛋白质、总氮含量较低。应使烟叶还原糖含量为23%左右，总氮含量保持在1.5%左右，烟碱含量在2.0%，尽可能提高氧化钾含量，保证氯不超标（小于1%）。杨俊仙等（2003）以山西省平陆等6个产烟区2002年的22个烟叶样品的10个化学成指标（还原糖，总糖，烟碱，总氮，蛋白质，施木克值，K_2O，Cl，K_2O/Cl，淀粉）为基础，采用因子分析法并对烟叶进行了聚类分析和综合评估，分析结果与实际烟叶质量状况相符。

Gaines等（1983）的研究表明植物生长期间PPTN和TEMP、气候对于烟草中烟碱、总氮和还原性糖以及农作物质量和产量产生影响。当气候条件适宜烟草生长，烟叶等级就高，当气候太潮湿或干燥、炎热烟草等级就会低。烟叶化学组分间的平衡对其等级和产量的影响比单个化学组分的影响更大。烟碱、总氮和还原性糖的含量与等级和产量有关。

Srivastava（1983）研究了美国1977—1978年和1978—1979年间雪茄烟叶部位对化学组成的影响，结果表明，P含量、总含灰量和结合的有机酸含量从底部到顶部增加；烟碱、总氮和蛋白质在烟叶上部大量积聚；钾（K_2O）含量通常从底部到顶部慢慢减少而CaO和MgO的含量分布不存在这种规律。

上海烟草（集团）公司总结多年烟叶原料质量评价体系运行的成果并结合原烟实际采购加工过程中所积累的经验，以近红外快速定量检测为技术基础，按照不同的产地对所要采购的烟叶规定了具体的内在化学成分的含量标准；并提出在烟叶采购分级过程中外观和内在化学成分相结合的理论。在两年的原烟采购中进行了实践，大大提高了烟叶的等级合格率同时也在稳定烟叶质量方面取得了明显的成效。

采用外观和内在化学指标相结合的方法对烟叶质量进行评价，在一定程度上是提高了采购等级的合格率，也稳定了采购烟叶的质量；但是化学指标往往只能反映烟叶在质量方面的一些共性问题而不能良好体现和反映不同产地、等级烟叶风格特征，更不能依据这些指标为今后不同产地烟叶的替代（复配）稳定不同牌号卷烟叶组配方提供技术支持。而光谱则提供了被测样品的大量综合信息，可弥补化学指标不够全面的缺陷。

（三）中（草）药质量评价方法研究现状

中药与烟草行业具有很多相似之处：原料均为天然农作物，其中的成分、含量随产地、气候等环境因素而发生变化。产品经过工艺加工而成，产品中含有多种已知或未知的化学组分，其质量、特性难以用若干组分的指标来描述。中（草）药领域对药材的评价、管理方式值得烟草业借鉴。

目前，在烟草行业利用光谱（色谱）信息来进行产地等级判别的报道很少，而在中（草）药领域却有大量的相关研究。一般多用聚类分析法来进行地道药材、真伪性及合格与否的判别。

聚类分析也称集群分析、群分析、点群分析等，该法利用相似系数或欧氏距离等量值大小，将系列样品按照近似程度由远及近聚集一起，形成似树系状的谱系，而该谱系图可量化地标示出各类别、各样品之间的相互关系。因此，该法除常用于作物系列品种的分类外，还可以广泛地引用于真伪鉴别、成分浅析、质量评价、新旧工艺或不同炮制方法比较、寻找代用品及扩大药用新资源等方面，使中药研究跨进现代电脑量化分析的新阶段。

1. 分类

这是聚类分析最基本的用途。李慧珍等（1996）以马勃类 18 种真菌的显微数据为特征，对其进行聚类分析。当以 L1 线为界时可将这 18 种真菌分成 3 大类：第 1 类为灰包菇树的灰包菇；第 2 类为硬皮马勃科、地星科真菌及特异性大的桂皮马勃；第 3 类全部为灰包科真菌。若再以 L2 线进一步分类，可得更多的类属。

李水福等（1996）根据紫外光谱对木兰科 10 种花进行聚类分析，当相似度仅为 0. 32 时即分成木兰属和含笑属两大类；胡清宇（1995）等对姜科 17 种果实进行聚类分析，当相似度约为 0. 93、距离指标约为 0. 12 时可分出豆蔻属砂仁类和山姜属的山姜类及草豆蔻类；陈秋平（1995）等对伞形科 15 种药材电泳谱带的聚类分析，当距离指标 d_{ij} 约为 3 时可分成果实类、根及根茎类和特异性大的石防风。

黄宝康等（2002）用近红外漫反射光谱技术及聚类分析方法对楮实子药材及其伪品进行分析，结果表明不同产地楮实子之间近红外光谱存在一定差异，与伪品差异较大，不同产地楮实子之间的差异与药材性状有一定关联。徐永群等（2003）赤芍的红外指纹图谱为依据，采用主成分分析法对来自 18 个产地的赤芍进行了聚类分析。可将 18 个产地大致分为 6 类，这一分类与地理位置有较明显的对应关系，同一区域内赤芍的性能较为相似，可作为传统中医界对赤芍药材质量评价的依据。此外，该文还用径向基函数人工神经网络法预测了 45 个赤芍样本的产区，取得了良好的结果。

2. 鉴别

利用两观察对象相似度越大（或距离越小）越近似、乃至同种的原理，可鉴别真伪中药品种。如胡清宇等（1995）根据姜科 17 种果实的紫外光谱进行聚类分析，先分析引种阳春砂，其性状项中发枯质潮软、味微甜泛酸等差异较大，而它与道地阳春砂的相似度高达 0. 9997、距离指标仅为 0. 016，系为同种。孙素琴等（2003）以山药的红外光谱为基础，运用 SIMCA 法对不同产地的 45 种山药样品进行了道地性与非道地性识别。以随机分取的 22 个样品为训练集，剩余 23 个样品为试验集，样品的正确识别率为 70%。

3. 质量评价

上述各例已初步说明了这样的事实：类别的相似程度可供评价试样质量的优劣程度参考。如李水福等（1996）对西洋参与人参皂甙含量的聚类分析，在相似系数聚类谱系中以 L1 线可划分出人参类与西洋参类，欧氏距离聚类谱系中以 L2 线可划分四类：第一类是西洋参芦头，最特异而不作药用；第二类是西洋参的主根、侧根及须根；第三类是红参和生晒参芦头，第四类是红参芦头，是特异而不作药用。由此说明部位不同质量有异，而且其差异还大于加工不同之差异。利用成分含量作聚类分析指标来评价质量，无疑是反映内在联系的科学方法。

（四）烟叶产区划分的研究

大部分品种的植物既具有广泛的适应性，又对环境相当敏感，生态条件的变化对产量、质量等都有很大影响。“橘生淮南则为橘，生于淮北则为枳”。合理进行种植布局，充分利用自然资源，是提高产品品质、稳步发展的重要措施。世界上栽烟历史较长的国家都有其相对稳定的区划布局。我国 20 世纪 60 年代初以生态条件为主把全国划分为六大烟区。80 年代陈瑞泰（1987）等又以生产出的烟叶是否符合卷烟工业的优质烟为标准，从适宜和限制两方面判别生态环境对烟区进行了系统划分。

20 世纪 90 年代钱时祥等（1994）以多品种在同一试验点的产值为指标，采用系统聚类的方法进行相似性区域划分。各品种产值性状数据经标准化处理后，用类平均法进行系统聚类的结果见图 7 - 2。试验点之间的距离大小可以从图中明显反映。用多点联合方差分析法进行逐步分区，获得最终临界点，把 18 个试验点分成 8 个生态相似区（亚区）。这 8 个亚区中，邓州市、陕县、济源市、临颍县 4 个点各自独成一区，其余亚区由 2 ~ 5 个试验点组成不等。最大的第 1 亚区由东海县、叶县、诸城县、安邱县、平邑县 5 个试验点组成。

烟叶内在品质是由烟叶中的化学成分决定的，而烟叶的化学成分又种类繁多，过去对烟草种质资源内在品质的综合评价和分类，一般是先根据单一成分在种质间进行比较，然后根据各单一成分比较结果进行综合评价和种质分类。随着自然科学的发展和种质资源数量的剧增，采用聚类分析的方法已经难以进行确切的分类，更不用说对各个产地等级烟叶进行特征信息的抽提了。正是基于这一点本文探索采用主成分空间下的马氏距离法对烟叶进行产地的模式识别，并对主成分特征及不同产地烟叶近红外光谱特征进行分析，以解决企业在烟叶质量评价上所面临的困难。

（五）近红外光谱技术的发展及其在模式识别中的应用

近红外是指波长范围介于可见区（VIS）与中红外区（MIR）之间的电磁波，波长为 780 ~ 2 526nm（按 ASTM 定义）。NIR 光谱是分子振动光谱，记录的是大部分分子中单个化学键的倍频和合频振动信息，其信噪比高于中红外仪器，观测时间较短。

NIRS 技术在 20 世纪 80 年代以前除在农业领域有少量应用外，几乎处于徘徊不前的状态。随着计算机技术的迅速发展，近红外光谱技术的应用才逐渐被人们所关注。随后应用领域不断扩大，并成为一门独立的分析技术。我国在 1995 年以后 NIRS 技术才受到多方面关注，但主要还是集中在应用领域的扩展及分析计算方法的研究上。

NIR 谱区包含的信息为分子中原子间振动的合频与各级倍频，可分析测定与含氢基团有关的成分及物理、化学性质。其光谱用人工解析极为困难，只能依靠计算机，因此该技术被称为软件技术。其光谱解析的前提是样品的近红外吸收满足线性加和 Lamber-Beer 定律，一般近红外光谱的吸收在 1.5 以下时可满足这一前提，因此，在实际应用时对于吸收度高于 1.5 的区间不予考虑。

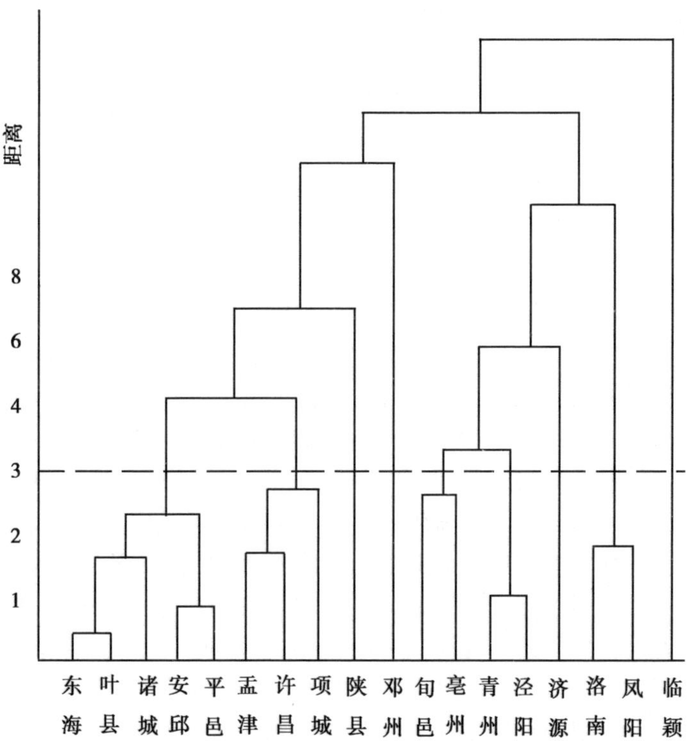

图 7-2　18 个试验点的系统聚类（类平均法）

在烟草业用近红外技术进行主要化学成分定量分析的工作较多，Liu Yang 等（2001）描述了一种优化近红外定量校正的两步法：第一步检查光谱在因子空间的分配，采用 Mahalanobis 距离剔除无关和多余的样本；第二步借助于残差和方法有效性的检验，选择出原始数据中的界外点。基于一系列最优化试验，提出了烟草中烟碱含量的近红外定量分析模型。在这个现实例子的研究中，两个步骤都是十分重要且有效的。第一个步骤使得测试的光谱在因子空间的分配趋于均匀，而第二个步骤通过相关数据的分析，有效地减少了因数据分析引起的回归残差。

NIR 光谱的各级倍频与合频的吸收强度依次比基频低一个数量级左右，由于本谱区吸收较弱，从而可用大光程或不经稀释的样品，可以作含水样品、黏稠样品，固体样品等。

近红外光谱的分辨率远不如中红外，无法根据其图谱进行定性分析而必须借助于多元统计中的模式识别方法。对某些样品定性不一定需要大量的标准样品集，因而分析成本较低。近年来，近红外定性分析（也叫聚类分析）的应用也在日益扩展，国外已经成熟应用到生产线上作质量控制。

近几年采用近红外光谱技术对草药、植物、农产品、烟叶等进行模式识别的工作有：Hana 等（1997）以近红外数据为基础，采用神经元网络对 1 000多个烟叶样品进行了产地识别，准确率达到 100%。

Cho 等（1999）以近红外光谱为信息基础，对种植在中国和朝鲜 4 ~ 7 年的人参进行了产地与生长年月的判别，产地识别准确率分别为 93%，如果是切成片的人参，其种植年月的区别有高达 97% 的准确率。结果表明朝鲜和中国的人参在总皂苷含量上有很大的不同，但 5 年和 6 年的朝鲜老参之间没有联系。朝鲜人参的木质素含量也比中国人参的含量要高，且不同的种植时间也会导致含量的不同。Young - ah Woo 等（2002）根据原始的、一阶、二阶求导后的近红外谱，采用软模式独立建模（简称 SIMCA）方法对朝鲜和中国的播种区域的人参进行分类、评估和确认。并测试了人参样品中的粗纤维、粗蛋白、淀粉以及其他十种无机成分，实验发现人参试样中的淀粉以及十种无机元素的含量（如钠、镁、磷、钾、钙、锰、铁、镍、铜和锌）由于产地的不同而有所区别。以无机组分数据为特征，采用 SIMCA 法对人参产地的识别不如近红外谱图数据理想。所有结果表明近红外光谱含有所有的各种各样有用的化学特性方面的信息，使用 SIMCA 技术的近红外方法对于人参的产地识别已经足够。

Magali Laasonen 等（2002）采用近红外反射光谱快速识别紫锥花 E. purpurea属干燥根并检测伪品：在对样品光谱进行主成分分析后，根据样品在主成分空间的投影情况判别样品归属，对真实样本的总错判率为 10%，伪品错判率是 0%。掺假的 E. purpurea 样本在掺假率不低于 10% 时可被识别。研究表明当校正集样品采用相同步骤进行粉碎、处理时，NIR 光谱是快速辨认 E. purpurea 根的好工具。

Chang - Hee Cho 等以近红外光谱为信息来源，采用 SIMCA 法对来自中国、新西兰、俄罗斯三个不同国家的鹿茸进行定性、定量分析，产地识别准确率达 80%。

Wei 等（2001）以丹参为例，提出采用快速扫描中药的近红外慢反射光谱技术来鉴定不同种类，不同地理位置，不同生长环境下以及不同植物部位的草药的方法。用近红外漫反射光谱获取丹参样品（干燥粉末颗粒）内部化学组分信息，用已有的有效组分信息的相关性结合化学计量学分析草药的光谱数据成功地进行了丹参的产地、部位（根、茎、叶、花）的识别。Scafi 等（2001）研究应用 NIR 光谱识别假药。采用 PCA/SIMCA 法将样品的 NIR 光谱与数据库中合格药品的典型光谱相比较，结果表明一阶导数光谱随片剂形状、表面物理差异及与探头光纤关系的变化最小。提出了一个在数据库中建立多元模型来测试药物的真实性的方案，且由真实的假药样本进行验证，表明该方法能够识别出假药中所有的成分变化。

综上，根据近红外光谱对样品进行定性识别的算法在使用时大都涉及对光谱的主成分分析、光谱预处理等步骤，光谱区间的选择也对模式识别的结果产生影响，应用人员通常根据经验或采用尝试的方法去选取预处理方法、主成分个数和光谱区间。因此，在应用 NIRS 技术进行模式识别时，光谱预处理方法、主成分个数、光谱区间的选择均会对模式识别结果产生影响。

（六）化学计量学方法

近红外技术之所以能够得到广泛应用，得益于计算机技术与化学计量学方法相结合而形成通用算法的应用软件包，应用人员在采集好样品光谱后可以利用仪器配置的软件中提供的各种化学计量学方法便捷快速地建立统计模型对样品进行定量与定性分析。但这在进行某些特定研究时因软件功能的限制，无法取得一些所关心的信息和数据，所以，研究人员有时往往需要根据特定的目的自行编译计算程序。这就需要了解和掌握有关的化学计量学方法。

二、不同产地烟叶风格特征模式识别研究

（一）材料与方法

1. NIR 光谱采集

（1）仪器　美国 Nicolet 公司 Antaris 近红外光谱仪

德国 Bruker 公司 Vector 22/N 近红外光谱仪

德国 Bruker 公司 MPA 近红外光谱仪

（2）样品处理　烤烟原烟样品经烘箱 50℃半小时烘干后磨成粉过 60 目筛，放入自封袋平衡 4h 以上然后装入样品杯中用压块压实或装入样品瓶中跺实。

（3）扫描方法

Antaris 近红外光谱仪：分辨率 $8cm^{-1}$，扫描次数 50

Vector22/N 近红外光谱仪：分辨率 $8cm^{-1}$，扫描次数 64

MPA 近红外光谱仪：分辨率 $8cm^{-1}$，扫描次数 64

所有样品的测试均在室温 20℃，开机 1.5h 后进行仪器自检，当自检通过后开始对烟叶样品进行扫描、采集其光谱。

2. 化学成分含量测试

作为对比分析，本文采用常用的 6 个烟叶化学指标（总糖、还原糖、总氮、烟碱、氯、钾）为特征对烟叶进行模式识别。

（1）仪器

①流动分析仪：Bran-Luebbe Auto Analysis 3

②火焰分光光度计：Flame Photometer 410

（2）样品处理　烤烟原烟样品经烘箱 50℃半小时烘干后磨成粉过 60 目筛，用 5% HAC 溶液萃取，震荡 40min 后过滤定容（总氮经消化器消化）。

（3）测试方法　采用烟草行业标准：

YC/T 31—1996　烟草及烟草制品　试样的制备和水分的测定　烘箱法

YC/T 161—2002 烟草及烟草制品　总氮的测定　连续流动法

YC/T 162—2002 烟草及烟草制品　氯的测定　连续流动法

YC/T 159—2002 烟草及烟草制品　水溶性糖的测定　连续流动法

YC/T 160—2002 烟草及烟草制品　总植物碱的测定　连续流动法

YC/T 173—2003 烟草及烟草制品　钾的测定　火焰光度法

（4）稳定性考核　用烟草 8#样品萃取震荡定容（总氮经消化）后，连续进样 5 次其检测结果见表 7－5（烟碱、总糖、还原糖、总氮、氯用流动分析仪检测，钾用火焰分光光度计检测）。

表 7-5　8#样品连续 5 次进样检测结果

序号＼化学成分	Nic (%)	Ts (%)	Rs (%)	Tkn (%)	Cl (%)	K (%)
1	3.37	31.56	30.21	2.32	0.52	1.55
2	3.37	31.51	30.41	2.35	0.52	1.55
3	3.34	31.15	30.44	2.35	0.52	1.55
4	3.35	31.25	30.46	2.34	0.52	1.55
5	3.40	31.44	30.26	2.33	0.52	1.55
RSD	0.02	0.18	0.11	0.01	0.00	0.00
AVERAGE	3.37	31.38	30.36	2.34	0.52	1.55
CV	0.68	0.56	0.37	0.56	0.00	0.00

（5）精密度考核　两次平行测定结果绝对值之差不应大于（烟草行业标准，见上面的测试方法）：

Nic：0.05%（流动分析仪）；

Ts：0.50%（流动分析仪）；

Rs：0.50%（流动分析仪）；

Tkn：0.05%（流动分析仪）；

Cl：0.05%（流动分析仪）；

K：0.50%（火焰分光光度计）。

经过平行测定，提供 6 个化学指标的流动分析仪和火焰分光光度计的检测精密度都能符合行业标准。

（二）结果与分析

1. 数据预处理

近红外光谱由于参比模式导致很大的基线漂移，这一问题对于含有不同尺度物质的固体样品更为严重。因为颗粒尺寸决定了光谱波长，而变化的颗粒尺寸导致光谱基线的漂移。影响 NIR 光谱的额外因素，如粒径分布、粉末密度、样品杯中的包装材料以及湿度、仪器本身的因素和温度等，均对光谱的基线漂移、斜率变化和曲线特性产生作用。因此，近红外光谱是样品中化学组分信息和物理信息的综合反映，而后者在数据分析中是不希望有的信息。对近红外光谱进行合适的预处理可以降低诸如粒径、散射及其他因素对基线、斜率和光谱曲线特性的影响。

Candolfi 等（1999）以药物赋形剂的近红外光谱为基础，研究了光谱预处理方法对赋形剂分类结果的影响，推荐使用 SNV 方法进行预处理。而在烟叶的定量分析过程中，通常认为采用一阶导数进行光谱预处理可以取得良好的结果。由于赋形剂与烟叶粉末均为固体微粒，具有相似的物理外观和性能，本文采用原始光谱、SNV、一阶导数光谱进行烟叶的产地识别。

（1）SNV 法　SNV 法采用如下变换以消除由于颗粒尺寸及散射引起的光谱干涉：

$$x_{ij,SNV} = (x_{ij} - \bar{x}_i) / \sqrt{\frac{\sum_{i=1}^{p}(x_{ij} - \bar{x}_i)^2}{p-1}} \quad (1)$$

其中 $\bar{x}_i$ 是第 i 根光谱所有 p 个光谱点的均值，p 为光谱变量数目（即波长方向的光谱点数），x_{ij}为原始光谱数据，下标 i 代表光谱序号（样品号）、下标 j 代表光谱波长点序号。

（2）一阶导数法　求导的目的是消除背景、提高光谱的分辨率。常数背景可以通过一阶导数消除，线性背景可以通过对原始光谱求二阶导数消除。求导的缺点是会放大噪声，因此对导数谱图进行数据光滑处理可以减小噪声。本文按照 Savitzky-Golay 方法对近红外光谱求一阶导数后采用 31 个变量的窗口宽度进行数据光滑。

2. 主成分分析

由于近红外光谱是样品中 R—H 键各级倍频吸收的综合体现，在利用其进行定性分析时，需要对 NIR 光谱进行信息压缩和特征抽提。

主成分分析（PCA）从多个样本构成的变量协方差矩阵出发，采用特征分解的方法获取方差最大的虚拟主成分来代替原有变量，在多变量统计分析和光谱信息压缩、抽提等领域得到了广泛的应用。目前采用光谱数据进行样品模式识别的商业软件及研究工作均是在采用 PCA 方法先对光谱信息进行压缩和抽提的基础上再利用各种模式识别方法对样品进行鉴别和分类研究。

主成分具有如下特点：

☆　主成分是原变量的线性组合；

☆　各个主成分之间互不相关；

　如果原来有 m 个变量，则最多有 m 个主成分。

PCA 具有如下优点：

★　它能找到表现原始数据阵最重要的变量的组合；

★　通过表示最大的方差，能有效地直观反映样本之间的关系；

能从最大的几个主成分的得分来近似反映原始的数据阵的信息。

传统主成分分析的主要步骤如下：

（1）数据标准化处理

$$\tilde{x}_{ij} = (x_{ij} - \bar{x}_j)/S_j, (i = 1,2,\cdots,n, j = 1,2,\cdots,m) \tag{2}$$

式中：

$$\left.\begin{aligned} \bar{x}_j &= \frac{1}{n}\sum_{i=1}^{n} x_{ij} \\ S_j &= \sqrt{\frac{1}{n-1}\sum_{i=1}^{n} (x_{ij} - \bar{x}_j)^2} \end{aligned}\right\} \tag{2a}$$

$\bar{x}_j$ 与 S_j 分别为样本均值和样本方差。

（2）求相关矩阵

$$R = \frac{1}{n}\tilde{X}^T\tilde{X}$$

（3）特征分解

$R = V\Lambda V^t$（常用 Jacobi 方法分解）

A—R 的特征值 $\lambda_1 \geqslant \lambda_2 \geqslant \cdots \geqslant \lambda_m \geqslant 0$ 组成的对角阵

V—R 的特征向量按列组成的正交阵，它构成了新的矢量空间，作为新变量（主成分）的坐标轴，它又叫做载荷轴。

确定主成分个数 m

主成分得分

$$F_{n\times m} = X_{n\times p}V_{p\times m}$$

Jacobi 分解法在数据矩阵 X 的维数较大时运算时间长，奇异值分解法（Single Value Decomposition - SVD）直接对中心化处理后的数据矩阵 X 进行奇异值分解，计算速度快，非常适合于大型数据矩阵，该法可用图 7 - 3 解释：

$X = USV^t$，U 是一正交列矩阵，即 $U^tU = I^n$；US 为得分阵。

S 是一由该矩阵的特征值组成的对角矩阵；V^t（特征向量阵）是一正交行矩阵，即 $V^tV = I_p$。

由于在烟叶模式识别过程中涉及的烟叶数目少则几十个，多则几百上千，因此，主成分分析时的数据矩阵维数很大，为了提高运算速度，本文计划采用 SVD 法进行主成分分析。

随着样品、研究背景及仪器状况的不同，光谱质量和表达的信息准确度会发生变化。对于特定的样品和背景，在对光谱进行特征抽提和信息压缩的过程中，在什么样本空间进行特征抽提、主因子数取多少最适宜，是 NIR 光谱特征抽提的关键：①样本空间不同，PCA 分析得到的新的变量坐标系（主成分光谱）不同；②主成分数增大到一定程度时，其对应的主成分体现的信息为误差和噪音，而近红外仪的噪音及误差水平与仪器的型号、使用年限、所处环境、样品表达装置、仪器参数设置等因素相关。

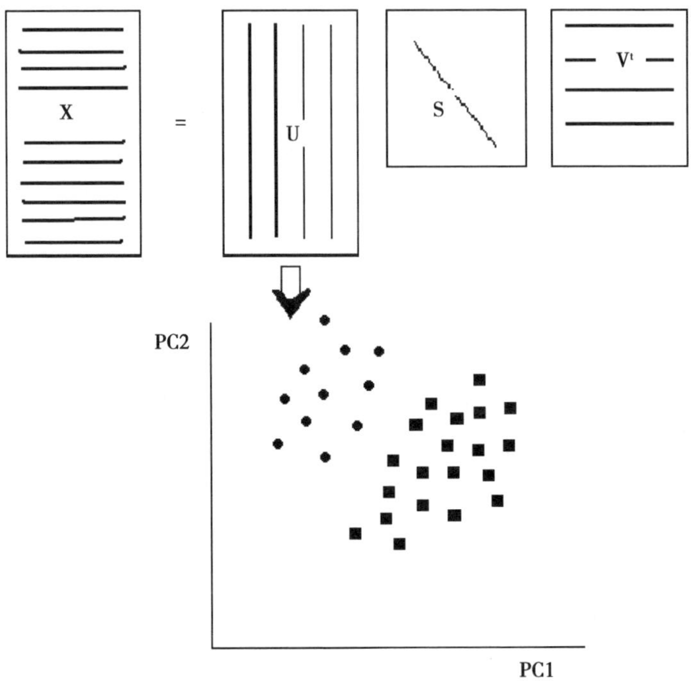

图 7－3　奇异值（SVD）主成分分解示意图

①主成分个数的选择　在定量分析中，可以利用交叉验证的方法根据预测残差平方和的极值点来判断最佳主成分个数。但在模式识别中，却无有效判断主成分个数的方法。本文在不同主成分个数下用留一法作交互验证，结果表明，预测正确率随主成分个数的增加而呈波浪式上升趋势，不出现明显的上凸点，因此，无法采用交互验证法判断适宜的主成分个数。

记采用前 m 个主成分复原光谱的残差矩阵 $E_{n\times p}\begin{bmatrix} e_{11} & e_{12} & \cdots & e_{1p} \\ e_{21} & e_{22} & \cdots & e_{2p} \\ \vdots & \vdots & \ddots & \vdots \\ e_{n1} & e_{n2} & \cdots & e_{np} \end{bmatrix}$，

其剩余标准差为　$RSD = \sqrt{\dfrac{\sum_{i=1}^{n}\sum_{j=1}^{p} e_{ij}^2}{(n-1)(p-m)}}$　(3)

根据误差分析原理可知，主成分个数与仪器噪声、误差水平相关，因此，若测量方法的误差大小可以估计，则可用 RSD 的计算值与测量误差 RE 相比较，当两者接近时的 m 值就是主成分数。

为此，我们重复多次测定某一烟草标样的光谱以考核同一仪器对于烟草样品的误差和噪声水平，对于 r 个重复测量的光谱，按照相同的方法进行预处理得矩阵 $X_{n\times r}$，同理求出这些样本的标准差作为真实误差 RE：

$$RE = \sqrt{\frac{\sum_{i=1}^{r}\sum_{j=1}^{p}(x_{ij} - \bar{x}_j)}{p(r-1)}} \tag{4}$$

式中 $\bar{x}_j = \dfrac{1}{r}\sum_{i=1}^{r} x_{ij}$。一般选取 RSD 为 RE 的 1 ~ 2 倍。这样可确定主成分个数的上限 $m_{\max}$，在（$m < m_{\max}$）前提下，对建模样本在不同的主成分个数下逐一作预测，取交互验证预测结果最好的主成分个数。如此，既能取得足够的有效信息，获得较好的预测效果，而且能够防止噪声的引入。

②PCA 坐标空间的确定　对于提供的样本，通常一部分用于建模，一部分用于预测，而主成分分析所得的新坐标系（载荷轴）与参与主成分分析的样本有关，本文采用如下两种样本空间确定主成分载荷轴。

a. 采用所有样本空间进行主成分分析确定载荷轴（又称主成分光谱），这样确定的载荷轴不仅与建模样本有关而且与预测样本有关，适宜在样本数较少时使用。

b. 采用建模样本进行主成分分析确定载荷轴，这样建立的载荷轴仅与建模样本有关。

3. 烟叶模式识别模型的建立

在将烟叶近红外光谱压缩为若干主成分来表示后，烟叶样本就由这些主成分得分来描述和表征，如何根据这些特征来识别和划分烟叶样本的归属（产地、部位和等级）就是数学上所说的模式识别。对于本文的研究背景，由于烟叶样品是由多个数字指标表征的，需要采用多元统计模式识别的方法来识别，其中，又分为有监督模式识别（又称判别分析）与无监督模式识别（又称聚类分析）。由于烟叶样品的近红外图谱差异甚小，且类别较多，采用聚类分析的方法对两类以上的烟叶进行自然分类，效果甚差。所以研究采用判别分析的方法建立烟叶模式识别模型。

一般的教材中介绍的有监督模式识别方法多为两类分类法，基于概率统计的贝叶斯法、SIMCA 适于进行多类样本的识别，但当某一类别样本量较少时不宜采用。基于 K 个最近样本的类别来判断未知样本归属的 KNN 法适宜于多类别的模式识别问题，但在样本多、特征变量个数较多时运算量很大。为此，本文以 KNN 衍生出的类重心法为基础，提出两种根据烟叶近红外光谱对烟叶进行模式识别的分析方法并在 MATLAB 6.5.1 平台下实现其算法。

（1）全样本空间马氏距离判别法——Mahalanobis Distance in All Sample Set（MDAS） 该法的判别准则如下：

对所有样本的近红外光谱进行主成分分析，获取其特征值（主成分方差）和对应的主成分得分，用主成分得分代替烟叶样品的近红外光谱，求每个样本距各个类中心（该类所有建模样本的主成分得分的平均值）的马氏距离。样本距哪一类中心的马氏距离最小，则归属哪一类。

任意两个样本 i，j 间的马氏距离计算公式为：

$$D_{ij} = (X_i - X_j)^T S^{-1} (X_i - X_j) \tag{5}$$

其中，X_i 为样本 i 所有变量构成的 $p \times 1$ 维向量，S 为所有样本构成的协方差阵（$p \times p$ 维）。对应近红外光谱，此处的 X_i 即为第 i 个样本的近红外光谱的纵坐标值构成的向量。当采用主成分得分向量 T_i 替代 X_i 时，由于主成分向量正交且均值为零，故 S 为由其方差（特征值）$\lambda_1, \lambda_2, \cdots, \lambda_p$ 构成的对角阵，因此，上式可化为：

$$D_{ij} = \sum_{k=1}^{m} (T_{ik} - T_{jk})^2 / \lambda_k \tag{6}$$

其中，m 为主成分个数。式（6）即为由主成分表达的马氏距离计算公式。

对于本项目背景，样品 i 到第 j 类中心（坐标为 $\overline{T}_{jk}$，$k=1$，$2 \cdots m$，m 为主成分个数）的马氏距离为：

$$D_{ij} = \sum_{k=1}^{m} (T_{ik} - \overline{T}_{jk})^2 / \lambda_k \tag{7}$$

（2）建模样本空间下的马氏距离——Mahalanobis Distance in Training Set（MDTS）

式（7）相当于在主成分空间求样品到第 j 类中心的标准欧式距离，即对每个主成分之差的平方除以其对应的方差后再求和，主成分方差 λ_k 的作用类似于权重因子。如果仅考虑建模样本，则式（7）中的方差为建模样本的方差，记作 λ_{kt}

$$D_{ij}^* = \sum_{k=1}^{m} (T_{ik} - \overline{T}_{jk})^2 / \lambda_{kt} \tag{8}$$

4. 区间分析

一般而言，不一定整个近红外光谱区间的信息均对所研究的问题有同样重要的作用。所以，无论是定性还是定量分析，对于具体的样品和仪器而言，均有一个最佳建模区间。

本文根据两个指标来考察定性分析的适宜区间。

（1）Fisher 值　Fisher 值反映了样本类间方差总和与类内方差总和之比，其计算公式如下：

$$F_i = \sum_{j=1}^{k} n_j(\overline{y}_{ji} - \overline{y}_i)^2 / \sum_{j=1}^{k} (n_j - 1) S_{ji}^2 \tag{9}$$

其中，k 为类别数，n_j 是 j 类中样本数，$\overline{y}_{ji}$是第 j 类中所有样本在波长 i 处的吸光度平均值，$\overline{y}_j$ 是所有样本（包括各个类）在波长 i 处的吸光度平均值，S_{ji}是第 j 类样本在波长 i 处吸光度的标准方差。当 F_i 大于 1 时，表明在该波长点处类间方差大于类内方差，而 F_i 小于 1 时，表明类内样本方差大于类间方差。通过此值，可以分析在哪些波段的类间方差大于类内方差。以判断不同类别样品的差异主要体现在哪些区间，为定性分析提供区间选择。

（2）类间方差谱　类间方差为上式中的分子。如果不考虑类内样本方差的影响，则类间方差的大小体现了对应波长点处的类间样本差异大小。对于类内、类间方差均很小但 Fisher 值较大的区间，如果该区间噪音较大或方差水平接近仪器噪音和误差水平时，建模时不宜考虑该区间。

5. 模型的优化

本节以 2003 年的 125 个分别来自云南（17）、陕西（17）、山东（32）、黑龙江（24）、重庆（35）5 个产地的国产烤烟为样本，采用 Nicolet Antaris 近红外仪获得其近红外光谱集（Set of NIR Spectra，简称 SNIRS），记为 SNIRS125N。其中，125 表示样品个数，N 表示 Nicolet 公司。考察光谱预处理方法、光谱区间、两种判别模型对烟叶产地识别准确率的影响，以确定最佳预处理方法及判别模型。

图 7－4 至图 7－6 分别为原始光谱、SNV 光谱及一阶导数光谱的 Fisher 及类间方差谱。

由图 7－4 可知，在整个波长区间的原始光谱的 Fisher 值均大于 1，即类间（不同产地）的方差大于类内（同一产地、不同部位、等级）方差。因此采用原始图谱进行烟叶产地的模式识别时，应考虑整个波长区间。

由图 7－5 可知，对于采用 SNV 变换处理后的近红外光谱，其不同产地烤烟的类间方差在绝大部分区间大于类内（同一产地、不同部位和等级）烟叶的方差。因此应取全光谱进行产地模式识别分析。

由图 7－6 可知，采用一阶导数近红外光谱时，在 4 000～7 500 cm^{-1} 与 8 000～9 000 cm^{-1} 波段 Fisher 值大多大于 1，表明这两个区间不同产地烟叶的类间方差大于类内（同一产地但部位、等级不同）方差，是定性分析的重要区间。

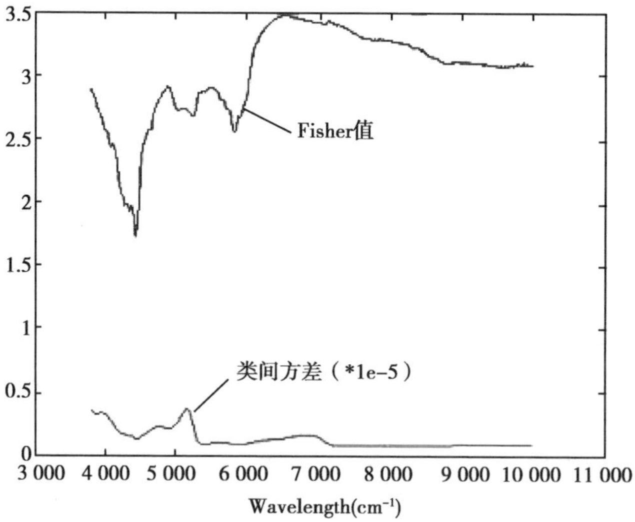

图 7－4　125 个烤烟样品原始近红外谱的 Fisher 与类间方差分布图

根据上述主成分个数所建立的准则，可以确定原始光谱、SNV 光谱、一阶导数光谱的最大主成分个数分别为 5、15、15。随机抽取 5 组样本集（建模集 99 个样本，预测集 26 个样本），分别采用原始光谱、SNV 处理后光谱及一阶导数后光滑处理光谱进行其产地识别（在整个光谱区间），两种马氏距离判别法给出的结果见表 7－6 至表 7－8，表中每个方法的第一行是所取主成分的累计贡献率和最佳主成分数，第二行是预测集中的预测正确率和预测正确样本数，第三行是包括建模与预测样本在内的样本集中预测正确率和预测正确样本数。其中表7－6中的TQ指Nicolet公司自带软件TQ 6.1中的Discrimination analysis方法。

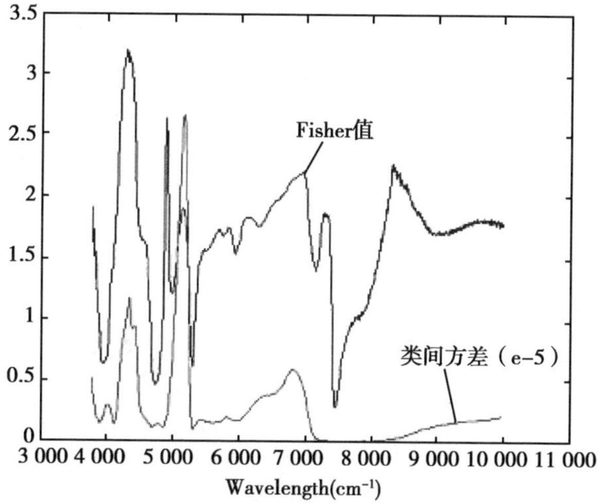

图7－5　125个烤烟样品SNV处理后近红外谱的Fisher与类间方差分布图

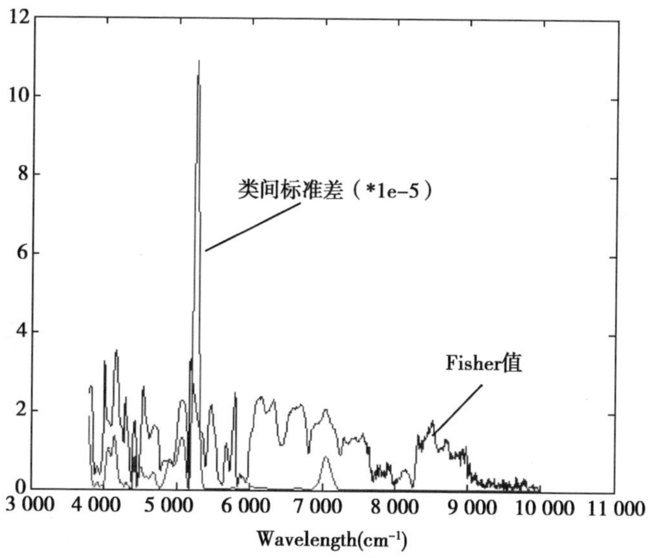

图7－6　125个烤烟样品一阶导数近红外谱的Fisher与类间方差分布图

由表 7 -6 可知，对于预测集而言，两种方法预测的正确样本数均相同，如将建模样本与预测样本一起考评，MDTS 的整体正确率最高。

表 7 -6　根据原始光谱对 SNIRS125N 中烟叶样品产地识别的结果

方法	Sample(%) Set1		Sample(%) Set2		Sample(%) Set3		Sample(%) Set4		Sample(%) Set5	
MDTS	99.97	5	99.97	5	99.97	5	99.97	5	99.97	5
	88.46	23	88.46	23	84.62	22	76.92	20	88.46	23
	84.00	105	82.40	103	84.80	106	84.80	106	84.00	105
MDAS	99.97	5	99.97	5	99.97	5	99.97	5	99.97	5
	88.46	23	88.46	23	84.62	22	76.92	20	88.46	23
	80.80	101	78.40	98	80.80	101	80.80	101	80.00	100

由表 7 -7 可知，对于 SNV 光谱，MDTS 无论是预测集正确率还是整体正确率均高于其他方法。

表 7 -7　根据 SNV 处理后的 NIR 光谱对 SNIRS125N 中烟叶样品产地识别的结果

方法	Sample(%) Set1		Sample(%) Set2		Sample(%) Set3		Sample(%) Set4		Sample(%) Set5	
MDTS	99.87	8	99.97	14	99.96	12	99.97	13	99.87	8
	96.15	25	96.15	25	92.31	24	96.15	25	88.46	23
	95.20	119	95.20	119	96.00	120	96.80	121	.96.00	120
MDAS	99.98	14	99.97	13	99.95	11	99.97	13	99.96	12
	96.15	25	92.31	24	88.46	23	96.15	25	88.46	23
	94.40	118	94.40	118	92.00	115	95.20	119	93.60	117

由表 7 -6 至表 7 -8 可以看出，由于五组样品集的建模样本和预测集样本的不同造成最终预测结果也不尽相同，预测结果的好坏与建模样本及预测样本的选择有关，建模集与预测集的变化对最佳主成分个数及预测正确率、总体判别正确率均会产生影响。当然这是在样本集不够完备的情况下才会出现，从理论上讲当样本集足够完备、足够有代表性的时候这种差别会变得很小。因此如何选择样本集，如何在有限的样本集中选择有代表性、建模效果好的建模样本也是值得重点考虑的。

比较表 7 -6 至表 7 -8 可知，对于相同的识别方法，采用一阶导数光谱建模进行烟叶产地识别的准确率最高。而在相同光谱类型下，MDTS 方法的平均预测准确率及整体平均准确率均高于 MDAS 及商业软件 TQ 的结果，因此采用 MDTS 方法，以一阶导数光谱为基础进行烟叶模式识别效果最佳。

表 7－8　根据 NIR 一阶导数光谱对 SNIRS125N 中烟叶样品产地识别的结果

方法	Sample(%) Set1		Sample(%) Set2		Sample(%) Set3		Sample(%) Set4		Sample(%) Set5	
MDTS	99.90	15	99.64	8	99.87	13	99.87	13	99.88	14
	96.15	25	96.15	25	96.15	25	100.00	26	92.31	24
	97.60	122	95.20	119	96.80	121	98.40	123	97.60	122
MDAS	99.88	14	99.90	15	99.87	13	99.90	15	99.87	13
	92.31	24	88.46	23	88.46	23	100.00	26	88.46	23
	94.40	118	92.80	116	93.60	117	96.00	120	95.20	119
TQ	99.7	13	99.6	12	99.70	12	99.60	12	99.70	14
	88.46	23	92.31	24	84.62	22	96.15	25	92.31	24
	93.60	117	93.60	117	91.20	114	94.40	118	94.40	118

将上述三表中不同样本集合下所得的预测准确率及整体正确率进行统计平均，可以得到表 7－9。其中 AAP 表示 5 个随机分组样本集下对预测集样本识别的准确率的平均值，即平均预测准确率；WAA 表示对建模及预测集样本（所有样本）识别的准确率的平均值，即整体平均准确率；mmax 为程序根据仪器状况和复原残差分析后给出的最大主成分数。

表 7－9　不同光谱预处理方法对 SNIRS125N 烟叶样品产地识别的结果

光谱类型 判别方法	原始光谱			SNV 光谱			一阶导数光谱		
	AAP(%)	WAA(%)	mmax	AAP(%)	WAA(%)	mmax	AAP(%)	WAA(%)	mmax
MDTS	88.80	84.00	5	93.85	95.84	15	97.69	97.12	15
MDAS	88.80	80.16	5	92.31	93.92	15	91.54	94.40	15

对表 7－8 中每个方法的第二、三行中不同样本集合评价结果进行统计平均，可以得到其预测集与所有样本判别正确率的平均值如表 7－10。

表 7－10　三种方法判别烟叶产地的统计平均结果（SNIRS125N）

方法	平均预测 正确样本数	平均预测 正确率	整体平均 正确样本数	整体平均 正确率（%）
MDTS	25	97.69%	121.4	97.12
MDAS	23.8	91.54%	118	94.40
TQ	23.6	90.77%	116.8	93.44

采用 MDTS 法和一阶导数光谱，用图 7－6 中 Fisher 值大于 1 的光谱区间进行烟叶产地识别，无论是平均预测准确率还是整体平均准确率均不及全光谱分析的结果，这说明即使是类间方差低于类内方差的光谱信息对于烟叶模式识别也是有用的，不能单纯只考虑 Fisher 值大于 1 的区间的信息。

而采用图 7－6 所给出的 4 000～7 500cm^{-1}与 8 000～9 000cm^{-1}波段的信息，用 MDTS 法对 SNIRS125N 烟叶样品集进行产地识别的结果与表 7－6 相同，说明被剔除的波段 7 500cm^{-1}～8 000cm^{-1}与 9 000cm^{-1}～10 000cm^{-1}含有的有效信息很少。

综上，对于 Nicolet Antaris 近红外光谱，采用一阶导数光谱、全光谱区间，MDTS 判别法进行烟叶模式识别可以取得最好结果。故后面的模型应用均采用 MDTS 法、一阶导数光谱进行，光谱区间在考虑具体仪器噪声和误差水平后选取。

6. 烟叶产地的近红外光谱特征分析

图 7－7 给出了 SNIRS125N 烟叶样品集中不同产地烟叶的平均近红外一阶导数光谱。由此图可以看出，不同产地烟叶的近红外光谱图形十分相似，在各个峰值附近表现出差异，其余部分几乎是重合的。因此各地烟叶的差异主要在峰位所在波段，将图 7－6 和图 7－7 放在一起进行对比，不难发现，图 7－6 对应的 Fisher 值大于 1（产地间方差大于同一产地、不同部位、等级间的方差）的区段就是图 7－7 的峰位所在区段。

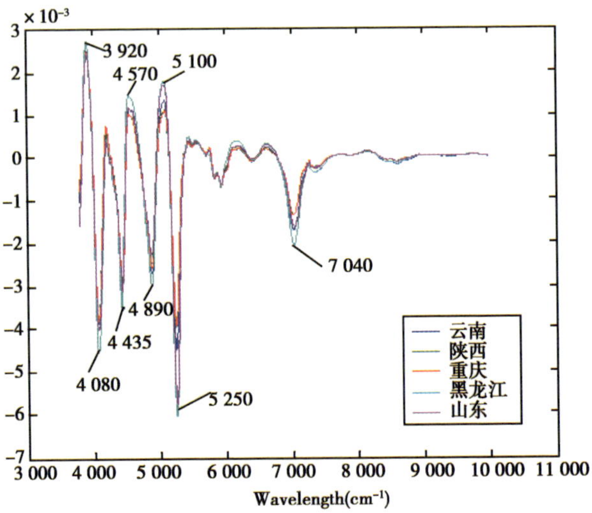

图 7－7　五个产地烟叶的近红外一阶导数光谱

由图 7－7 可看出，黑龙江烟叶在 5 250cm^{-1}处的导数值最大，山东次之，重庆烟叶在该处的导数值最小，黑龙江烟叶与重庆烟叶在此处导数值的差异约为 2×10^{-3}，在 5 100cm^{-1}处的二者的差异约为 1×10^{-3}。其余峰位的差异小于这两处，而图 7－6 的类间方差（绿色曲线）在 5 250cm^{-1}处最高，5 100cm^{-1}处次之，这说明南、北方地域、气候对烟叶特征的影响区间主要体现在 5 100 cm^{-1}与 5 250cm^{-1}附近区域。

7. 烟叶主成分 Fisher 图及主成分投影

主成分投影是常用的对样品进行直观分类的模式识别方法。对于本文研究背景，主成分个数往往较多，到底在哪两个主成分坐标轴进行投影可以将样品较好地分类，是研究和应用人员所关心的问题。

为此，本研究提出烟叶近红外光谱主成分 Fisher 图的概念，即求得体现每一主成分类间方差与类内方差之比的 Fisher 值并做出其柱状图，然后选择 Fisher 值大于 1 的主成分坐标轴进行投影，可以获得较好的分类投影图。

由图 7－8 可知，第一、第四主成分的 Fisher 值大于 1，表明这两个主成分代表的产地差异大于同类样本间的差异。因此，选择在第一、第四主成分轴对烟叶样品进行投影（图 7－9）应该比在第一、第二主成分坐标轴投影（图 7－10）效果更好。实际结果也证实了这点。

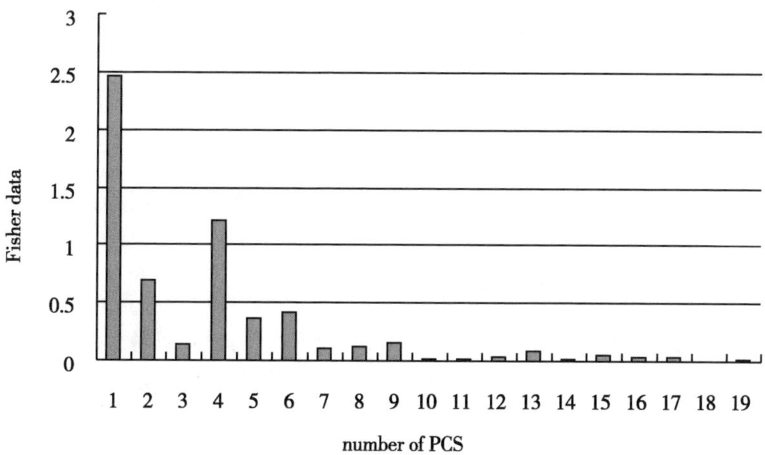

图 7－8　125 个烤烟样本按产地分类时主成分的 Fisher 图

由图 7－9 可以看出，重庆与陕西的部分烟叶样本交叉重叠较严重，这与模型识别时这两个产地烟叶经常相互错分（重庆烟叶识别到陕西，而陕西识别到重庆）的现象一致。经考察对比两地烟叶，发现陕南地带的烟叶与重庆烟叶在外观、色泽、评吸口味和风格上非常接近，实际上可以考虑将陕南和重庆地区烟叶划为同一产区。

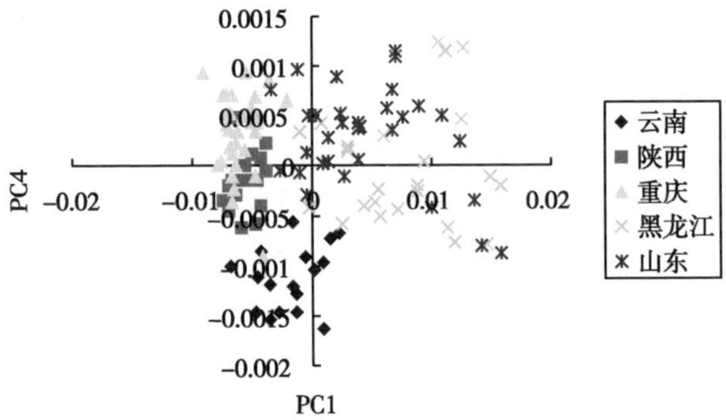

图 7－9　SNIRS125N 中烟叶样品的第一、第四主成分投影图

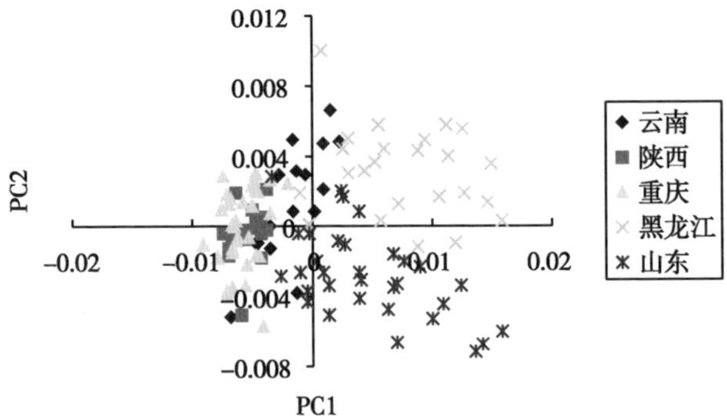

图 7－10　SNIRS125N 中烟叶样品的第一、第二主成分投影图

8. 烟叶产地、部位和等级的 Fisher 图

由于在烟叶质量管理、控制时，对于同一产地烟叶，要进行等级、部位的划分。为此，取样本最多的重庆烟叶（35 个样本，取 8 个做预测集），采用一阶导数光谱，分别按照部位、等级分类，考察其光谱图的 Fisher 值，见图 7－11 和图 7－12。

在图 7－11 中，有 Fisher 值大于 1 的区间，最高值接近 4.5，反映出部位间差异的敏感区间。由图 7－12 可看出，同一产地烟叶按照等级分类时，其 Fisher 值最高仅 0.14 左右，说明类间（不同等级间）的方差远小于类内（不同部位）方差。因此，考察等级差别应当在同一部位的烟叶间进行，而部位差别的考察应当在同一产地的烟叶间进行。这与现行的烟叶分级、管理规定相吻合。

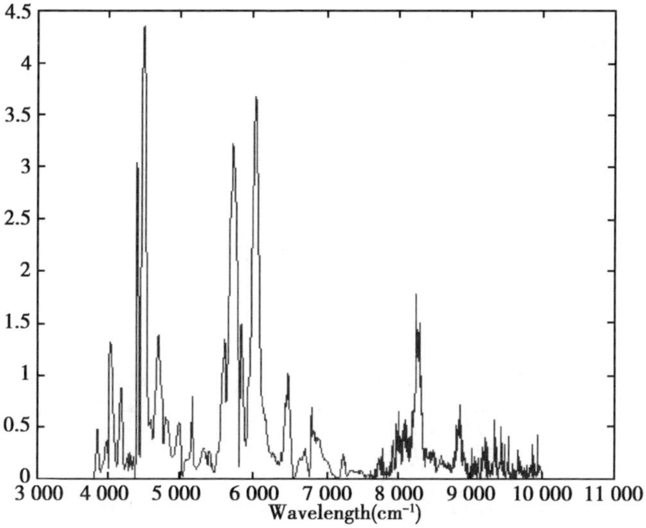

图 7-11 不同部位重庆烟叶的 Fisher 值

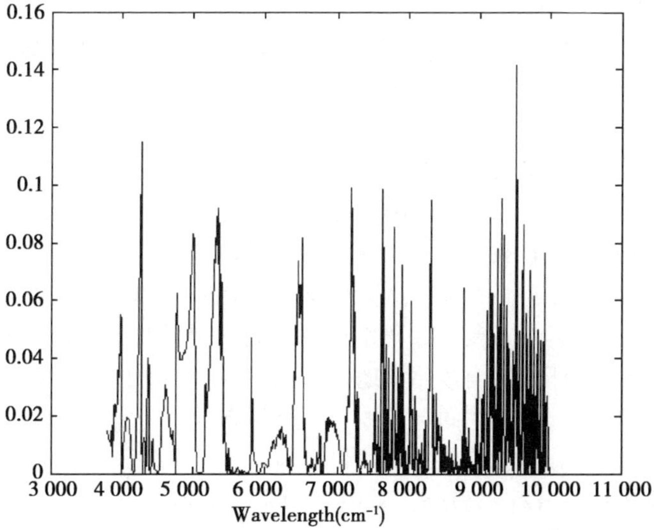

图 7-12 不同等级重庆烟叶的 Fisher 值

表 7-11 给出了在整个近红外一阶导数光谱区间采用 MDTS 方法对重庆烟

叶部位识别的结果。显然同一方法对烟叶部位识别的准确率比对产地的识别准确率要低。

表 7 - 11　重庆烟叶部位模式识别结果（建模样本 35 个，预测集 8 个）

主成分数	累计贡献率（%）	预测正确率（%）	预测集正确样本数	全样本正确率（%）	全样本判别正确数
7	99.21	87.5	7	94.29	33

9. 小结

本章以烟叶近红外光谱的主成分作为烟叶产地特征，提出根据主成分空间下的马氏距离对烟叶进行模式识别的数学模型并在 MATLAB 平台进行了程序实现，该模型具有如下特点：

（1）根据光谱的 Fisher 谱图确定不同类型光谱的建模区间。

（2）根据仪器噪声和方差水平确定最大主成分个数，避免了模型中选取过多主成分导致将仪器噪声和误差信息引入。

（3）在允许的最大主成分范围内对建模样本在不同的主成分个数下逐一作预测，取交互验证预测结果最好的主成分个数作为主成分数。

（4）根据主成分 Fisher 值选择主成分投影的坐标轴，以获取最佳效果的烟叶主成分投影分类图。

作为方法学考察，以 2003 年 5 个产地的 125 个国产烟叶为例，考察了不同产地烟叶的近红外特征，讨论了光谱预处理方法、判别准则对模型预测结果的影响，结果表明：

（1）采用一阶导数光谱、MDTS 方法对烟叶进行模式识别的优化模型，模型对 5 个产地烟叶产地识别的准确率达 97% 以上；

（2）方法确定的前提下，最佳主成分个数取决于样本集合；

（3）不同产地烟叶的差异在 5 250cm^{-1}处最高，5 100cm^{-1}处次之；

（4）对同一产地不同部位、等级的烟叶近红外谱图 Fisher 分析结果表明，烟叶的模式识别和评价应当按照产地—部位—等级的顺序进行，即在同一产地烟叶中考察部位的差异，在同一产地、部位的烟叶中考察等级的差异。从理论上验证了现行烟叶分级、管理方式的科学与合理性。

以 35 个重庆烟叶样本为例，采用 MDTS 方法和一阶导数近红外光谱对烟叶部位进行预测，预测准确率为 87.5%。

对模型错分的重庆与陕西烟叶的外观和评吸考评结果表明，陕南地区与重庆地区在地理位置、环境气候等方面接近，其烟叶的外观、色泽和评吸口感、风格方面十分接近，实际上可以考虑划为同一烟叶产区。

三、烟叶模式识别模型的应用

根据上一章考察结果，本章所有算例均采用一阶导数近红外光谱、MDTS模型对烟叶进行产地或部位、等级的识别。

（一）对2002年烟叶样品的模式识别

1. 样品集合

烟叶样品为2002年烤烟，含有79个样本，采自云南（12）、四川（21）、贵州（12）、湖南（10）、福建（24）等5个产地。分别采用不同仪器和样品杯测试样本，得到如下三组近红外光谱集：

SNIRS79N：Nicolet公司Antaris近红外仪，1.8ml玻璃样品杯测试。

SNIRS79NR：Nicolet公司Antaris近红外仪，旋转样品杯测试。

SNIRS79BV：Bruker公司Vector22/n近红外仪，旋转样品杯测试。

上述样品还含有6个主要化学指标（总糖、还原糖、烟碱、总氮、氯、钾）。

2. 产地识别结果

本文分别以烟叶样品的近红外光谱及6个主要化学成分指标为信息来源，采用MDTS法对79个烤烟样品随机构成的5组样品集（建模样本66个，预测集样本13个）进行产地识别，结果见表7－12。表中每个方法的第一行是所取主成分的累计贡献率和最佳主成分数，第二行是预测集中的预测正确率和预测正确样本数，第三行是包括建模与预测样本在内的样本集中预测正确率和预测正确样本数。

表7－12　根据NIR一阶导数光谱与6个化学指标对79个烟叶样品模式识别的结果

数据来源	Sample(%) Set1		Sample(%) Set2		Sample(%) Set3		Sample(%) Set4		Sample(%) Set5	
SNIRS79NR	99.40	7	99.86	14	99.86	14	99.86	14	99.73	10
	76.92	10	92.31	12	100	13	92.31	12	61.54	8
	93.67	74	96.20	76	98.73	78	97.47	77	91.14	72
SNIRS79N	99.89	17	99.87	15	99.88	16	99.81	12	99.89	17
	76.92	10	100	13	100	13	92.31	12	76.92	10
	93.67	74	98.73	78	98.73	78	94.94	75	93.67	74

（续表）

数据来源	Sample(%) Set1		Sample(%) Set2		Sample(%) Set3		Sample(%) Set4		Sample(%) Set5	
SNIRS79BV	99.64	12	99.64	12	99.79	18	99.73	15	99.79	18
	100	13	92.31	12	100	13	92.31	12	69.23	9
	100	79	98.73	78	100	79	98.73	78	93.67	74
化学指标	99.05	5	99.05	5	99.05	5	99.05	5	96.61	4
	30.77	4	61.54	8	53.85	7	30.77	4	38.46	5
	62.03	49	64.56	51	58.23	46	60.76	48	60.76	48

对表 7－12 中每个方法的第二、三行中不同样本集合评价结果进行统计平均，可以得到其预测集与所有样本判别正确率的平均值如表 7－13。

表 7－13 的结果表明，6 个主要化学指标判别烟叶产地的预测正确率及整体判别正确率比起采用近红外信息所得结果要差得多。说明这 6 个指标不能全面代表烟叶的产地风格特征。

表 7－13　不同信息来源判别烟叶产地的统计平均结果

数据来源	平均预测正确样本数	平均预测正确率（%）	整体平均正确样本数	整体平均正确率（%）
SNIRS79NR	11.0	84.62	75.4	95.44
SNIRS79N	11.6	89.23	75.8	95.95
SNIRS79BV	11.8	90.77	77.6	98.23
化学指标	5.6	43.08	48.4	61.27

由表 7－13 可以看出采用相同的样品集，不同仪器测试得到的光谱差异会对模型识别结果产生影响。就本例而言，Bruker Vector 22/N 近红外仪的整体平均准确率及预测准确率均高于两台 Nicolet Antaris 近红外仪的结果。

图 7－13 给出了根据 SNIRS79N 一阶导数光谱所得主成分的产地 Fisher 值。第一主成分 Fisher 值最大，第四主成分的 Fisher 值次之。除第一主成分 Fisher 值略大于 1 外，其余主成分的 Fisher 值均小于 1。对比图 7－8 与图 7－13 可以看出，同一型号的仪器（同为 Nicolet 公司 Antaris 近红外仪）由于样本集不同（79 个样本和 125 个样本），采集年度不同，对 Fisher 图会产生一定的影响。因 79 个样本集中含有较多四川、云南、贵州三个地域、气候等自然条件比较接近的样本，故图 7－13 的 Fisher 值要小于图 7－8 的值。但均表现出

第一、四主成分 Fisher 值最大、次之的顺序且第一主成分 Fisher 值大于 1 的共同特点。

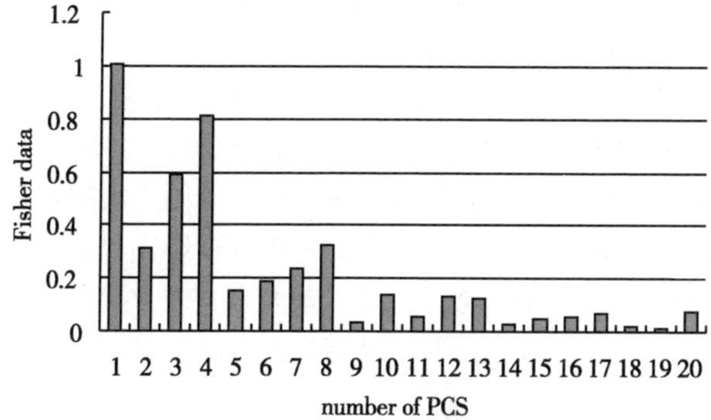

图 7 – 13　根据 SNIRS79N 一阶导数谱所得主成分的产地 Fisher 值

图 7 – 14 给出了根据 SNIRS79BV 一阶导数光谱所得主成分的产地 Fisher 值。所有主成分的 Fisher 值均小于 1，表明由该近红外光谱集所抽提的主成分反映的类内（同一产地不同部位、等级烟叶）样本方差均大于类间（不同产地烟叶）样本的方差，其前两个 Fisher 值为第一、第三主成分。

由图 7 – 13 与图 7 – 14 可看出，同一样本集合由于仪器和光谱采集方式不同，其近红外光谱的差异对由一阶导数光谱抽提的主成分的产地 Fisher 值影响很大，继而造成最佳主成分投影图（能够最好判别烟叶样本的产地归属）的不同。

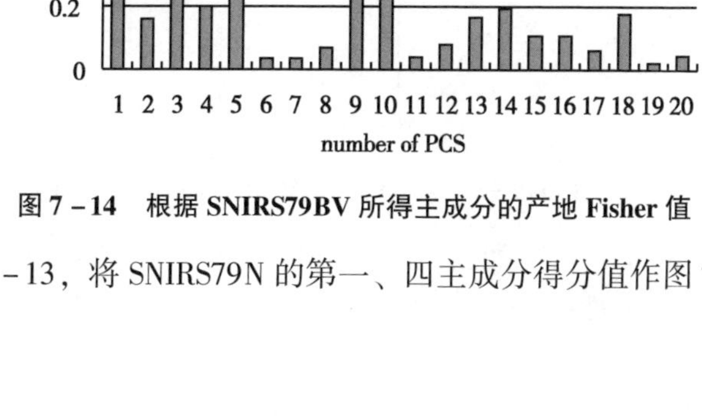

图 7 – 14　根据 SNIRS79BV 所得主成分的产地 Fisher 值

参照图 7 – 13，将 SNIRS79N 的第一、四主成分得分值作图 7 – 15，第一、第二主成分投影作图7-16。显然，第一、第四主成分投影图7-15区分不同产地烟叶的效果要好于第一、第二主成分投影图（图7-16）。但对于SNIRS79BV近红外一阶导数光谱集而言，其主成分的产地Fisher值均小于1，无论在哪两个主成分轴上投影（图7-17与图7-18），产地区分效果均不及图7-15。尽管如此，但在综合考虑前18个主成分时，采用MDTS法判别SNIRS79BV所代表的79个样本产地归属的正确率高于SNIRS79N的结果。这说明样本分类结果不是简单地由类间特征差异大的因子所决定的，类间差异小于类内差异的因子对分类结果也有影响。主成分投影图只是一个直观、近似的分类结果，当对应的主成分体现的类间方差大于类内方差时，其投影图可以起到较好的分类示意图的作用。否则，没有多大参考价值。

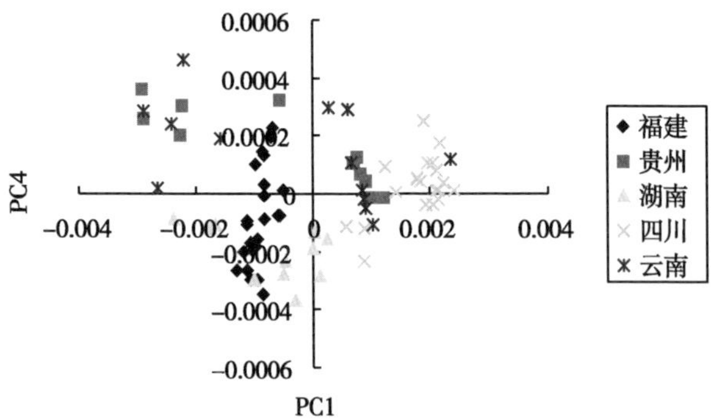

图7-15 根据SNIRS79N一阶导数谱所得烟叶样品第一、四主成分投影图

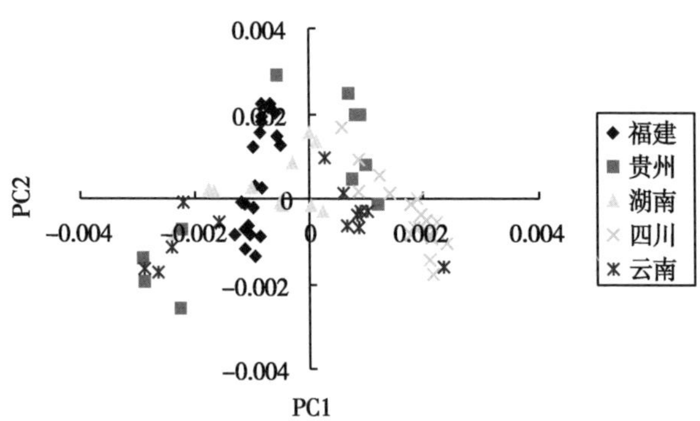

图7-16 根据SNIRS79N一阶导数谱所得烟叶样品第一、二主成分投影图

由表7-12和表7-13可见，SNIRS79BV光谱（用Bruker近红外仪采集的光谱）集建模与预测效果要比SNIRS79N与SNIRS79NR光谱所得结果好。说明

在相同方法下，光谱信号的质量、测试方法和仪器状况对最终结果会产生影响。而采用 Bruker 公司自带软件分析 SNIRS79BV 光谱集所得整体判别正确率（89.87%）不及采用 Nicolet 公司自带软件分析 SNIRS79N 光谱（94.94%）的结果。说明这种差别是由于两个公司软件中方法不同造成的（这两组近红外数据分别采集自 Bruker 和 Nicolet 两公司的傅立叶近红外仪，未进行重复性检测，无法判断其仪器的检测误差线与噪音水平，故最大主成分数事先无法预知）。

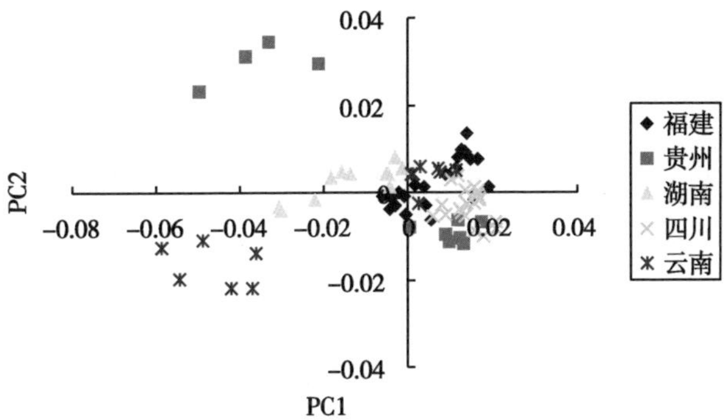

图 7－17 根据 SNIRS79BV 一阶导数谱所得烟叶烟样品的第一、第二主成分投影图

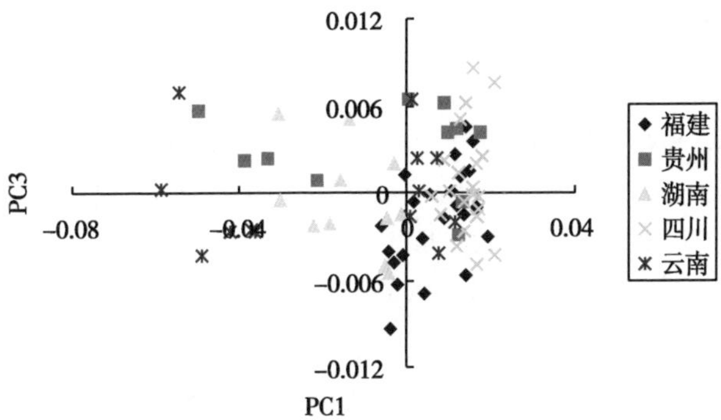

图 7－18 根据 SNIRS79BV 一阶导数谱所得烟叶样品的第一、第三主成分投影图

此外，SNIRS79NR（尼高力 Antaris 近红外仪旋转检测）的结果不及 SNIRS79N（尼高力 Antaris 近红外仪 1.8ml 样品杯检测）的结果，从理论上讲，旋转样品杯采集的数据受物理因素的影响较小，近红外数据的质量应该比普通样品杯采集的数据更好，分析结果也更准确，但实际结果却并非如此。但这是对两台仪器，采用不同样品杯检测的数据进行分析，因此造成分析结果的差异是因为仪器不同引起还是样品杯不同引起的无法断定。

（二）对2003年烟叶样品的模式识别

1. 样品集合

样品为2003年国家烟草专卖局收集的烤烟标样，共627个烤烟烟叶样品。分别来自湖南（56）、湖北（49个）、云南（90个）、贵州（99）、四川（59）、重庆（35）、广东（8）、河南（50）、安徽（11）、福建（44）、陕西（17）、黑龙江（41）、山东（32）、吉林（12）、辽宁（24）等15个省市。

对于Bruker近红外仪，从中选取样本数在50以上的5个产地（湖南、河南、云南、贵州、四川）样本共354个构成样品近红外光谱集SNIRS354BM（采用Bruker公司MPA近红外仪，旋转样品杯测试）与SNIRS354BV（采用Bruker公司Vector/22N近红外仪，旋转样品杯测试）。从中选取30个样本以上10个产地的样本共555个构成样品近红外光谱集SNIRS555BM与SNIRS555BV。从中选取湖北、云南、福建、黑龙江、山东等互不邻接并且相隔较远的5个产地共256个样本构成样品光谱集SNIRS256BM与SNIRS256BV。

对于Nicolet Antaris近红外仪，由于测试光谱时湖南、云南、河南、湖北、四川产地的某些标样丢失，无法获取其近红外光谱，因此其烟叶样品的近红外光谱数目小于627。我们在已经测得的烟叶样品光谱中，抽取其中样本数在45个以上的5个产地的烟叶光谱共336个，烟叶样品分别来自湖北（48）、云南（83）、贵州（99）、四川（58）、河南（48），构成样品近红外光谱集SNIRS336N；抽取烟叶样本数在25个以上的10个产地的烟叶光谱共514个，构成样品光谱集SNIRS514N，烟叶样品分别来自湖北（48）、云南（83）、贵州（99）、四川（58）、河南（48）、湖南（26）、福建（44）、山东（32）、黑龙江（41）、重庆（35）；以及以湖北、云南、福建、黑龙江、山东5产地的248个样品近红外光谱集SNIRS248N。

2. 不同仪器光谱区间选择

三台近红外测试的烤烟样品的原始近红外光谱如图7－19所示。

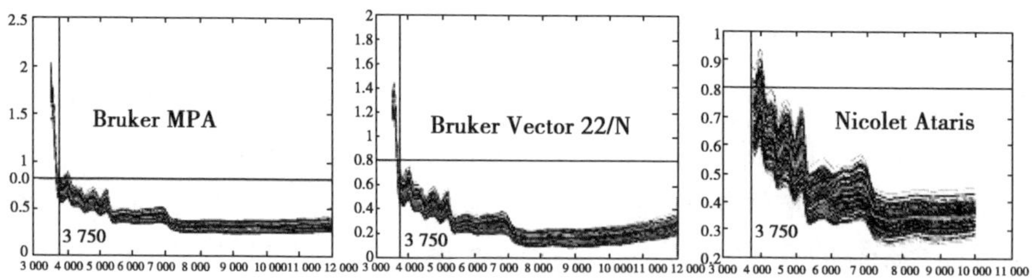

图7－19　不同近红外仪所测2003年国家局烟叶样品的近红外光谱

取一烟叶样品，在上述三台近红外仪上进行连续多次重复性测试，保存其光谱并求得这些谱图之标准差图谱如图7-20所示。图7-20左图为全图（图7-20右图）的局部放大图，该图反映了仪器的噪声与误差水平。由图7-19可知，Bruker两台仪器测试烟叶时，在3 750cm^{-1}以下部分的吸收大于0.8，最高吸收值接近2，超出Beer定律的线性范围，不宜采用。且从图7-20可知，Bruker近红外仪重复测定同一烟叶的标准差在3 700cm^{-1}以下部分远大于其他部分，如参与计算，使得RE严重偏大；而其10 000cm^{-1}以上样本重复性检测的标准差开始增大，故综合图7-19与图7-20，对于Bruker近红外光谱，取3 750~10 000cm^{-1}进行分析。Nicolet的Antaris近红外仪光谱在整个波长区间的重复性测试方差均很稳定，故初步取全光谱进行分析，进一步计算发现取4 100~10 000cm^{-1}区间时模型识别的准确率更高。故最终取此区间进行烟叶的识别。

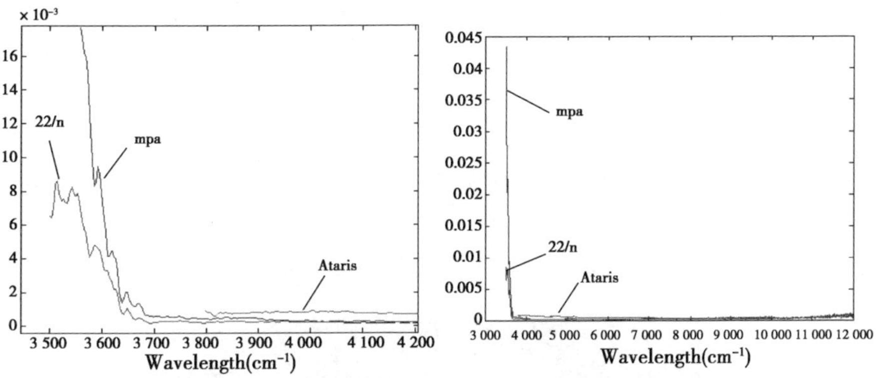

图7-20　不同仪器同一烟叶样品连续重复测定谱图的标准差

3. 根据Bruker近红外光谱对烟叶的模式识别

(1) 对烟叶产地的识别　表7-14给出了根据上述6个Bruker烟叶近红外光谱集随机组合5个建模与预测样本集对烟叶产地识别的统计平均结果。

由表7-14可知，对于同一样品集，采用Bruker MPA的光谱数据得到的产地平均预测准确率及整体准确率要好于Bruker Vector 22/N的结果。根据SNIRS555光谱集所做出的产地识别的准确率低于根据SNIRS354光谱集给出的结果，这是因为前者不仅包含后者中的样本，还含有湖北、重庆、黑龙江、福建、山东等5个产地的烟叶，其样本复杂程度高于后者。而由地域性差异较大的湖北、云南、黑龙江、福建、山东等5产地的样本光谱集SNIRS256得到的产地识别准确率比由云南、贵州、四川、湖南、河南烟叶构成的SNIRS354光谱集的产地识别率要高8%~10%。其原因可能为SNIRS354中邻接产地的接壤区域的样本具有较多的相似特征，易造成这些样本的误判，而 SNIRS256 的 5 个产地互不邻接，避免了邻接区域的误判，从而取得了很好的预测效果。

表 7－14　根据 Bruker 近红外光谱对 2003 年烟叶产地识别的统计平均结果

数据来源	平均预测正确率（%）	最大主成分数	整体平均正确率（%）
SNIRS354BV	84.38	27	89.19
SNIRS354BM	84.94	28	90.89
SNIRS555BV	77.22	31	85.63
SNIRS555BM	82.41	33	87.84
SNIRS256BV	94.76	27	97.85
SNIRS256BM	96.83	27	98.24

分析采用 SNIRS555 光谱集随机构造的 5 个不同的建模与预测集下进行烟叶产地判别时的结果，发现有若干样本无论在何种构建集合下都会被错判，图 7－21 给出了错判次数在 4 次以上的样本地理位置，结果表明错分的样本主要集中在云南、贵州、四川、重庆四个省市交界地带且大部分被识别到相邻省区。我们知道，相邻地域的烟叶种植区的生态环境与地理因素可能很相近，因此烟叶的风格特征也十分相似，这说明单纯按照行政区域去划分产地不够科学，应当根据地理、生态环境等因素的相近程度来划分烟叶产区。

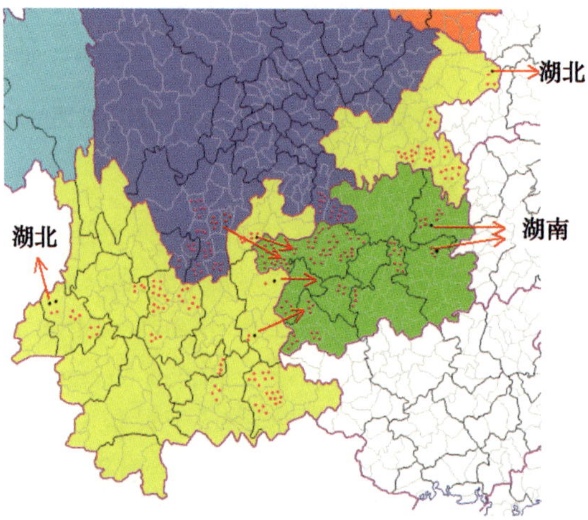

图 7－21　2003 年国家烟草专卖局烟叶样本在云贵川、重庆四产区的分布及根据 SNIRS555 预测错误次数在 4 次以上的样本识别示意图

（2）对烟叶部位的识别　抽取样本数较多的云南、重庆两个产地的烟叶进行部位识别，结果见表7－15。由表7－15可知，重庆烟叶部位识别的准确率要比云南烟叶高，云南烟叶部位与等级的识别率都不太高，这可能与云南烟叶样本比较复杂有关。

表7－15　2003年烟叶部位模式识别的结果

产地	仪器型号	平均预测正确率（%）	整体平均正确率（%）
重庆	Bruker Vector22/N	71.88	92.14
	Bruker MPA	81.25	92.86
云南	Bruker Vector22/N	52.17	75.56
	Bruker MPA	67.39	83.33

（3）对烟叶等级的识别　由于等级的识别要在产地、部位确定的前提下进行，本文抽取样本数最多的云南中部烟进行等级识别，结果见表7－16所示。

表7－16　云南中部烟等级识别的结果（44个样本，10个预测集）

仪器型号	平均预测正确率（%）	整体平均正确率（%）
Bruker Vector22/N	65.00	79.55
Bruker MPA	72.50	80.68

（4）讨论　表7－14至表7－16的结果说明采用Bruker MPA近红外光谱所得的结果要优于Bruker Vector 22/N。总体来讲，部位与等级的识别率比产地的识别率要低5%～25%。其原因可能有以下3个方面：

①烟叶在部位、等级方面的差异比产地间的差异小，这种微小的差异在近红外光谱中体现不足，导致部位、等级识别的准确率降低；

②部位和等级的划分受人为因素的影响远高于产地划分，造成原来样本的部位、等级的分类就存在较大偏差，提供的原始分类信息本身就不十分准确，影响了理论分析的准确性；

③烟叶样本偏少，影响了模型质量。

4. 根据Nicolet近红外光谱对烟叶的模式识别

表7－17给出了根据3个Nicolet Antaris近红外仪上测得的烟叶近红外光谱集随机组合4个建模与预测样本集（取总样本数的1/4做预测集）对烟叶产地识别的统计平均结果。

表 7－17　根据 Nicolet Antaris 近红外光谱对 2003 年烟叶产地识别的的统计平均结果

数据来源	平均预测正确率（%）	平均最大主成分数	整体平均正确率（%）
SNIRS336N	91.47	28.50	96.73
SNIRS514N	92.69	28.50	96.40
SNIRS248N	97.98	20.25	99.19

表 7－17 的结果明显要比表 7－14 好得多。两表中的样本有所不同，但 SNIRS514N 与 SNIRS555B、SNIRS248N 与 SINRS256B 的产地是相同的，只是 Nicolet 的光谱集中缺少了某些样本而已，为此，我们采用与表 7－17 相同的样本，根据 Bruker 两台近红外仪的光谱集进行烟叶产地识别，结果见表 7－18。

表 7－18　根据 Bruker 近红外光谱对 2003 年烟叶产地识别的的统计平均结果

数据来源	平均预测正确率（%）	平均最大主成分数	整体平均正确率（%）
SNIRS336BM	88.53	36	95.54
SNIRS336BV	81.47	33	91.89
SNIRS514BM	86.15	40	92.27
SNIRS514BV	88.65	45	93.68
SNIRS248BM	97.99	35	99.40
SNIRS248BV	97.58	38	98.69

该表的 SNIRS248 光谱集建模与预测结果与表 7－17 相当。但 SNIRS514 及 SNIRS336 的预测准确率及整体准确率均低于表 7－17，尤其是最低预测准确率要比表 7－17 低 10%。两台 Bruker 近红外仪导致的模型差异，在表 7－18 与表 7－14 中均表现出 BrukerMPA 近红外光谱的总体预测性能要优于 Bruker Vector22/N。但就表 7－17 与表 7－18 所用的样本集合而言，Nicolet Antaris 近红外仪的总体预测准确率及整体准确率要比两台 Bruker 近红外仪要好。

（三）对 2004 年烟叶样品的模式识别

1. 样品集合

样品为 2004 年国家烟草专卖局收集的烤烟标样，从中选取样本数目较多的湖北（20）、福建（31）、辽宁（24）、贵州（28）、安徽（20）、云南（20）等 6 个产区烟叶样品共 143 个，构成三个近红外光谱集 SNIRS143BM、SNIRS143BV 与 SNIRS143N。由于各产地烟叶样品有限（样品最多的福建烟叶也只有 31 个），本文对 2004 年烟叶只进行产地识别。

2. 不同仪器光谱区间选择

根据上述“不同仪器光谱区间选择”分析结果，对 Bruker 近红外光谱采用 3 750 ~ 10 000cm^{-1}区间进行烟叶建模识别；对 Nicolet Antaris 近红外光谱采用 4 100 ~ 10 000cm^{-1}区间进行分析。

3. 2004 年烟叶产地的识别结果

对 2004 年 143 个烟叶样品随机分成 4 组，每组有 36 个预测样本，107 个建模样本，采用不同近红外光谱集进行产地识别的结果见表 7 - 19。表中数据含义与表 7 - 12 相同。

由表 7 - 19 可以看出，在相同的建模与预测样本集下，不同的近红外光谱集合所建模型的最佳主成分个数及识别准确率不同、相同主成分数下的累计贡献率也有差异。表 7 - 19 的平均结果见表 7 - 20。由此表可知，2004 年 143 个烟叶样品的产地识别的平均准确率对三个近红外光谱集而言均很高，其中 Bruker MPA 近红外光谱的预测准确率最高（97. 22%）、Nicolet Antaris 次之（96. 53%），Bruker Vector 22/N 最低（95. 83%）。

表 7 - 19　根据 NIR 一阶导数光谱对 2004 年 143 个烟叶样品模式识别的结果

数据来源	Sample(%)	Set1	Sample(%)	Set2	Sample(%)	Set3	Sample(%)	Set4
SNIRS143BM	99. 85	23	99. 85	23	99. 80	18	99. 86	24
	100	36	97. 22	35	94. 44	34	97. 22	35
	100	143	99. 30	142	98. 60	141	99. 30	142
SNIRS143BV	99. 67	18	99. 70	21	99. 58	14	99. 72	21
	97. 22	35	100	36	88. 89	32	97. 22	35
	99. 30	142	100	143	97. 20	139	99. 30	142
SNIRS143N	99. 88	19	99. 91	23	99. 87	18	99. 91	23
	97. 22	35	100	36	91. 67	33	97. 22	35
	99. 30	142	100	143	97. 90	140	99. 30	142

表 7 - 20　根据 NIR 一阶导数光谱对 2004 年 143 个烟叶样品模式识别的统计平均结果

数据来源	平均预测正确样本数	平均预测正确率(%)	整体平均正确样本数	整体平均正确率(%)
SNIRS143BM	35	97. 22	142	99. 30
SNIRS143BV	34. 5	95. 83	141. 5	98. 95
SNIRS143N	34. 75	96. 53	141. 75	99. 13

（四）烟叶产地识别模型适用范围的研究

烟叶识别模型一般是将同一年采集的烟叶放在一起建模和应用，这样建立的模型用于其他年份烟叶样品的识别是否可行，本文进行了考察：

将 2004 年光谱集 SNIRS143N 中抽取由湖北（20）、福建（31）、贵州（28）、云南（20）等 4 个产地共 99 个烟叶光谱放入 2003 年 SNIRS514N 所建模型中进行产地预测，预测准确率仅 24.20%。

将 2004 年光谱集 SNIRS143BM 中抽取由湖北（20）、福建（31）、贵州（28）、云南（20）等 4 个产地共 99 个烟叶光谱放入 2003 年 SNIRS514BM 所建模型中进行产地预测，预测准确率为 40.40%。

将 2004 年光谱集 SNIRS143BV 中抽取由湖北（20）、福建（31）、贵州（28）、云南（20）等 4 个产地共 99 个烟叶光谱放入 2003 年 SNIRS514BV 所建模型中进行产地预测，预测准确率为 26.30%。

上述结果说明即使是同一产地的烟叶，也会因自然环境等因素的变化导致烟叶近红外光谱随年度发生变化，因此，单纯采用近红外光谱对烟叶识别，只能按照年度建模和预测。如果希望跨年度和多个年度下建模，应当考虑除烟叶自身近红外光谱外更多的因素：如地理、气候、生态环境等方面因素，这样模型将会具备良好的预测性和长期时效。

（五）小结

本章就 2002、2003、2004 年收集的烤烟烟叶样品，以其在不同近红外仪下测试的近红外一阶导数光谱为信息来源，通过对不同仪器的烟叶样本方差谱及原始近红外光谱的考察，确定了不同近红外仪的建模光谱区间，采用上一章所建立的优化模型进行了烟叶产地、部位、等级的判别分析。结果表明：

1. 近红外光谱可以良好体现不同产地烟叶的风格特征，对烟叶产地预测的准确率为 77% ~97%。预测准确率、最大主成分个数、主成分 Fisher 值与仪器型号、厂家、样品集合及样品的复杂程度密切相关，主成分数目随样本复杂程度的提高而增加。

2. 对烟叶部位、等级识别的准确率低于对产地识别的准确率，这与原始信息的准确度及样本数偏少有关。

3. 对 2003 年烟叶识别模型屡次错分的样品进行考察，发现多数集中在云南、贵州、四川、重庆四省市交界地，说明按照行政管理区划分烟叶产区不尽合理，应综合考虑地理、气候、环境等因素划分烟叶产区。

4. 采用相同的模式识别方法，根据不同仪器的近红外光谱对 79 个 2002

年烟叶进行产地识别，预测准确率分别为84.6%、89.2%、90.8%，而根据6个主要化学指标对同样样本的产地识别准确率仅43.1%。表明化学指标对烟叶产地风格特征的代表性不及近红外光谱全面。

本章还探讨了所建烟叶识别模型与烟叶采集年份的关系，结果表明：以近红外信息为基础的烟叶识别模型应在同一年份的烟叶间使用，如欲建立在不同年度下均可应用的烟叶识别模型，模型中应当综合考虑近红外光谱、烟区地理、气候、生态环境等因素。

四、以NIR信息为基础的替代烟叶的评吸验证

中式卷烟中某些产地的烟叶是一些品牌卷烟原料中必不可少的部分，而这些烟叶由于资源、外汇、国际局势等原因十分紧缺，限制和制约了成品烟的产量、质量和风格的稳定。例如，津巴布韦烟叶由于其特殊的甜香风味，是中华、牡丹、双喜等品牌烟中的重要原料烟叶之一。上海烟草集团一直致力于烟叶基地的建设，希望能在国内找到津巴布韦的替代烟叶，但国内很难找到在地理位置、环境气候等条件与津巴布韦相近的烟叶产地，迄今未能很好解决津巴布韦烟叶的替代问题。

（一）以近红外光谱为目标的烟叶配方设计

前面的研究结果证实了烟叶的产地风格特征与近红外信息密切相关，因此如果以近红外光谱作为烟叶风格的数字化描述指标，将不同的原料烟叶以合适的配比进行混合（复配），使复配出的烟叶的近红外光谱与目标烟叶尽可能接近，可望得到与目标烟叶评吸风格相似的复配烟叶，以实现对稀缺烟叶的全面替代或部分替代。

基于这一设想，本课题组开发了烟叶配方设计的MATLAB计算程序，用数学语言来描述就是以目标烟叶近红外光谱 Y_i（$i=1$，2….p，p 为光谱点个数）作为目标，采用数学寻优的方法，使配方烟叶 $\hat{Y}_i$ 与 Y_i 的差谱达到极小，其中

$$\hat{Y}_i = a_1X_{1i} + a_2X_{2i} + \cdots + a_mX_{mi} = \sum_{k=1}^{m} a_kX_{ki}, i = 1,2,\cdots,p$$

m 为原料烟叶样本数，X 为原料烟叶近红外光谱集合，配方设计的过程就是确定最佳的复配系数 ak 的过程（ak 满足归一化条件）。具体方法与原理为本课题组其他研究生论文内容，本文不再详细进行介绍。

（二）以近红外光谱为目标的烟叶复配结果

我们以云南大理2003年C2L烤烟的近红外一阶导数为目标，以151个

2003 年烤烟样品的近红外一阶导数为配方设计的原料数据，经过寻优，配方设计程序寻找出如下配方烟叶具有与目标烟叶最接近的近红外光谱：

目标烟叶 =0.11267（83 号，贵州正安 X3L）+0.00139（148 号，贵州毕节 C2L）+0.88595（151 号，贵州毕节 X2F）。由图 7-22 可知，目标物与其替代物的近红外光谱吻合很好，两者的相关系数为 0.9991。采用上节模式识别研究中建立的烟叶模式识别优化模型判别复配烟叶样品归属为云南烟叶。

研究发现目标烟叶和复配烟叶二者在评吸感觉上总体风格很接近，但配方烟叶中的原料烟叶均来自贵州，细品可以觉察出有贵州烟特有的杂气味。

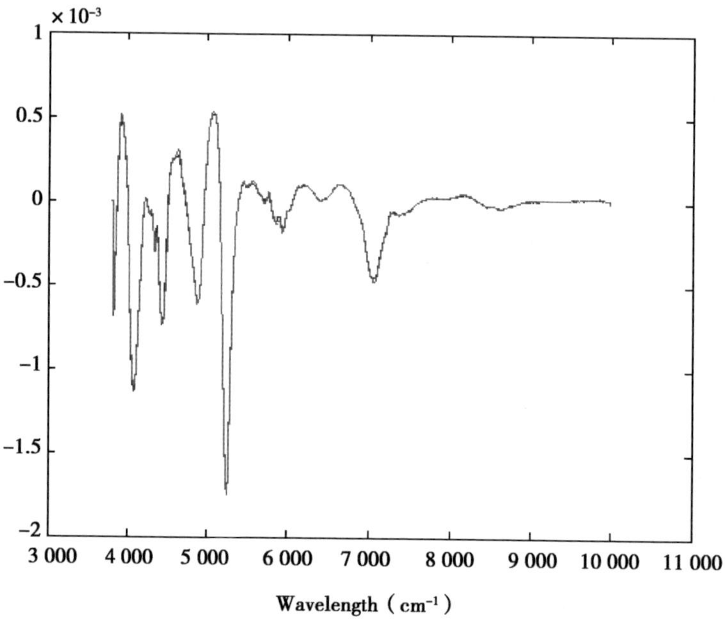

图 7-22　云南大理 C2L 烟叶（蓝色）及其复配替代烟叶（绿色）的近红外一阶导数谱图

为进一步客观验证以近红外光谱为目标对烟叶复配、替代的效果，我们以 2003 年两个等级的津巴布韦烟叶的近红外光谱为目标，分别以 2003 年 627 个国内烟叶为原料、2003 年国内 627 个烟叶样本及国外 2003 年（来自巴西、南非及加拿大）的 9 个烟叶为原料设计了替代烟叶配方，从提供的配方中选取了 2 个可以实现的配方进行了复配，并组织 6 个评吸员采用三点法就烟叶整体风格进行了评吸验证，结果见表 7-21。

表 7－21　以三点法对津巴布韦烟叶替代配方的评吸结果

评吸员	津巴布韦 L20T 复配			津巴布韦 L10T 复配		
	1（复配）	2（L20T）	3（复配）	4（复配）	5（L10T）	6（L10T）
1 号	√		√			
2 号	√		√		√	√
3 号	√	√			√	√
4 号					√	√
5 号	√		√			
6 号	√		√	√		√

注：每一组中打√的被认为是相同的一组烟叶，如果一组中没有打√即认为很接近无法区分

总体评吸评价：目标样品和复配样品的整体风格接近，两组复配样品都有一定的津巴布韦烟叶的特征。1、2、3 号样品的劲头差异比较明显，因此较易区分，4、5、6 号样品相对更接近一些。但是两组复配样品在烟气的成团性和烟气的浓度方面与目标样品还是有一定的差距，需要作进一步的调整。

6 位感官评吸员对 6 个烟叶样品在香气质、香气量、劲头、杂气、余味、刺激性等方面的评分见表 7－22。

表 7－22　津巴布韦烟叶替代配方评吸打分汇总表

评吸员	样品编号	地区等级	香气质	香气量	杂气	劲头	刺激性	余味
1 号	1	复配（L20T）	6	5	5	6	5	5
1 号	2	津巴布韦 L20T	6	6	5	5	5	5
1 号	3	复配（L20T）	6	5	5	6	5	5
1 号	4	复配（L10T）	6	6	5	5	5	5
1 号	5	津巴布韦 L10T	6	5	5	5	5	5
1 号	6	津巴布韦 L10T	6	5	5	5	5	5
2 号	1	复配（L20T）	5	6	5	6	5	5
2 号	2	津巴布韦 L20T	6	5	6	5	5	6
2 号	3	复配（L20T）	5	6	5	6	5	5
2 号	4	复配（L10T）	6	5	5	4	5	5
2 号	5	津巴布韦 L10T	6	6	4	4	5	5
2 号	6	津巴布韦 L10T	6	6	4	4	5	5
3 号	1	复配（L20T）	6	5	5	5	5	5
3 号	2	津巴布韦 L20T	6	5	5	5	5	5
3 号	3	复配（L20T）	5	6	5	6	5	5
3 号	4	复配（L10T）	4	5	4	7	4	4

（续表）

评吸员	样品编号	地区等级	香气质	香气量	杂气	劲头	刺激性	余味
3号	5	津巴布韦 L10T	4	5	5	6	4	5
3号	6	津巴布韦 L10T	4	5	5	6	4	5
4号	1	复配（L20T）	4	4	4	5	4	5
4号	2	津巴布韦 L20T	5	4	5	8	4	5
4号	3	复配（L20T）	5	4	5	8	4	5
4号	4	复配（L10T）	5	5	4	5	4	4
4号	5	津巴布韦 L10T	4	5	4	5	5	4
4号	6	津巴布韦 L10T	4	5	4	5	5	4
5号	1	复配（L20T）	8	8	6	5	5	5
5号	2	津巴布韦 L20T	5	6	5	5	4	5
5号	3	复配（L20T）	8	8	6	5	5	5
5号	4	复配（L10T）	8	8	6	5	8	8
5号	5	津巴布韦 L10T	8	9	6	5	8	8
5号	6	津巴布韦 L10T	8	8	6	5	8	8
6号	1	复配（L20T）	5	6	5	6	5	5
6号	2	津巴布韦 L20T	6	5	5	5	5	5
6号	3	复配（L20T）	5	6	5	6	5	5
6号	4	复配（L10T）	6	6	5	4	5	5
6号	5	津巴布韦 L10T	6	5	4	4	5	5
6号	6	津巴布韦 L10T	6	6	5	4	5	5

（三）对津巴布韦烟叶及复配烟叶评吸打分结果的统计检验

对表7－22中每个样本所配方的L10T、L20T的目标样本和复配样本的均值μ、μ0以及目标与复配所对应的指标求两类间平均方差Sw如表7－23所示。

表7－23 津巴布韦目标烟叶与复配烟叶的相关指标的均值与类间方差

样本	统计指标	香气质	香气量	杂气	劲头	刺激性	余味
L10T	μ0	5.8000	5.8000	4.8000	5.2000	5.2000	5.2000
	μ	5.6923	5.8462	4.7692	4.7692	5.3077	5.3077
	SW	1.9731	1.6558	0.56923	0.69423	1.8481	1.8481
L20T	μ0	5.6667	5.7500	5.0833	5.8333	4.8333	5.0000
	μ	5.6667	5.1667	5.1667	5.5000	4.6667	5.1667
	SW	1.1250	1.3177	0.23437	0.94792	0.1875	0.0521

为了考察根据表7－23的结果得出目标样本相关指标的均值与复配样本对应均值相等的假设具有多大置信度，本文对表7－23进行统计检验。

假设表7－23中的每个烟叶评吸指标的打分服从正态分布，对目标样本和复配样本的各个单一指标进行一元统计检验，并对样本总体进行多元统计均值检验。检验假设：

$H_0: \mu = \mu_0$；

$H_1: \mu \neq \mu_0$。

其中μ，μ_0分别为目标样本和复配样本的均值。

对表7－23进行I类风险检验所得α的临界值如表7－24所示。

表7－24 拒绝H0的α临界值表

		香气质	香气量	杂气	劲头	刺激性	余味	总体
α临界值	L10T	0.92	0.96	0.96	0.26	0.92	0.92	0.64
	L20T	1.00	0.39	0.49	0.50	0.10	0.01	0.27

由表7－24可知，两个津巴布韦烟叶与复配样本的6个评吸指标的统计临界α值除L20T的余味指标外均远大于0.05，即要拒绝复配烟叶与目标烟叶是同一类所冒的总体风险概率分别是67%与27%，表明复配组与实际津巴布韦烟叶组之间无显著性差异，即从统计意义上讲，可认为配方组与目标组烟叶总体上较为一致。这一结论与表7－21的评吸风格描述结论相吻合。

进一步从表7－24可看出，L10T的配方组与目标烟叶更为接近：其总体α值为0.64，用通俗的话解释意味着100个评吸员评吸该组烟叶时，有64人不能区分两者的差异；其中劲头的临界值为0.26，意味着100个评吸人员中只有26人不能区分两者的差异，这与评吸时大部分人感觉目标烟叶与配方烟叶在劲头方面的差异较明显的结果一致。

对L20T检验结果表明，配方组烟叶与目标组烟叶的差异区分度较大：100人评吸其总体风格，只有27人不能判断其差异，其中对余味的差异识别最明显，这与表7－21结果的总体描述一致。

（四）小结

对津巴布韦烟叶与复配的三点评吸验证结果表明津巴布韦L10T烟叶的复配组与其具有较好的整体相似性，证实了采用近红外光谱信息进行替代烟叶配方设计的可行性。

五、总结与展望

本文的研究结果表明，近红外光谱可以体现烟叶因产地、部位、等级的不同而造成的差异。采用一阶导数光谱预处理方法、对光谱进行主成分分析，采用烟叶样本的主成分得分可以描述烟叶的产地、部位、等级的特征；根据仪器状况选择合适的光谱区间及最大主成分数，可以避免仪器噪声误差的引入，在此基础上采用建模主成分空间马氏距离判别方法可以良好地实现对烟叶产地、部位、等级的识别。

研究表明：

1. 烟叶因产地变化而导致的差别大于由于部位、等级引起的差异。

2. 烟叶模式识别结果与烟叶样本的复杂程度、仪器型号、厂家及光谱类型相关。因仪器厂家、型号、使用环境和年限造成的谱图差异对模式识别结果的影响小于因方法差异所造成的影响。

3. 对烟叶的定性分析应当按照产地→部位→等级的顺序进行。对于烟叶部位的建模与识别需要对同一产地样品进行分析。对于烟叶等级的建模与识别需要对同一产地的同一部位烟叶进行分析。

4. 烟叶因产地造成的差异在 5 100与 5 200cm^{-1}附近较大，该区域的近红外光谱信息是产地特征的主要体现。

5. 对在不同建模与预测样本集合下屡次错判产地的烟叶进行考察的结果表明，这类样本大部分为不同省区交界地带的烟叶样本，由于其地理位置及气候等生态环境的接近造成烟叶的外观及近红外光谱十分接近，说明烟叶产区的划分不宜机械采用行政管理区域而应按照地理位置、生态环境来划分烟区更为合理。

将某一年烟叶的近红外光谱导入其他年份下所建烟叶识别模型进行产地识别，预测准确率为 24% ~40%，因此采用近红外光谱进行烟叶模式识别，只能按照年份建模和预测。这说明同一产地烟叶的近红外光谱随采集年度的不同而变化，这些变化是由自然环境因素改变而引起的。仅考虑近红外光谱，只能对过去年度和当年已经采收的烟叶进行模式识别而无法实现真正意义上的烟叶风格预测。

6. 与 6 个主要化学指标（总糖、还原糖、烟碱、总氮、总氯、钾）相比，近红外光谱所含信息更为全面、细致，烟叶的产地特征可以用近红外光谱的公共因子主成分得分反映，相同方法下根据 6 个主要化学指标对烟叶的分类与预测的准确率要比根据近红外光谱信息所得结果低 60%。

通常采用近红外光谱进行化学指标的预测、建模时所用主成分个数最多不超过 10 个，而在本文的烟叶模式识别中最少要用 15 个主成分，说明描述烟叶的风格特征所需的信息量比主要化学指标要大，这意味着烟叶的风格特征是由更细微的差异决定的。

对以烟叶近红外光谱为目标所复配的烟叶与目标烟叶的评吸结果表明近红外光谱能体现烟叶风格的主要特征，以其为基础可以获得与目标烟叶整体风格相近的复配烟叶，但在某些细微方面存在的差异尚需进一步研究。

通过本文的研究和探索，我们认为，采用烟叶近红外光谱信息可以进一步开展如下工作：

1. 进行近红外仪稳定期的考察，确定不同仪器的稳定期，以了解根据近红外光谱所建烟叶定性、定量分析模型的有效时限。

2. 有目的的收集足够多的同一产地不同部位的烟叶以提高对烟叶部位识别的准确率；收集足够多的同一产地上、中、下各部位不同等级的烟叶，以提高对烟叶等级的识别率。

3. 进一步建立直接对烟丝进行近红外检测的方法和光谱预处理方法，考察烟丝近红外光谱在设定方法、仪器下的稳定性和光谱方差的波动，探索以烟丝近红外光谱进行原料烟叶及叶组配方设计的可行性。

4. 考察加香、加料工艺处理后的烟丝近红外光谱与处理前的烟丝近红外光谱的差异及烟叶配方的变化，确定近红外光谱可否体现加香、加料的影响。

5. 建立地理、生态环境等因素与烟叶近红外光谱特征间的相关关系，以实现根据自然条件预测当年烟叶的特征，为烟叶采购计划提供有效信息。

6. 根据烟叶近红外光谱特征选择符合该特征的产烟区和种植基地，为原料基地选择提供有关信息。

第八章　烟草在线近红外光谱分析

第一节　打叶复烤配方均匀性控制模式的研究

一、材料与方法

（一）试验材料与设备

烟叶样品选取2009年福建C2F原料5.4万担用于调节器控制模式，2010年山东、湖南、江西、安徽4个产区C2F原料共计20万担用于混合挑选控制模式，2011年安徽、福建、河南、湖南、江西、辽宁、吉林和山东8个产区C2F原料共计3 500万kg用于混合挑选和区间搭配加工相结合模式。

Armor 711在线近红外光谱仪（德国Carl Zeiss公司制造）；ANTARIS傅立叶变换型近红外光谱仪（美国Thermo Fisher公司）；AAS－305D连续流动分析仪（美国API公司制造）；FED115热风循环烘箱（德国BINDER）；旋风磨（60目网筛）；粉碎机；动态烟叶分选线，打叶复烤生产线。

（二）试验方法

1. 试验方案

（1）以调节器模式进行控制　配方原料按单等级分级后，各等级以一定件数为投料单元并检测其烟碱值，依据离散程度和原料在配方中的比例选择调节能力强的等级为调节器。打叶时各等级在铺叶台按配方比例投料，其中非调节器烟叶按分级的时间顺序依次投料，调节器烟叶按与非调节器烟叶烟碱值相反的顺序投料，未使用贮柜。

注：调节能力=离散程度×原料在配方中的比例，乘积结果越大表明调节能力越强。

（2）以混合挑选模式进行控制　入库原料按等级以一定件数为单元堆放并检测其烟碱值，分级时按原料等级、烟碱值区间配方比例在动态烟叶分选线进行投料挑选；打叶时将分级后的烟叶按挑选的时间顺序投料，未使用贮柜。

（3）以混合挑选和区间搭配加工相结合模式进行控制　首先入库原料按等级以一定件数为单元堆放并检测其烟碱值，分级时原料按等级、烟碱值区间配方比例在动态烟叶分选线进行投料挑选；分级后烟叶按一定件数为单元检测其烟碱值，并将其按划定的烟碱值区间分别堆放。其次，打叶时将分级后烟叶按烟碱值区间在铺叶台进行高低搭配投料，未使用贮柜。

2. 检测方法

（1）入库原料检测　按等级以一定件数为化学成分检测取样单元，运用半叶法处理样品，将处理后的样品在40℃下干燥至含水率为9%～11%后粉碎并经旋风磨（网筛60目）制成所需粉末样品，样品经平衡至少4h后利用ANTARIS傅立叶变换型近红外光谱仪进行烟碱含量检测。

（2）挑选后烟叶检测　按等级以连续两架分级后烟叶为检测单元，运用Armor 711在线近红外光谱仪实施在线实时烟碱含量检测。

（3）片烟成品检测　按等级每50箱为检测单元，每单元按每3箱取1个样混合为一综合样，将综合样进行粉碎并经旋风磨（网筛60目）制成所需粉末样品，利用AAS－305D连续流动分析仪按行业标准进行烟碱含量检测。

3. 评价指标

$$变异系数\ CV：CV = (s/a) \times 100\% \tag{1}$$

$$变异下降度\ T：T = [(CV_1 - CV_2)/CV_0] \times 100\% \tag{2}$$

$$贡献度\ \theta：\theta = (T_i/T_0) \times 100\% \tag{3}$$

注：a－样本算术平均值，s－样本标准偏差，CV_1－工序来料样本变异系数，CV_2－工序产品样品变异系数，CV_0－原料变异系数，Ti－工序变异系数下降度（$i=1，2$），$T_0 = (T_1 + T_2)$。

二、结果与分析

（一）调节器控制模式

选取2009年福建C2F配方原料为对象进行调节器控制试验，检测及分析结果见表8－1。

从表8－1可以看出：①福建配方分为三个批次，片烟烟碱变异系数控制在2.87%～3.6%，三批次整体的加权平均值为2.74%，相比2008年相应配方等级的10.01%，下降了7.27%；②总体烟碱下降度达到78.09%，相比2008年的65.66%，提高了12.43%。可见通过调节器模式进行配方控制对提高成品片烟烟碱的均匀性效果非常明显。

表 8－1　2009 年福建配方三批次控制结果及与 2008 年对比表

批次	2009 年						2008 年	
	原料烟碱变异系数（%）	片烟件（数/箱）	片烟烟碱平均值（%）	片烟烟碱标准偏差（%）	片烟烟碱变异系数（%）	烟碱下降度（%）	片烟烟碱变异系数（%）	烟碱下降度（%）
第一批	15.28	2 291	2.69	0.08	2.98	78.09	10.01	65.66
第二批	14.40	2 156	2.72	0.08	2.87			
第三批	13.47	3 688	2.78	0.1	3.6			
平均值	14.38	2 712	2.73	0.09	3.15			

注：2008 年福建相应等级依据产区、等级按一定搭配比例在铺叶台进行配方控制

（二）混合挑选控制模式

选取 2010 年安徽、江西、湖南和山东 4 个产区的配方原料为对象进行混合挑选控制试验，检测及分析结果见表 8－2、图 8－1、图 8－2。

表 8－2　4 个产区配方成品片烟烟碱控制结果

产区	件数（箱）	平均值（%）	标准偏差（%）	变异系数（%）	变异系数下降度（%）
山东	6 402	2.75	0.07	2.55	84.7
湖南	5 739	3.17	0.1	3.15	80.2
江西	2 104	2.78	0.11	3.96	72.6
安徽	2 743	1.64	0.08	4.88	70.2
合计	4 247	2.59	0.09	3.64	76.93

从表 8－2 可以看出，4 个产区成品片烟烟碱变异系数在 2.55%～4.88%，加权平均值为 3.30%，说明成品片烟烟碱值波动总体比较小。从图 8－1 可以看出，相比 2008 年加工的同产区（未加工江西、安徽产区配方），即山东和湖南配方成品片烟烟碱变异系数 5.02% 和 4.64% 分别下降到 2.47% 和 1.49%，效果明显。从图 8－2 可以看出，总体烟碱下降度达到 76.93%，就两个年度均加工的 2 个产区配方来说，烟碱变异系数下降度均有不同程度提高。可见通过混合挑选模式进行配方控制对提高成品片烟烟碱的均匀性效果同样明显。

（三）混合挑选和区间搭配加工相结合控制模式

选取 2011 年安徽、福建、河南、湖南、吉林、江西、辽宁和山东等 8 个产区配方原料为对象进行混合挑选和区间搭配加工相结合控制试验，检测及分析结果见表 8－3 至表 8－7。

从表 8－3 可以看出：①8 个产区配方原料烟碱变异系数平均值为

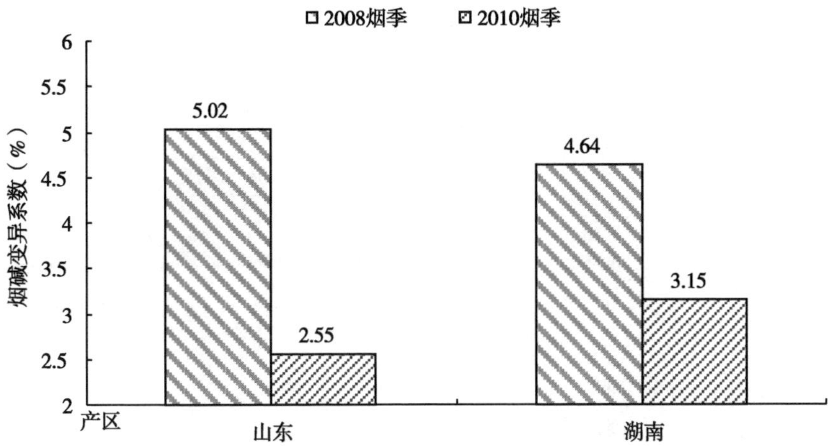

图 8－1　2008 年和 2010 年同产区配方烟碱变异系数对比图

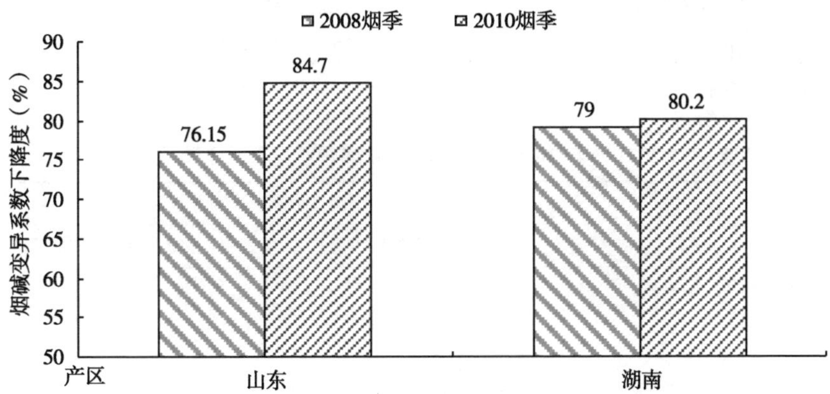

图 8－2　2008 年和 2010 年同产区配方烟碱变异系数下降度对比图

23. 24%，说明原料烟碱总体波动较大；②8 个产区配方成品片烟的烟碱变异系数在 2. 26% ~6. 30%，加权平均值为 3. 83%；③安徽配方后成品片烟的烟碱 CV 值超过 5%较 2010 年的混合挑选模式要高。

表 8－3　2011 年 8 个产区配方成品片烟烟碱控制结果　（%）

产区	原料烟碱变异系数	片烟成品烟碱		
		平均值	标准偏差	变异系数
安徽	26. 12	1. 63	0. 10	6. 30

（续表）

产区	原料烟碱变异系数	片烟成品烟碱		
		平均值	标准偏差	变异系数
福建	20.78	2.58	0.12	4.82
河南	26.34	2.45	0.08	3.46
湖南	19.81	2.49	0.06	2.46
吉林	27.89	1.31	0.07	5.66
江西	15.08	2.63	0.06	2.26
辽宁	28.33	2.36	0.07	2.81
山东	21.57	2.28	0.07	2.89
平均	23.24	2.22	0.08	3.83

从表8－4可以看出，8个产区配方的烟碱变异系数下降度平均值为85.65%，最大值为93.26%，最小值为75.89%，超过80%的占87.50%。相比2010年，除安徽产区配方烟碱变异系数下降度略低之外，其余7个产区均有不同程度上升。

表8－4　2011年与2010年8产区配方烟碱变异系数下降度比较表　（%）

产区	烟碱变异系数下降度	
	2011年控制模式	2010年控制模式
安徽	75.89	77.90
福建	89.09	79.32
河南	87.89	83.05
湖南	87.50	86.22
江西	84.58	72.91
辽宁	93.26	89.64
吉林	80.41	72.97
山东	86.60	84.30
均值	85.65	80.79

注：2010年上述8个产区相应配方等级，其中福建、河南2个产区配方只在打叶复烤环节按烟碱区间高低进行搭配；辽宁和吉林2个产区配方在分级环节只按等级进行配比混挑，同时在打叶复烤环节按烟碱区间高低进行搭配；其余4个产区配方按混合挑选模式试验

从表8－5可以看出：①就原料变异系数而言，除了江西批次外，其他批次原料变异系数均在18%以上，最高的为32.12%，平均值为23.32%。说明

原料总体波动较大，这增加了均匀性效果的控制难度；②就工序烟碱变异系数下降度而言，分级工序平均值分别为 53.60%，打叶复烤工序平均值分别为 32.81%，除江西和山东两产区外其他产区批次分级工序均不同程度高于打叶复烤工序。显示结合模式均匀性控制效果在分级工序就已明显地得到实现。

表 8-5　2011 年不同批次各工序烟碱 CV 值下降度比较表　（%）

批次	原料烟碱值	原料变异系数	烟碱变异系数下降度		贡献度	
			分级工序	打叶复烤工序	分级工序	打叶复烤工序
安徽	1.98	26.12	52.45	23.45	69.10	30.90
福建 1	2.47	21.22	47.77	40.47	54.14	45.86
福建 2	2.58	20.70	50.59	39.91	55.90	44.10
福建 3	2.64	19.03	45.33	41.66	52.11	47.89
福建 4	2.68	21.62	49.03	41.74	54.02	45.98
河南 1	2.31	25.72	61.35	27.37	69.15	30.85
河南 2	2.49	27.73	66.46	21.79	75.31	24.69
河南 3	2.52	24.06	54.27	32.44	62.59	37.41
湖南 1	2.55	20.40	46.83	41.28	53.15	46.85
湖南 2	2.62	19.21	52.70	34.18	60.66	39.34
吉林 1	1.63	26.34	63.74	14.84	81.11	18.89
吉林 2	1.58	32.12	70.18	12.05	85.35	14.65
江西	2.57	14.76	30.35	53.90	36.02	63.98
辽宁 1	2.43	27.83	61.49	30.88	66.57	33.43
辽宁 2	2.32	29.07	68.45	25.71	72.70	27.30
山东	2.36	21.57	43.12	43.48	49.79	50.21
平均	2.36	23.59	54.01	32.82	62.35	37.65

从表 8-6 可以看出，分级工序和打叶工序烟碱变异系数下降度与原料变异系数均存在极显著相关性，其中分级工序成正相关，打叶工序成负相关。说明在该模式下原料的变异系数越大，分级工序在降低原料变异系数贡献上越大，而打叶工序相对越小。

表 8－6　原料烟碱变异系数与分级和打叶复烤两工序烟碱变异系数下降度相关性分析

		原料 CV 值	分级工序下降度	打叶复烤工序下降度
原料 CV 值	Pearson 相关性	1	0.927**	－0.896**
	显著性（双侧）		0.000	0.000
	N	16	16	16

注：**. 在.01 水平（双侧）上显著相关

从表 8－7 可以看出，就贡献度而言，分级工序与打叶复烤工序总体存在极显著关系，且分级工序明显大于打叶复烤工序。说明对于结合模式，分级工序（即混合挑选模式）在整个配方均匀性控制过程中对降低烟碱变异系数起到主要作用。

表 8－7　分级、打叶复烤两工序贡献度方差分析

差异源	SS	df	MS	F	P-value	F-crit
批次	0.00	16	0.00	0.00	1	2.33
工序	4 978.56	1	4 978.56	15.61	0.00	4.49
误差	5 103.85	16	318.99			
总计	10 082.41	33				

三、结论与讨论

配方打叶已逐步成为打叶复烤企业生产模式的主流，是满足卷烟工业企业和品牌发展需求的需要，而如何确保配方打叶的均匀性，尤其烟叶中以烟碱为主要特征指标的内在化学成分的均匀性和稳定性及相关研究备受关注。通过研究认为：

1. 三种控制方法均以烟叶化学成分作为参数参与配方，都可以将烟叶对应化学成分的变异系数控制在理想的范围，确保了配方打叶后烟叶的均匀性。

2. 对于不同原料，不论原料波动高与低，均能通过化学成分配比方式较大幅度的降低原料化学成分的变异系数，具有较强的主动控制能力。

3. 对于三种控制模式，可根据原料化学成分及其变异系数的大小、仓库库容可提供性、生产组织可控性和均匀性水平等因素综合考虑，选择适宜的控制模式。

通过引入化学配比思路对配方打叶均匀性控制的不同模式的探索，成品片

烟的化学成分均匀性取得了明显的效果，也为提高配方打叶后烟叶的质量均匀性提供了方法借鉴。本研究是以影响卷烟产品质量的表征指标烟碱作为评价指标来考察均匀性控制效果，同样根据质量关注点的需要，可以按照本文的控制模式引入其他化学成分或几个不同化学成分的组合来进行打叶复烤后内在化学成分质量均匀性的控制。

第二节 原烟在线近红外光谱模型转移研究

一、材料与方法

（一）实验材料

建模样品为福建、辽宁、江西、四川、湖南、安徽、黑龙江、吉林等12个省区2009年和2010年生产的烤烟，涵盖上部、中部、下部等10个烤烟国标等级。

标准样品为安徽C2F，依据颜色和身份分为中厚、中中、浅中、中薄、中等5种，年度为2011年。

校正样品光谱采集于某复烤企业原烟挑选线，产地为福建、辽宁、江西、湖南、河南、四川安徽等地，年度为2011年。

（二）仪器与设备

Armor711在线近红外光谱仪，德国卡尔蔡司股份有限公司；AutoAnalyzer3连续流动分析仪，德国布朗卢比公司；GR－200电子分析天平，日本AND公司。

（三）方法

1. 在线近红外光谱采集方法

将两台在线近红外光谱仪分别前后安装在同一条挑选线皮带上方，在光斑照射后（被在线近红外光谱仪扫描）取样，取样时做好时间等标记。

漫反射方式：光纤漫反射；光谱采集软件：ProcXplorer；信息光斑大小：30mm；分光方式：平面光栅分光；检测器：InGaAs检测器；背景自动校正：30min；扫描波长：900～1 700nm；扫描时间：15s。

2. 烟叶中烟碱含量的测定

将上述得到的样品去梗后采用半叶法在80℃烘箱中烘2h，60目粉碎，按照行业标准方法检测烟碱。

3. 定量校正模型的建立

将上述采集的近红外光谱和用行业标准方法测得的化学值对应，使用软件 CAUNIR6.0（中国农业大学近红外软件），采用 PLS 方法建立模型，用交互验证法确定最佳主成分数，以校正集样本化学值与预测值的决定系数（Coefficient of determination，R^2）、交互验证均方根误差（root mean square error of cross-validation，RMSECV）、样本平均相对误差（mean relative error，MRE）作为评价各种建模方法的有效指标。

（1）决定系数

用于考察样本的预测值和化学值之间的相关程度，R^2 越接近于 1，说明预测值与化学值之间的相关程度越高，R^2 按下式计算：

$$R^2 = 1 - \frac{\sum_{i=1}^{n} (\hat{y}_i - y_i)^2}{\sum_{i=1}^{n} (y_i - \bar{y})^2} \tag{1}$$

式中，y_i 和 $\hat{y}_i$ 分别为样本集中第 i 个样本的化学值和预测值，$\bar{y}$ 为样本的化学值的平均值。

（2）交互验证均方根误差

该指标主要用于评价某种建模方法的可行性及所建模型的预测能力，在模型训练过程中通过交互验证的方法来计算的。

$$RMSECV = \sqrt{\frac{\sum_{i=1}^{n} (\hat{y}_{\setminus i} - y_i)^2}{n}} \tag{2}$$

式中，y_i 和 $\hat{y}_i$ 为校正集中第 i 个样本的化学值；$\hat{y}_{\setminus i}$ 为校正集中剔除第 i 个样本后，用余下的样本建立的模型，该模型对第 i 个样本预测值，n 为校正集样本数。

（3）平均相对误差

该指标用于衡量样本预测值与化学值之间的偏离程度。

$$MRE = \frac{\sum_{i=1}^{n} |y_i - \hat{y}_i|}{n \times \hat{y}_i} \times 100\% \tag{3}$$

式中，y_i 为校正集中第 i 个样本的化学值，$\hat{y}_i$ 为第 i 个样本的预测值。

4. 偏移量转移

取一定量的烟叶，按照颜色（深、中、浅）和叶片厚度（厚、中、薄）

进行分类作为标准样品，分类好的标准样用袋子密封好，于阴凉处遮光保藏。

将标准样放至主仪器挑选线皮带上，开启皮带由在线近红外测定后获得该标准样的烟碱含量。由于是光栅型仪器主从仪器的波长点不完全一致，利用创和亿公司近红外软件 CHYOnline－NIR2.0（下文简称 CHYOnline－NIR2.0 软件）将主仪器模型转移为从仪器模型导入从仪器，再将标准样放至从仪器挑选线皮带上，测得烟碱值，计算得到偏移量。从仪器可以使用转移后的主仪器模型对样品进行预测，得到预测值后加上偏移量得到预测修正值。

$$Y = \frac{\sum_{1}^{n}(X_{1i} - X_{2i})}{n} \tag{4}$$

$$\hat{X}_{2j} = x_{2j} + Y \tag{5}$$

式中，Y 为偏移量，X_{1i} 为主仪器第 i 个标准品样本预测值，X_{2i} 为从仪器第 i 个标准品样本预测值，X_{2j} 为从仪器第 j 个样本预测值，$\hat{X}_{2j}$ 为从仪器第 j 个光谱预测修正值。

5. 斜率截距转移

在正常生产中，主仪器模型转移为从仪器模型后导入从仪器，对生产线上的 15～30 个样本的预测值和其化学值进行最小二乘直线拟合，得到斜率截距值，利用得到的斜率截距值对新的外部样本进行验证。

二、结果与分析

（一）主仪器模型的建立

1. 主仪器光谱预处理

主仪器模型建立之前，对主仪器原始光谱进行预处理。实验中使用了多元散射校正、中心化、极差归一、矢量校正、一阶导数和二阶导数等预处理方法进行单独处理和组合，通过多次比较发现，预处理方法使用多元散射校正、一阶导数和 15 点平滑可有效消除表面散射、光程变化、基线旋转漂移等的影响。光谱波长区间选择 5 878～8 000cm^{-1}。

2. 主仪器模型的建立

将预处理后的光谱与化学值关联，利用偏最小二乘法（PLS），内部留一交叉验证，得到主仪器模型。计算模型在训练过程中的交互验证均方根误差，如果所对应的交互验证均方根误差值最低，则在此条件下所对应的模型为最佳模型，该主成分数为最佳主成分数。

从图 8－3 中可看出，当主成分数为 9 时，模型交互验证均方根误差有最

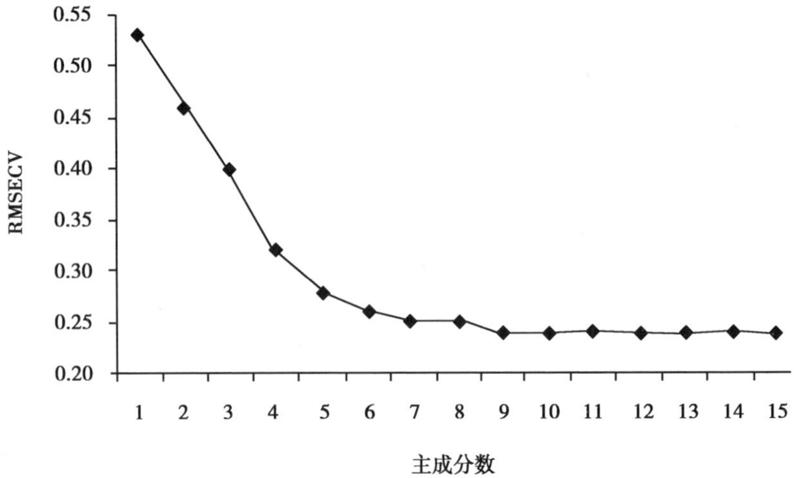

图 8-3　烟碱在线近红外模型主成分数对 RMSECV 的影响

小值 0.24，因此模型的最佳主成分数为 9。

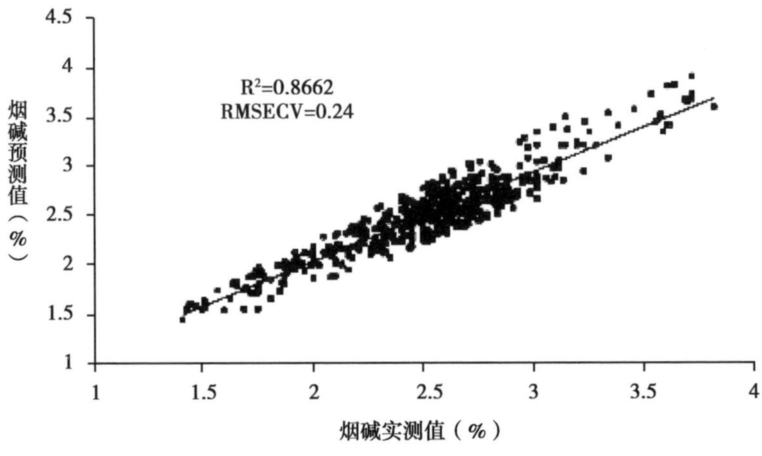

图 8-4　烟碱在线近红外模型化学值与预测值相关性

由图 8-4 可知，烟碱的化学值和烟碱的预测值两者相关性较好，数据的偏差较小。模型的决定系数为 0.8662，模型的决定系数较好（$R^2>0.85$）。

主仪器模型的外部预测较稳定，平均相对误差基本保持在 8% 左右（因为是原烟模型，生产环境和物料状态变化较大，其检测精度略差于实验室近红外)，通过长期的生产观察，模型满足生产精度和稳定性需求。

（二）不同方法的从仪器模型建立

1. 从仪器重新建模

按照同主仪器相同的光谱预处理和建模方法，构建从仪器 PLS 模型，从仪器模型的最佳主成分数为 9，模型的交互验证均方根误差 0.23，决定系数为 0.8702。

2. 从仪器偏移量转移法建模

将主仪器模型光谱通过 CHYOnline – NIR2.0 软件变换波长点转移为从仪器光谱，构建转移模型，模型的交互验证均方根误差 0.24，模型决定系数为 0.8702。按照方法 4 得到偏移量，计算样品外部验证平均相对误差，详见表 8 – 8、表 8 – 9。

表 8 – 8　安徽 C2F 标准样品主从仪器预测比较

标准样	样本年度	样本数（个）	每个样本扫描次数（次）	烟碱预测均值（%）		偏移量
				主仪器	从仪器	
C2F – 中中	2011	5	10	2.37	2.59	–0.21
C2F – 浅中	2011	5	10	2.03	2.27	–0.24
C2F – 中厚	2011	5	10	1.73	1.93	–0.20
C2F – 中薄	2011	5	10	1.81	2.07	–0.26
C2F – 中等	2011	5	10	2.47	2.68	–0.21
平均偏移量						–0.22

表 8 – 9　相同产地样品主从仪器偏移量转移后外部验证平均相对误差

产地	采集时间	外部验证样本数（个）	外部验证平均相对误差（%）	
			主仪器	从仪器
福建	2011 年 8 月	129	8.73	13.27
辽宁	2011 年 10 月	87	9.23	26.12
江西	2011 年 10 月	77	8.18	15.84
安徽	2011 年 10 月	62	8.29	11.53

从表 8 – 9 中可以看出，安徽地区烟叶在模型转移后的相对误差较其他产地要小，其他产地的外部验证平均相对误差较大且水平不稳定。其原因可能是标准样使用的是安徽烟叶，而各地的烟叶差异较大，所以相同的偏移量并不适

用。此外在实际生产时，主从仪器使用在不同的生产线难以保证标准样品的检测状态一致，这也是造成误差偏大且不稳定的原因。

3. 从仪器斜率截距转移法建模

对主仪器模型光谱通过 CHYOnline-NIR2.0 软件进行波长点转换，波长区间选择 5 878 ~ 8 500cm^{-1}，预处理方法选择散射校正、二阶导数和 15 点平滑，按照方法 5 进行斜率截距法模型转移。利用偏最小二乘法，内部留一交叉验证，得到转移模型，从仪器模型的最佳主成分数为 9，模型的交互验证均方根误差 0.26，模型决定系数为 0.8527。得到福建、辽宁、江西和安徽四个产地斜率截距见表 8 – 10，利用同一斜率截距对不同烤季（复烤季节）的样本进行预测，结果见表 8 – 11。

由表 8 – 10 可知，由于跟随生产，斜率截距转移法较为有效，外部验证平均相对误差水平与主仪器较为一致，均为 8% 左右。而表 8 – 11 显示，不同烤季样本利用相同斜率截距进行预测，外部验证相对误差依然较稳定，可见斜率截距值在实际生产中可以固化，这对实际生产带来了极大的便利。

表 8 – 10　斜率截距法得到不同产地的斜率截距及外部验证情况

产地	斜率截距样本来源		斜率/截距值	外部验证样本数（个）	外部验证平均相对误差（%）
	时间	个数			
福建	2010 年 10 月	30	0.4993/0.8478	86	8.03
辽宁	2010 年 11 月	30	1.2708/1.2250	72	7.45
江西	2010 年 12 月	30	0.6849/0.7989	73	7.39
安徽	2010 年 12 月	30	0.4776/0.4257	65	7.84

表 8 – 11　相同斜率截距对不同烤季的样本预测

产地	斜率/截距值	样本采集时间	外部验证样本数（个）	外部验证平均相对误差（%）
福建	0.4993/0.8478	2011 年 08 月	129	8.35
辽宁	1.2708/1.2250	2011 年 10 月	87	8.43
江西	0.6849/0.7989	2011 年 10 月	77	6.86
安徽	0.4776/0.4257	2011 年 12 月	54	7.99

4. 模型构建外部验证与比较

由表 8 – 12 可以看出，在在线烟碱检测方面，阵列检测型在线近红外设备有着较稳定的检测效果，主从仪器的外部验证平均相对误差均为 8% 左右，这种稳定性是保证模型转移效果的一个基础。而在两种转移方法中，斜率截距法的转移效果明显好于偏移量转移，和重新建模效果非常接近。

表 8-12 烟碱模型外部验证平均相对误差比较

产地	样本数（个）	采集时间	斜率/截距值	外部验证平均相对误差（%）			
				主仪器模型	重新建模	偏移量转移	斜率截距法
福建	129	2011 年	0. 4993/0. 8478	8. 73	8. 35	13. 27	8. 35
辽宁	87	2011 年	1. 2708/1. 2250	9. 23	7. 43	26. 12	8. 43
江西	77	2011 年	0. 6849/0. 7989	8. 18	6. 86	15. 84	6. 86
安徽	54	2011 年	0. 4776/0. 4257	8. 04	7. 82	11. 53	7. 99

从表 8-12 和表 8-13 可知，江西湖南的斜率截距较为接近，而这两个地区的斜率截距和河南、辽宁则有着非常明显的差异，说明烟叶内在品质和地理位置关系很大。由于斜率截距差距较大，因此在实际的生产操作中，需对分地区单独校正，分地区校正的模型在实际的生产中也取得非常好的效果。

表 8-13 其他产地斜率截距法预测烟碱结果

产地	样本数（个）	采集时间	斜率截距	外部验证平均相对误差（%）		
				主仪器模型	重新建模	斜率截距法
湖南	64	2011 年	0. 6396/0. 7884	7. 94	8. 49	8. 30
四川	62	2011 年	0. 69/0. 406	8. 77	9. 13	8. 66
河南	60	2011 年	0. 9853/0. 5684	9. 07	7. 57	8. 05

在实验中，斜率截距值来源于上一个烤季，对下一烤季的校正效果依然较好，也出现了如江西的烟叶相对误差小于主仪器模型的情况。在实际生产中，如果利用斜率截距法进行校正后主从仪器相对误差出现 2% 以内的差异，认为在可接受范围内，如果超出该范围，则考虑利用本烤季烟叶修正斜率截距值，从而避免相对误差偏大或者模型过拟合。

三、结论

偏移量转移法建模由于样本差异性，操作中无法和实际生产状态保持一致，模型稳定性较差，预测误差较大；而斜率截距法建模与重新建模相比，外部验证误差水平非常接近，在实际生产中可以替代重新建模对样本进行预测。

第三节　带梗烟叶在线近红外模型的建立与应用

一、材料与方法

（一）主要实验仪器

Armor 711 在线近红外光谱仪（德国 Carl Zeiss 公司制造，PDA 阵列型 InGaAs 检测器，波长 900～1 700nm，光斑直径 30mm）；ANTARIS 傅立叶变换型近红外光谱仪（检测值与流动分析法偏差≤5%）；SEAL AutoAnalyzer3 连续流动分析仪；BINDER 烘箱（德国制造）；旋风磨（60 目网筛）。

（二）建立带梗烟叶在线模型的方法

1. 校正样品与光谱采集

烟叶分选线分选生产的过程中，采用 Armor 711 在线近红外光谱仪作为建模仪器，综合考虑温湿度环境等因素的影响，样品和光谱采集在不同的时间段采样，试验中共采集福建、安徽、江西、山东、河南、湖南、吉林、辽宁、黑龙江等产区的烟叶样品光谱 900 个，选取其中 120 个作为模型外部比对样品；取样时保证光谱和样品一一对应。

2. 建模样品化学参考值的采集

由于在线模型的建立需要大量的参考数据，实验室近红外检测简便、高效，并且和流动检测相比误差较小，所以研究中选用 ANTARIS 傅立叶变换型近红外光谱仪检测的数据作为建模的参考数据，另外，选取一定数量的样品使用连续流动分析仪进行检测做比对评价。检测发现，建模样品中烟碱的含量为 1.13%～3.82%，平均值为 2.43%；总糖含量为 15.83%～38.40%，平均值为 30.63%，统计见表 8－14。

表 8－14　校正样品中烟碱与总糖含量区间范围

烟碱区间统计		总糖区间统计	
区间（%）	样品个数	区间（%）	样品个数
1.00～1.60	52	15.00～20.00	9
1.60～2.20	198	20.00～25.00	44
2.20～2.80	451	25.00～30.00	394
2.80～3.40	140	30.00～35.00	388
3.40～4.00	59	35.00～40.00	65
合计	900	合计	900

3. 在线检测模型应用

（1）分选后装架烟叶化学值检测　为了验证模型预测值和分选后每架烟叶（400kg）实际化学值的对应关系，从分选后装架烟叶上、中、下各取样一次，每次8片烟叶，混合成一个综合样，利用ANTARIS傅立叶变换型近红外光谱仪检测化学值代表该架烟叶的实际化学值。

（2）利用NIR检测模型生产调控方法　打叶复烤过程中选取烟碱为控制指标，首先利用建立的在线近红外检测模型检测烟叶分选过程中带梗烟叶的烟碱值，分选后每架烟叶对应一个烟碱值；然后在铺叶工序按照烟碱高低搭配的原则投料；最后，打叶复烤结束后的片烟成品，每50箱为取样检测单元，各单元每5箱取1个样品合成综合样，利用连续流动分析仪对烟碱含量检测。采用变异系数法评价打叶复烤前后工序烟碱波动情况。

二、结果与分析

（一）光谱的预处理

分选生产线上采集近红外光谱时，有许多高频随机噪声、基线漂移、样本叶片大小不均和光散射等噪声信息夹入。这将干扰近红外光谱与样品内有效成分含量间的关系，并直接影响所建立模型的可靠性和稳定性。试验中运用了多元散射校正、中心化、极差归一、矢量校正、一阶导数和二阶导数等预处理方法，通过多次对比发现，多元散射校正加一阶导数13点平滑总体效果较好(图8－5)。

研究中，运用预处理后的光谱数据建立PLS模型，在模型的建立过程中，选择7 984～5 878cm^{-1}的波长段，剔除异常样品后，最终优化两个模型，通常交互验证均方根误差（RMSECV）和相关系数（R）是评价模型优劣的主要参考指标（RMSECV越接近0，R^2越接近1，模型越好）。参数见表8－15，与实验室定量模型相比，参数稍差的原因可能是建立模型时使用的参考值是实验室近红外检测出的数据，即基准数据是二次数据；另外，在线检测时样品是动态的带梗烟叶，以及分选车间温度变化较大是主要原因。

表8－15　模型参数表

项目	RMSECV	R
NIC	0.24	74.99
TS	1.42	84.56

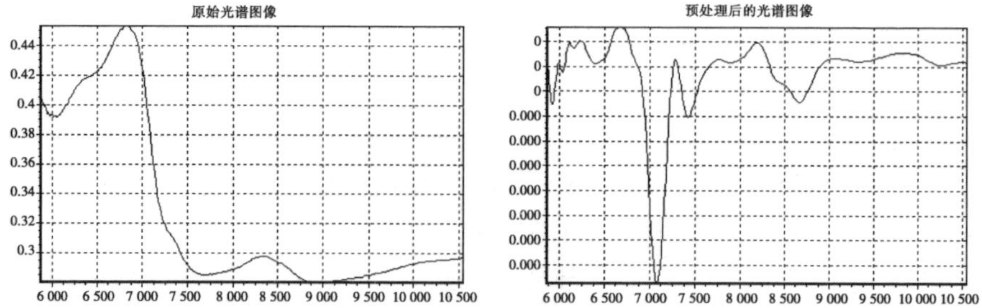

图 8-5 经过预处理前后的带梗烟叶近红外光谱

（二）比对评价（外部比对）

从校正样品集中选择120个作为模型的外部比对样（不参与模型建立），评价模型预测能力的优劣。用已经建立的烟碱和总糖模型分别对120个外部比对样品进行预测，通过对比发现，烟碱和总糖的平均绝对偏差（预测值与参考值绝对偏差的平均值）分别为0.17%和1.25%；相对平均偏差（预测值与参考值相对偏差的平均值）分别为7.14%和4.14%。比对样品中烟碱和总糖实际参考值范围分别1.22%～3.61%，16.28%～37.23%，平均值分别为2.45%和31.01%，比对结果见表8-16。

表 8-16 NIC 和 TS 模型外部比对结果

项目	区间（%）	样品计数	平均绝对偏差（%）	平均相对偏差（%）
NIC	1.22～1.80	14	0.20	10.54
	1.80～2.20	21	0.08	3.86
	2.20～2.60	47	0.17	6.73
	2.60～3.00	28	0.19	6.94
	3.00～3.61	10	0.24	7.03
TS	16.28～25.00	8	1.35	6.27
	25.00～30.00	47	1.19	4.74
	30.00～35.00	55	1.23	3.38
	35.00～37.23	11	1.43	3.81

通过上面的外部比对发现烟碱、总糖模型对带梗烟叶化学成分的预测能力较好，总糖模型的预测能力优于烟碱模型的预测能力，为了进一步评价模型的使用价值选取其中的50个样品，按照连续流动分析法使用SEAL AutoAnalyzer 3连续流动分析仪检测样品烟碱和水溶性总糖的含量。由表8-17可知，流动值（连续流动分析仪检测所得数据）与预测值之间的平均相对偏

差和参考值与在线模型预测值之间的平均偏差较一致。

表 8－17　流动值和参考值分别与预测值之间的比对结果

项目	区间范围（%）	样品计数	平均相对偏差（%）	
			参考值与预测值	流动值与预测值
NIC	1.87～2.40	10	7.39	7.58
	2.40～2.80	11	6.29	5.43
	2.80～3.20	16	5.31	5.60
	3.20～3.55	13	5.93	5.90
TS	19.58～24.00	3	6.79	6.88
	24.00～28.00	17	4.70	4.98
	28.00～32.00	19	3.44	3.38
	32.00～36.12	11	3.89	3.67

（三）分选后装架烟叶化学值的比较

通过对比发现，750 架烟叶实际化学值与烟碱和总糖模型的预测之间的绝对偏差平均值分别为 0.20% 和 1.26%；相对偏差的平均值分别为 8.56% 和 4.23%，并且实际值与在线模型预测值之间呈极显著的相关关系，能够满足后道工序的化学值高低搭配生产调控（表 8－18）。

表 8－18　每架烟叶实际化学值与在线模型预测值的简单相关分析

项目	样品计数（N）	相关系数 R	相伴概率 Sig.（2－tailed）
NIC	750	0.858**	0.0000
TS	750	0.898**	0.0000

注：** 代表极显著

（四）模型的生产调控应用

表 8－19 是按照上节的调控方法，打叶复烤前后两工序烟叶变异系数统计情况。4 个产地分选后烟叶烟碱的变异系数平均值为 9.63%，调控后打叶复烤成品片烟的变异系数下降到 2.58%，下降幅度 72.68%，效果显著。

表 8－19　分选后烟叶和成品片烟变异系数

产地等级	分选后烟叶			成品片烟		
	平均值（%）	标准偏差（%）	变异系数（%）	平均值（%）	标准偏差（%）	变异系数（%）
皖南 C2F	2.19	0.27	12.25	2.24	0.06	2.69

（续表）

产地等级	分选后烟叶			成品片烟		
	平均值（%）	标准偏差（%）	变异系数（%）	平均值（%）	标准偏差（%）	变异系数（%）
福建中部	2.24	0.23	10.05	1.92	0.05	2.79
四川中部	2.29	0.19	8.15	2.30	0.06	2.63
河南中部	2.64	0.21	8.08	2.53	0.06	2.21

三、结论与讨论

1. 通过在生产线上采集具有代表性的模型校正样品、采集并预处理近红外光谱，可建立具有较高准确度的含梗烟叶的烟碱和总糖的在线近红外检测模型。

2. 通过模型外部检验发现，烟碱和总糖的预测值和参考值结果较为一致，具备实用价值。

3. 打叶复烤过程中，选取烟碱为控制指标，利用在线模型检测分选过程的烟叶的化学值，赋予分选后每架烟叶一个对应的检测值，铺叶工序按照检测值高低搭配的原则投料生产，能够使成品片烟烟碱的变异系数控制在3%以下。它的应用和推广为实现以成品片烟内在化学成分为指标的均匀性配方打叶奠定了技术基础，有利于提升打叶复烤企业的服务能力。

本文没有对其他化学指标进行探索分析，可根据不同需求选择控制指标。在打叶复烤行业随着新一轮技改的兴起，以高架库为标志的现代物流模式下，如何调控成品片烟内在质量均匀性已经成为一个亟待解决的新课题。

第九章　烟草近红外光谱分析前景展望

第一节　卷烟生产过程的质量分析与控制

应用近红外光谱分析技术所建立的一些快速测试方法，已经在烟草产业实际的质量研究、监测和控制中得到重要应用，并充分发挥了不同的作用。

一、应用于实验室

近红外快速测试技术已经在实验室的大量样品测试方面得到推广应用，并发挥了重要作用。在实验室应用方面，近红外技术的主要优势体现在：（1）大大提高了实验室的测试能力。如烟叶主要化学成分的测试能力提高了 10 ~ 20 倍，以往这方面的测试能力往往是我们许多研究工作的瓶颈因素，现在该问题得到了很大的缓解；（2）大大加快了测试数据的反馈速度，在许多研究中一般一旦送样分析，需要急等数据来作技术决策，近红外将原来至少一周的测试周期缩短为几小时，紧急情况下，甚至可以在几分钟内给出结果，使许多日常测试和科技项目的测试要求得到了充分的满足。

二、应用于制丝线的质量研究与监测

为了稳定和提高卷烟质量，制丝线上有许多与烟叶质量相关的研究和质量监控工作，如检测各种投料的质量稳定性、掺配的均匀性、工艺加工过程的质量变化、加料的均匀性、在制品和最终产品的质量均匀性等研究，所有这些工作，均需要有大量、及时的测试工作相配套，但在以前由于测试能力以及测试周期的限制，许多研究和质量监控工作是无法开展的。近红外快速测试技术的应用，将化学成分快速测试技术前移至制丝生产车间，为工艺优化、设备改进、提高产品质量稳定性等提供了科学的依据。

三、烟叶存储养护过程研究与质量监控

随着科技水平和卷烟质量要求的不断提高，烟叶储存养护过程已逐渐被人视为烟叶的一个重要工艺过程。要研究和监控烟叶养护过程中的质量及其变化，需要做大量的测试分析工作，而且由于烟叶养护过程中变化的细微性，要求测试样品尽可能保持一致，但烟叶作为农产品，样品间的差异又是必然存在的，这两方面因素往往使烟叶养护的研究较难进行。NIR 技术的出现，将化学成分快速测试技术前移至烟叶储运公司，培训检验员进行化学成分分析，开展入库、出库烟叶内在质量检测，监测仓储过程中烟叶质量的变化，结合烟叶储存养护方面的科研成果，改进养护工艺，为养护提质，力争在烟叶储存的最佳质量期间使用烟叶，根据配方和内在质量均衡要求合理搭配烟叶等提供强有力的技术支撑。

四、入库和在库烟叶内在质量检测和质量数据库的建立

以前由于测试能力的限制，烟叶在入库检查时，往往只能检查一些外观质量以及较容易测量的指标，如水分，而对真正影响烟叶使用的化学成分，一般是无法实现入库检查的。同样在库烟叶的质量普查一般也以外观质量为主，少量做一些化学成分的分析。实际上大量烟叶的化学质量状况通常使用者是很难全面了解和掌握的。现在国内卷烟消费水平在不断提高，国家烟草专卖局对卷烟内在质量的控制要求也在不断提高，另外面临国际产品的强大压力，稳定和提高卷烟内在质量的需求也在不断提高，而我们国内产品与国际名牌重要差异就是内在质量的稳定性。为此需要加强对卷烟内在质量的研究、了解和控制，必须从烟叶原料的内在质量入手，研究、了解和开展卷烟的质量控制。近红外测试方法的快速、简便和可以不断扩展测试内容的技术特性，为在库烟叶质量的全面检测和烟叶质量数据库的建立提供了强有力的技术支撑。

五、烟叶初配方打叶复烤的质量检测与控制

初配方打叶复烤又是烟叶质量和卷烟质量的一个重要技术环节。近红外快速测试技术为这个技术环节提供强有力的技术支持。在实行初配方打叶复烤时为保证复烤烟叶的内在质量均匀一致，需要及时准确了解进入配方烟叶的质量情况，在可能的条件下对烟叶原料作适当的掺合搭配。近红外快速测试技术可以让技术人员及时、准确和大量的掌握烟叶原料的质量情况，从而为配方提供科学的数据指导。

六、拟采购烟叶的质量预警

近几年的烟叶质量跟踪和研究表明，某些地区烟叶的某些化学指标存在一定的问题，如烟碱过高，总氯含量偏高等。在正常情况下，一般通过一些系统的检测分析，从而了解待采购地区烟叶的大概质量情况，但这往往是根据历史数据所作出的判断，在一些特殊的年份或特殊情况下，如果烟叶的内在质量变化较大的话，历史数据可能会有所误导，从而导致采购进一些内在质量不符合要求的烟叶。利用近红外测试技术的快速和可大量测试的优势，对问题地区或烟叶即时或准即时测试，为采购人员和技术人员提供拟采购地区当年的烟叶质量动态，从而为所采购烟叶的内在质量把关。而采用以往的测试方法，测试周期、数量和方法的限制很大。

第二节　烟草近红外光谱分析技术前景展望

随着仪器和光谱处理化学计量学软件的国产化及各类应用模型的开发，近红外光谱作为一种绿色、快速、高效、适合在线的分析技术将会在更多的领域得到开发和应用。

一、烟叶原料及卷烟产品化学成分的检测

在卷烟开发过程中，传统的方法是通过评吸来确定卷烟的叶组配方和评价卷烟产品的质量，但我国加入 WTO 以后，随着国内外市场竞争的日益激烈，仅仅依靠传统评吸的方法已经不能满足现代卷烟产品的研发和生产。对烟叶原料和卷烟产品的化学成分进行分析，可迅速地掌握其品质，及时决定烟叶原料的取舍及评价产品的质量，同时为卷烟配方提供了强有力的数据支撑。但传统的化学分析方法有着冗长的前处理步骤和繁杂的仪器测定过程，耗时费力，且对操作人员的要求较高。绿色、快速、非破坏性的近红外光谱分析技术在烟叶原料及卷烟产品质量评价中的应用，大大提高了烟草行业的分析效率，并产生了巨大的经济和社会效益。

二、辅助进行烟叶感官质量鉴定

烟草及烟草制品的感官评吸主要通过人的嗅觉、触觉和味觉分别对烟叶香气质、香气量、刺激性、杂味及劲头等进行评价，从而判断其品质的优劣。评吸人员要经过多年的培训和长时间的经验积累才能拥有高超的评吸技术，评吸

结果还常常受到情绪、喜好、健康状况的影响，因此通过建立烟草近红外光谱与感官评吸各因子之间的数学模型，并利用这种数学模型对烟草及烟草制品进行质量评价，是目前很多烟草企业正在研究和开发的新的近红外应用领域。

三、烟叶自动分级系统的开发

烟叶作为一种农产品，不同于工业产品，其外在质量受品种、栽培措施、气候因素、调制方式等多种因素的影响，表现出较大的差异。随着烟草的工商分离，卷烟工业公司直接购买烟叶的情况越来越多，对烟叶质量评定的过程也相应增加。在传统模式下，通常是用人工的方法对烟叶进行分级评定，但由于人工分级过程具有很大的主观性，且需投入大量的人力和管理成本。另外，卷烟工业公司有时也买到打叶复烤后的片烟，但由于烟叶的许多特征如大小、叶形、叶脉、破损、残伤等在片烟中不再存在，因此，片烟分级的难度很大。通过近红外在烟叶分类上表现的独特优势，开发原烟收购分级系统，是解决当前烟草工业对原料特定需求的一个很好途径。

四、烟叶香型风格、主产区特征鉴别

根据烟叶近红外光谱图和化学成分数据，深入挖掘与分析烟叶指纹图谱特征内在变化规律，开发烟叶风格特征、产区特性、品种类别等近红外鉴别模型，构建基于近红外光谱的烟叶品质区划技术方法体系，为烟叶内在质量结构区域划分、打叶复烤的均质化分析、烟叶质量稳定性分析以及优质烟叶选育提供模型依据。

五、烟草病虫抗性鉴定

吴秀琴（1995）等利用78份谷子品种进行抗粟芒蝇试验，近红外分析测定结果与田间鉴定结果吻合率94.7%。利用74份谷子品种进行抗玉米螟试验，近红外分析结果与田间鉴定结果吻合率82.7%，该技术在烟草中的利用却是空白。随着近红外分析技术的不断发展，该技术有望成为烟草抗虫鉴定的一条新途径。

六、监测细胞的生长

许多生物制药企业，将近红外光谱用于过程分析，在上游监测细胞的生长，在纯化过程表征蛋白质，这可带来很大的效益。目前许多研究团队和企业已经投入了大量时间和资金，将近红外光谱技术应用于生物反应器的监控，并取得了成功。这项技术也同样适合于烟草。

七、近红外光谱联用技术

分析化学中，联用技术通常是指将几种独立的分析技术组合到一起的检测方法，如气相色谱—质谱联用或气相色谱—红外联用等。高光谱成像系统的出现为这项技术提供了条件，将会像经典仪器一样得到实际应用。尽管传统的遥感技术已经应用，但是随着无人机的发展，高光谱成像系统将会与无人机集于一体，低成本的近红外化学成像数据将会越来越多地用于农业和自然资源管理领域。

总之，现代近红外光谱技术的研究与应用尽管在我国起步较晚，但在烟草行业实际生产中已发挥了较大的作用。各大卷烟厂、复烤厂、科研院所已逐步采用近红外对烟草生产过程及卷烟产品的各个环节进行监控。随着仪器和光谱处理化学计量学软件的国产化及各类应用模型的不断开发，近红外光谱作为一种绿色、快速高效、适合在线的分析技术，将会在更多的领域，特别是烟草产业得到更加广泛的开发与应用。

附录　近红外光谱仪的操作规程与要求

一、常用近红外光谱仪的操作规程

（一）配套设备

烘箱、切丝机、碎片机或 60 目旋风磨

（二）样品的前处理

将烟叶样品去梗后直接将烟叶用切丝机切成烟丝，或将去梗后的烟叶置于烘箱内烘干（50℃ ±5℃，2h）。然后，用碎片机将样品打成碎片或用 60 目旋风磨将样品磨成粉末，放置 4h 后待检。

（三）检测环境

空气相对湿度 20% ~80%（RH），温度以 18 ~24℃为宜。为了保证检测环境的稳定，样品检测过程中门窗应处于关闭状态，并尽量减少开门窗的频次。确保每小时的温度变化不大于 2℃。

（四）检测过程（操作程序）

1. 启动

开启近红外光谱仪主机，并持续预热≥1h。

2. 联机与光源能量的检测

开启电脑；启动相关的软件，使其与近红外光谱仪主机联机以检测主机的光源能量，进行仪器检查。

3. 扫描参数的调用

根据样品的产地和状态（烟丝、碎片或粉末）等实际情况，调用相应的扫描参数。

4. 装样

根据样品杯的大小决定适宜的装样量。烟丝碎片的装样原则为样品厚度要达到 2cm；粉末的装样量为 50 ~75ml。样品的装填要做到厚薄均匀，底部无明显的空隙，装填密度要求一致。

5. 样品的扫描

在排除了干涉光谱的前提下，粉末样品一般可扫描1次。烟丝碎片样品应重复装样扫描3次，以求平均光谱。

6. 背景的扫描

为了保证检测数据的准确可靠，一般要求，每连续进行5次样品扫描之后，应进行1次背景扫描。在环境温湿度变化不大时，可酌情减少背景扫描的频次，反之增加背景扫描频次。

7. 关机

按下列次序关机。

关闭相关的软件——关闭电脑——关闭近红外光谱仪主机电源。

二、近红外光谱仪的操作要求

近红外光谱仪的操作涉及环境条件、操作人员、仪器状态等若干方面。具体要求如下：

1. 室内的环境温湿度应当处于要求的范围之内。
2. 保持室内的清洁卫生，地面和实验台上无积灰和积水。
3. 操作人员必须持证上岗。
4. 操作人员必须严格按照仪器的作用说明书进行规范操作。
5. 每次样品扫描完毕后，及时做好实验记录（仪器状态及温湿度）和仪器清扫工作。
6. 定期更换干燥剂、光源等易耗品，保证仪器处于良好的工作状态。
7. 仪器发生故障时应及时报修，并详细记录发生故障的原因以及维修的过程和结果。

三、近红外灭活标准样品的实验要求

近红外灭活标准样品选取15～20个不同产地、不同等级的烤烟（若是晒晾烟模型则制作晒晾烟灭活标准样品），去除杂物，严格按照农业部烟草质量监督检验测试中心烟草标准物质的制作方法进行制备。

使用方法：

1. 保存：日常标准样品使用后密封、避光、10℃以下保存（推荐放入冰箱冷藏室保藏）。长期不用时存放于－4℃条件下。
2. 使用时从冰箱中取出放入干燥皿中平衡24h后方可检测。
3. 每次使用时按仪器型号不同，分别倒出相应的标准样品进行扫描。

4. 扫描完成后标准样品倒回瓶中，将样品扫描杯彻底清扫干净再进行下一个标准样品扫描，务必保证标准样品不互相污染。

5. 要求近红外实验室每月定期至少扫描一次，在扫描完成后及时比对分析，确保仪器状态、环境条件及人员操作正常。

英文缩略词表

NIR	近红外
NIRS	近红外光谱
FT-NIR	傅立叶变换近红外
AOTF-NIR	声光可调滤光器近红外
PLS	偏最小二乘法
PCR	主成分回归
ANN	人工神经网络法
SNV	标准归一化法
MSC	多元散射校正法

参考文献

毕卫红，唐予军，杨小莉，等．2005．基于 AOTF 的便携式近红外光谱测量仪［J］．半导体光电，26（3）：264－266.

蔡宪杰，王信民，尹启生，等．2005．成熟度与烟叶质量的量化关系研究［J］．中国烟草学报，11（4）：42－46.

曹均阔，叶水生，丁香乾．2005．模糊 Kohonen 网络在烟叶分类中的应用［J］．计算机工程，31（2）：221－223.

常敏，张学典，李朝阳，等．2004．近红外成分含量分析仪的研制［J］．现代仪器（3）：40－42.

陈达，王芳，邵学广，等．2004．近红外光谱与烟草样品总糖含量的非线性模型研究［J］．光谱学与光谱分析（6）：672－674.

陈秋平，李水福，胡清宇．1995．伞形科 15 种药材的紫外光谱聚类分析［J］．中国中医药科技，特刊：36.

陈瑞泰．1987．中国烟草栽培学［M］．上海：上海科技出版社．

程林峰，刘虎．2004．水分仪在烟草制丝过程的应用［J］．中国仪器仪表（10）：28－29.

邓小华，周冀衡，陈新联，等．2008．烟叶质量评价指标间的相关性研究［J］．中国烟草学报，14（2）：1－8.

邸慧慧，史宏志，张国显，等．2011．浓香型烤烟叶片单叶重与中性香气成分含量的关系研究［J］．中国烟草学报，17（1）：14－18.

段焰青，孔祥勇，李青青，等．2006．近红外光谱法预测烟草中的纤维素含量［J］．烟草科技（8）：16－20.

段焰青，周红，王明锋，等．2005．粒度对烟末总糖、总氮和烟碱含量 NIR 预测值的影响［J］．烟草科技（7）：22－23.

付秋娟，杜咏梅，常爱霞，等．2009．烤烟叶片身份和结构与化学成分的关系及其近红外模型研究［J］．中国烟草学报，15（6）：41－43.

付秋娟，王树声，窦玉青，等．2006．烟草根中 N、K、Ca、Mg 的近红外光谱分析［J］. 烟草科技（10）：35－37.

高学军 . 1999. WQF－400N 型付叶变换近红外光谱仪［J］. 光谱仪器与分析（2）：51－53.

葛炯，王瑾，王维妙，等 . 2007. 近红外技术在卷烟真伪鉴别中的应用［J］. 烟草科技（4）：29－31.

韩言正，戴连奎 . 2005. 基于近红外光谱的汽油辛烷值在线分析仪［J］. 化工自动化及仪表，32（3）：68－70.

何智慧，练文柳，吴名剑，等 . 2006. 声光可调－近红外光谱技术分析烟草主要化学成分［J］. 分析化学，34（5）：702－704.

胡建斌，王学杰，齐永杰，等 . 2009. 浅析烤烟油分与烟叶质量的关系［J］. 广西农业科学，40（8）：1 068－1 070.

胡立中，张胜军，余小平，等 . 2010. 均匀设计 PLS－NIR 法预测卷烟配方烟丝中梗丝及薄片丝含量［J］. 中国烟草学报，16（2）：26－30.

胡清宇，李水福 . 1995. 姜科 17 种果实类药材的紫外光谱聚类分析［J］. 中药材，18（12）：613.

黄宝康，朱斌，郑汉臣，等 . 2002. 不同产地楮实子及伪品的近红外漫反射指纹图谱聚类分析［J］. 中药材，25（12）：874.

江绍基，马云飞，佘卫龙，等 . 2004. 近红外光学膜厚监控系统的研制［J］. 半导体光电，25（6）：469－473.

蒋锦锋，李莉，赵明月 . 2006. 应用近红外检测技术快速测定烟叶主要化学成分［J］. 中国烟草学报（4）：8－12.

乐俊明，陈鹰，丁映 . 2005. 近红外光谱分析测定烟草化学成分［J］. 贵州农业科学，33（3）：62－63.

李慧珍，李水福，胡清宇，等 . 1996. 马勃类 18 种真菌显微特征的聚类分析［J］. 现代中药研究与实践（3）：8－9.

李水福，胡清宇 . 1996. 木兰科 10 种花的紫外光谱聚类分析［J］. 湖南中医药导报，2（4）：29.

李水福，周瑞莲，廖杭莹 . 1996. 西洋参和人参皂甙成分的聚类分析［J］. 实用中医药杂志，12（5）：561.

李永正 . 2012. 河南不同等级烟叶外在与内在质量相关性研究［D］. 湖南：湖南农业大学 .

刘国顺 . 2003. 国内外烟叶质量差距分析和提高烟叶质量技术途径探讨［J］. 中国烟草学报，9（增）：54－58.

刘丽，张晓兵，许自成，等．2007．烤烟拉力与主要化学成分的关系研究［J］．郑州轻工业学院学报（自然科学版），22（4）：1－3，45．
刘荔荔．2000．近红外漫反射光谱法在药物分析中应用研究［D］．北京：第二军医大学博士论文．
刘晓萍，李斌，于川芳，等．2006．基于近红外光谱的卷烟配方结构识别［J］．烟草科技（10）：16－18．
刘新民，杜咏梅，等．2012．烤烟烟丝填充值与其理化指标和感官品质的关系［J］．中国烟草科学（5）：74－78．
刘扬，庞代文，陈祖刚，等．2000．利用近红外光谱进行烟叶成分分析及感官质量评价［M］．重庆：西南师范大学出版社．
马翔，王毅，温亚东，等．2004．FT－NIR 光谱仪测定烟叶化学成分不同谱区范围对数学模型影响的研究［J］．光谱学与光谱分析（4）：444－446．
马翔，温亚东，王毅，等．2006．傅立叶变换近红外光谱仪在制丝线上的应用［J］．烟草科技（1）：22－24．
钱时祥，陈学平，郭家明．1994．聚类分析在烟草种植区划上的应用［J］．安徽农业大学学报，21（1）：21－25．
秦玉华．2014．烟叶通用近红外定量模型稳健性研究［D］．青岛：中国海洋大学博士论文．
邱军，王允白，张怀宝，等．2006．烟草中淀粉、石油醚提取物的近红外光谱分析模型研究［J］．光谱实验室（4）：588－588．
邱军．2007．烟草部分非常规分析指标的近红外定量分析模型研究［D］．济南：山东大学硕士论文．
时向东，张晓娟，王卫武，等．2005．栽培密度对雪茄外包皮烟叶片化学成分和物理特性的影响［J］．中国烟草学报，11（2）：40－42．
束茹欣，王国东，张建平，等．2006．国产烤烟烟叶的 NIRS 模式识别［J］．烟草科技（8）：36－40．
束茹欣，张建平．2002．应用近红外技术进行卷烟真伪鉴别的研究［J］．上海烟业（1）：13－14．
孙建锋，宫长荣，许自成．2005．河南烤烟主产区烟叶物理性状的分析评价［J］．河南农业科学（12）：17－21．
孙素琴，汤俊明，袁子民，等．2003．道地山药红外指纹图谱和聚类分析的鉴别研究［J］．光谱学与光谱分析，23（2）：258－261．

汤朝起，窦玉青，张骏 . 2009. 烤烟物理特性和化学成分与烟气组成的关系［J］. 四川农业大学学报（4）：427 – 432.

唐宇，程森，窦玉青，等 . 2011. 云南宣威初烤烟叶外观质量性状与内在品质的关系［J］. 烟草科技（3）：72 – 76.

陶晓秋，杜顺莲，李维娜 . 2004. FT – NIR 光谱法同时测定烟草根、茎、叶中的氮、磷、氯和钾［J］. 烟草科技（12）：24 – 27.

汪帆，李翠芳 . 2005. 傅立叶变换近红外光谱分析技术在物检中的应用［J］. 曲靖师范学院学报，24（6）：9 – 14.

王东丹，李军会，陈润琼，等 . 2002. 傅立叶变换近红外光谱法测定青烟叶五种品质参数的研究［C］. 傅立叶红外谱仪技术及应用论文集：18 – 19.

王东丹，李天飞，吴玉萍，等 . 2001. 近红外光谱分析技术在烟草化学分析上的应用研究［J］. 云南大学学报（自然科学版），23（2）：135 – 137.

王东丹，吴玉萍，赵丽 . 2003. 近红外聚类分析法在烟草制品分类及真伪鉴别中的应用［J］. 烟草科学研究（4）：96 – 98.

王东丹，吴玉萍，赵丽 . 2003. 近红外聚类分析法在烟草制品分类及真伪鉴别中的应用［J］. 烟草科学研究（4）：96 – 98.

王冬，赵铭钦，张学杰，等 . 2010. 烤烟物理特性与化学成分的相关及逐步回归分析［J］. 中国农业大学学报，15（6）：52 – 58.

王国东，束茹欣，张建平，等 . 2006. 不同产地国内烤烟近红外光谱的特征分析及其模式识别［J］. 烟草科技（5）：36 – 40.

王家俊，梁逸曾，汪帆 . 2005. 偏最小二乘法结合傅立叶变换近红外光谱同时测定卷烟焦油、烟碱和一氧化碳的释放量［J］. 分析化学，33（6）：793 – 797.

王家俊，罗丽萍，李辉，等 . 2004. FT – NIR 光谱法同时测定烟草根、茎、叶中的氮、磷、氯和钾［J］. 烟草科技（12）：24 – 27.

王家俊，汪帆，马玲 . 2006. SIMCA 分类法与 PLS 算法结合近红外光谱应用于卷烟纸的质量控制［J］. 光谱学与光谱分析，26（10）：1 858 – 1 862.

王家俊 . 2003. FT – NIR 光谱分析技术测定烟草中总氮、总糖和烟碱［J］. 光谱实验室，20（2）：181 – 185.

王建民，韩明，张相辉，等 . 2011. 烤烟化学指标和平衡含水率间的关系

[J]. 烟草科技 (2): 43-46.
王欣，毕庆文，许自成，等. 2007. 湖北烟区烤烟质量综合评价及典型相关分析 [J]. 郑州轻工业学院学报：自然科学版，22 (5): 27-32.
王玉，王保兴，武怡，等. 2007. 烟草重要香味物质的近红外快速测定 [J]. 光谱实验室，24 (2): 69-72.
王玉军，谢胜利，刑淑华，等. 1997. 烤烟叶片厚度与主要化学成分组成相关性研究 [J]. 中国烟草科学 (1): 11-14.
王允白，王宝华，郭承芳，等. 1998. 影响烤烟评吸质量的主要化学成分研究 [J]. 中国农业科学，31 (1): 89-91.
王智宏，林君，武子玉，等. 2005. 便携式近红外光谱仪器分析仪分光系统研制 [J]. 岩矿测试，24 (1): 59-61.
魏春阳，罗朝鹏，李锋，等. 2010. 初烤烟叶主要外观性状与评吸质量的灰色关联分析 [J]. 烟草科技 (10): 48-51.
闻明，吉海彦. 2004. 基于 LED 的便携式近红外整粒小麦成分测量仪的研制 [J]. 光谱学与光谱分析，24 (10): 276-279.
奚家勤，尹启生，宋纪真，等. 利用近红外光谱技术检测烟叶拉力的方法 [P]. 中国，G01N21/17，2006-01.
徐广通，袁洪福，陆婉珍. 2000. 现代近红外光谱技术及应用进展 [J]. 光谱学与光谱分析，20 (2): 134-142.
徐永群，黄昊，周群，等. 2003. 红外指纹图谱和聚类分析法在赤芍产域分类鉴别中的应用 [J]. 分析化学，31 (1): 5-9.
宣海锋，廖延彪，赖淑蓉，等. 2005. 井下流体光纤在线光谱分析仪关键技术 [J]. 中国激光，32 (8) 1 105-1 109.
闫克玉，刘江豫，徐传贵. 1993. 烤烟国家标准 (40 级) 河南烟叶平衡含水率测定报告 [J]. 烟草科技 (2): 16-19.
闫克玉，王海燕，李兴波，等. 1999. 烤烟国家标准 (40 级) 河南烟叶 9 叶片厚度、叶质重及叶片密度研究 [J]. 郑州轻工业学院学报 (自然科学版)，14 (2): 45-50.
严衍禄. 2005. 近红外光谱分析基础与应用 [M]. 北京：中国轻工业出版社.
杨俊仙，等. 2003. 山西省烟叶的聚类分析及综合评价 [J]. 山西农业大学学报，23 (2): 120-123.
杨庆民，刘大双，代惠娟，等. 2013. 烤后原烟物理性状与化学成分的相关分析［J］. 中国烟科草学，34（2）：5－9.

尹启生，张艳玲，薛超群，等.2009. 中国烤烟主要物理特性及其产区差异［J］. 中国烟草学报（8）：33－37.

尹晓东.2007. 云南烟叶内在化学成分近红外模型的建立及不同模型比较［D］. 昆明：昆明理工大学.

于建军，李国栋，董顺德，等.2003. 烤烟烟叶物理特性对烟气有害成分释出量的影响［J］. 中国烟草科学（3）：5－8.

郁建平，熊绿芸，陈风雷，等.2003. 烟叶色素提取及烟叶品质综合测定法［J］. 山地农业生物学报，22（5）：426－429.

袁洪福，褚小立，陆婉珍.2004. 一种新型在线近红外光谱仪的研制［J］. 分析化学，32（2）：255－261.

袁行思译.1996. 测量烟草整个制品的技术［J］. 世界烟草动态，15（4）：41－42.

张哗晖，劳彩莲，吉海彦，等.2001. 近红外玉米品质分析仪的研制与应用. 现代仪器（5）：11－13.

张建平，谢雯燕，束茹欣，等.1999. 烟草化学成分的近红外快速分析研究［J］. 烟草科技（3）：37－38.

张军，陈星旦.2004. 温度测量型近红外光谱分析仪的研究［J］. 长春理工大学学报，27（4）：88－90.

张峻松，贾春晓，毛多斌，等.2004. 碘显色法测定烟草中的淀粉含量［J］. 烟草科技，202（5）：24－28.

张伟.2006. 中草药多酚含量的测定［J］. 新疆畜牧业（3）：29－30.

赵丽丽，赵龙莲，李军会，等.2004. 傅立叶变换近红外光谱扫描条件对数学模型预测精度的影响［J］. 光谱学与光谱分析，24（1）：41－44.

周汉平，王信民，宋纪真，等.2006. 烟叶结构和油分的近红外光谱预测［J］. 烟草科技，222（1）：10－14.

周汉平，尹启生，宋纪真，等.2006. 一种采用近红外光谱测定烟叶叶面密度的方法［P］. 中国，G01N9/02.

左天觉.1993. 烟草的生产、生理和生物化学［M］. 朱尊全等译. 上海：上海远东出版社.

Astm E. Standard Practices for Infrared Multivariate Quantitative Analysis［S］.

Bense T，Gastellu C. 1983. Estimation of total volatile bases in tobacco by near infrared reflectance spectrophotometry［J］. Tob Sci.（27）：92－94.

Blank T B, Sum S T, Brown S D, et al. 1996. Transfer of Near-Infrared Multivariate Calibrations without Standards [J]. Analytical Chemistry, 68 (17): 2987.

Bouveresse E, Hartmann C, Massart D L, et al. 1996. Standardization of Near-infrared Spectrometric Instruments [J]. Analytical Chemistry (6), 68: 982.

Bouveresse E, Massart D L, Dardenne P D. 1995. Modified Algorithm for Standardization of Near-infrared Spectromentric Instruments [J]. Analytical Chemistry, 67 (8): 1 381 - 1 389.

Bouveresse E, Massart D L, Dardenne P. 1994. Calibration transfer across near-infrared spectrometric instruments using Shenk's algorithm: effects of different standardization samples [J]. Analytica Chimica Acta, 297 (3): 405 - 416.

Burks C S, Dowell F E, Xie F. 2000. Measuring fig quality using near-infrared spectroscopy [J]. Journal of Stored Products Research (36): 289 - 296.

Candolfi A, De Maesschalck R, Jouan-Rimbaud D. 1999. The influence of data pre-processing in the pattern recognition of excipients near-infrared spectra [J]. Journal of Pharmaceutical and Biomedical Analysis (21): 115 - 132.

Chang Hee Cho, Young Ah Woo, Hyo Jin Kim, et al. 2001. Rapid qualitative and quantitative evaluation of deer antler (Cervus elaphus) using near-infrared reflectance spectroscopy [J]. Microchemical Journal (68): 189 - 195.

Chen C S, Brown C W, Lo S C. 1997. Calibration Transfer from Sample Cell to Fiber-Optic Probe [J]. Applied Spectroscopy, volume, 51 (5): 744 - 748 (5) .

Cho Rae Kwang, Hong Jin Hwan, Lin Lin Guo, et al. 1999. Discrimination of geographical origin, cultivation years and evaluation of medicinal components in ginseng using near infrared spectroscopy [J]. Near Infrared Spectroscopy (6): 517 - 522.

Delac S, Tomic L. 1990. Vuletic N. Determination of total alkaloids and total nitrogen by near infrared reflectance spectroscopy [C]. Bull Spec CORESTA, 207 - 213.

Di Luzio C, Morzilli S, CardinMe E. 1995. Rapid Near Infra-red Reflectance Analysis (NIRA) of Mainstream Smoke Collected on Cambridge Filter Pads

[J]. Beitrage Zur Tabakforschung, 16 (4): 171 -184.

Diffee John T. 1992. Tobacco analysis by NIR Spectroscopy [J]. Pract Spctrose. (13): 433 -473.

Figures G, Andrieu E, Biese J P, Vidlal B, Dumery B. 2004. 近红外光谱和模型识别作为商业混合烟草分类的监控方法 [C]. 2004 年 CORESTA 会议第 58 届烟草科学研究会议论文集.

Gaines T, Powell Csinos, Alex S, Stephenson Michael G. 1983. Grade index and yield correlations with chemical quality characteristics of flue-cured tobacco [J]. Tob. Int., 185 (17): 41.

Hana M, Mcclure W F, Whitaker T B, et al. 1997. Applying artificial neural networks: Part II. Using near infrared data to classify tobacco types and identify native grown tobacco [J]. Journal of Near Infrared Spectroscopy, 5 (1): 19 -25.

Kim Y O. 2000. The prediction of blending ratio of cut tobacco, expanded stem, and expanded cut tobacco in cigarettes using near infrared spectroscopy [J]. Journal of the Korean Society of Tobacco Science, 22 (1): 76 -83.

Lo S C. 1995. Rapid classification and blend analysis of tobacco mixtures using NIR and artificial neural networks [J]. CORESTA (3 -4): 12 -13.

Magali L, Tuulikki H P, Simard C L, et al. 2002. Fast Identification of Echinacea pursuer Dried Roots Using Near-Infrared Spectroscopy [J]. Analytical Chemistry, 74 (11): 2 493 -2 499.

McClure W F, Norris K H, Weeks W W. 1977. Rapid spectrophotometric analysis of the chemical composition of tobacco, Part I: Total reducing sugars [J]. Beiträge Zur Tabakforschung, 9 (4): 13 -18.

McClure W F, Williamson R E, Hamid A. 1978. Measurement of polyphenols in tobacco by computerized near infrared spectrophotometry [J]. Tob Chem Res Conf (32): 27 -28.

McClure W F. 1968. Spectral characteristics of tobacco in the near infrared region from 0. 6 -2. 6 microns [J]. Tob Sci. (12): 232 -235.

McClure W F. 1968. Spectral characteristics of tobacco in the near infrared region from 0. 6 -2. 6 microns [J]. Tobacco Science (12): 232 -235.

Scafi Sergio Henrique Frasson, Pasquini Celio. 2001. Identification of counterfeit drugs using near-infrared spectroscopy [J]. Analyst (Cambridge, United Kingdom), 126 (12): 2 218 -2 224.

Shenk J S, Westerhus M D, Hoorer M R. 1979. Analysis of forage by NIRS [J]. J. Dairy SCI (62): 807 -812.

Shinohara T, Tajima T. 1986. Application of near-infrared reflectance instrument to the analyses of chemical constituents of tobacco leaves [J]. Coresta (2): 35.

Srivastava R P, 1983. Chemical composition of the leaf of cigar-wrapper tobacco as influenced by its position on the stalk [J]. Agric Sci., 53 (1): 62.

Wang Y D, Kowalski B R. 1993. Temperature-compensating calibration transfer for near-infrared filter instruments [J]. Anal Chem, 65 (9): 1 301 - 1 303.

Wang Y D, Lysaght M J, Kowalski B R. 1992. Improvement of multivariate calibration through instrument standardization [J]. Anal Chem. (64): 562 -564.

Wang Y D, Veltkamp D J, Kowalski B R. 1991. Multivariate instrument standardization [J]. Anal Chem. (63): 2 750 -2 756.

Wei L, Ying Man T; Lee, et al. 2001. Development of near-infrared diffuse reflectance spectroscopy for rapid screening and authentication of Chinese materia medica [J] . Analytical Sciences (17): 439 -442.

Williamsion R E, Chaplin J F, Mcclure W F. 1986. Near-infrared spectrophotometry of tobacco leaf for estimating tar yield of smoke [C]. 40th Tobacco Chem Res Conf Knoxville Tenn. (40): 26 -27.

Yang L, Daiwen P. 2001. A two-step training set optimization method for NIR quantitative calibration: a case study [J] . Analytical Sciences, 17 (Suppl.): a299 - a302.

Young ah Woo, Chang hee Cho, Hyo jin Kim, et al. 2002. Classification of cultivation area of ginseng by near infrared spectroscopy and ICP-AES [J]. Microchemical Journal (73): 299 -306.